數位影像處理－Python 程式實作

張元翔　編著

全華圖書股份有限公司

國家圖書館出版品預行編目資料

數位影像處理 : Python 程式實作 / 張元翔編著.
-- 三版. -- 新北市 : 全華圖書股份有限公司,
2022.04
面 ; 公分
ISBN 978-626-328-136-3(平裝附光碟片)

1.CST: Python(電腦程式語言) 2.CST: 數位影像處理
312.32P97 111004630

數位影像處理－Python 程式實作

(附範例光碟)

作者 / 張元翔
發行人 / 陳本源
執行編輯 / 劉暐承
出版者 / 全華圖書股份有限公司
郵政帳號 / 0100836-1 號
印刷者 / 宏懋打字印刷股份有限公司
圖書編號 / 06429027
三版三刷 / 2023 年 11 月
定價 / 新台幣 600 元
ISBN / 978-626-328-136-3 (平裝附光碟片)
全華圖書 / www.chwa.com.tw
全華網路書店 Open Tech / www.opentech.com.tw
若您對本書有任何問題，歡迎來信指導 book@chwa.com.tw

臺北總公司(北區營業處)
地址：23671 新北市土城區忠義路 21 號
電話：(02) 2262-5666
傳真：(02) 6637-3695、6637-3696

南區營業處
地址：80769 高雄市三民區應安街 12 號
電話：(07) 381-1377
傳真：(07) 862-5562

中區營業處
地址：40256 臺中市南區樹義一巷 26 號
電話：(04) 2261-8485
傳真：(04) 3600-9806(高中職)
(04) 3601-8600(大專)

作者自序

隨著電腦科技與網際網路的快速發展，人類對於多媒體的需求與日俱增，例如：文字、音樂、影像、視訊等，已成為現代科技生活中不可或缺的媒介。人類透過五感，即視覺、聽覺、嗅覺、味覺與觸覺等感知周遭的環境，其中視覺尤其重要。因此，影像也就成為多媒體中一項重要的媒介。

數位影像處理 (Digital Image Processing)，簡稱 **DIP**，在現代科技應用中，是一項具有代表性的關鍵技術，因此成為學術界與產業界持續關注的研究議題。現代科學家或工程師，在面臨科技或產業問題時，經常會遭遇與 DIP 相關的技術問題，因此 DIP 的基礎理論與技術研發，也就成為現代科學家或工程師相當值得學習的課題。

本書編寫的動機，主要是因應現代科技發展趨勢，對象是以理工或電資領域的科學家或工程師為主，內容的鋪陳則是以主題方式介紹 DIP 技術，並透過 Python 程式實作，強調理論與實務並重，同時展現「做中學」的學習理念，藉以培養紮實的技術研發與實務能力。

本書編寫的對象是以大學二年級 (含) 以上的同學為主，具備基礎的微積分、線性代數、機率與統計等數學背景，因此適合大學高年級或研究所選修課程。此外，由於本書採用 Python 程式語言進行 DIP 技術實作與應用，因此具備 Python 程式設計經驗者更容易上手。本書同時也適合專業技術人員、創客玩家等，對於 DIP 技術的實際應用具有興趣者。

自從 Python 程式語言問市以來，由於第三方軟體開發者持續投入研發工作，目前已發展出許多軟體套件，科學運算與繪圖功能相當強大。此外，隨著影像處理與電腦視覺技術的高度需求，Intel 公司很早就投入研究資源，發展**開源電腦視覺** (Open Source Computer Vision, OpenCV) 程式庫，不僅具有自由免費的特性，而且目前已累積上千種演算法，提供的功能相當多元且齊全，成為相當具有代表性的軟體程式庫。

作者序

因此，新世代的 DIP 技術研發，應該是要「站在巨人的肩膀上」，可以看得更遠，爬得更高。本書在討論 DIP 技術的基礎理論時，均同時搭配 Python 程式碼，主要目的是期望您在建立基礎理論知識後，可以進一步透過 Python 程式實作，不僅培養 Python 程式設計能力，同時體驗 DIP 技術的實際應用，以達到更有效的學習效果。

筆者在 DIP 技術的啓蒙，其實是留美攻讀電機碩 (博) 士學位時的研究所選修課程。當時在學習 DIP 技術時，主要是使用 VAX 大型電腦，並採用 FORTRAN 程式語言進行實作。然而，受限於電腦記憶體，只能處理灰階影像，而且影像大小只有 128 × 128 像素。隨著影像處理技術的快速發展，現代 4K TV 的影像大小高達 4096 × 2160 像素，而且提供全彩畫質；加上電腦 CPU (GPU) 與高容量記憶體的快速發展，新世代的 DIP 技術研發，確實已無法同日而語。

筆者為電機 / 電子背景，目前任教於資訊工程系 (所)，同時開授 DIP 課程，開課經驗已超過 15 年。筆者採用的教學內容與方法，其實是沿襲當年留美選修的 DIP 課程內容，不僅採用經典的教科書，同時也模仿美國教授的教學模式。因此，教學內容不僅包含 DIP 基礎理論與板書數學推導，同時也強調 DIP 技術的程式實作與應用。

數位影像處理的授課過程中，筆者考慮資訊工程系 (所) 的程式設計訓練，加上產業界對於數位影像處理系統在計算速度上的要求，因此多年是以 C/C++ 程式語言為主，同時要求同學使用專業的 C/C++ 開發環境，藉以進行 DIP 技術的實作與應用。此外，筆者很早就在課程中導入 OpenCV 程式庫，目的是希望同學能夠學習整合電腦視覺相關技術，進行實際的軟體開發工作。

根據 IEEE Spectrum 期刊的報導，Python 程式語言已成為目前最流行的程式語言，不僅程式語法與架構更為簡潔，同時也提供許多功能強大的軟體套件，使得 DIP 技術的研發過程變得更容易且快速。近年來，**深度學習 (Deep**

Learning) 技術的崛起，使得**人工智慧** (Artificial Intelligence, AI) 領域進入嶄新的紀元。現代科學家或工程師，在實現深度學習技術，也逐漸開始採用 Python 程式語言。本書為了因應新世代的程式設計工作，因此採用 Python 程式語言。

隨著多媒體技術的快速發展，筆者深感新世代理工背景的同學，面臨的學習層面更為廣泛，未來面臨的技術問題也相對更為複雜。以目前的觀念而言，普遍認為 DIP 技術是屬於電機、電子、資訊、通訊等領域。然而，隨著產業界跨領域整合技術的高度需求，現代的專業技術研發人員，包含：電機電子領域的硬體工程師、資訊領域的軟體工程師、工程領域的系統工程師、生醫領域的影像工程師、產業界的測試工程師、人工智慧領域的研發工程師、遊戲設計工程師、APP 應用軟體工程師等，其實都可以培養 DIP 技術的基礎能力，方能有效掌握關鍵的核心技術。

本書經過多次校對，但人非聖賢，若有謬誤或疏漏之處，敬請學者先進不吝賜教與指正。

最後，不知道您是否準備好了嗎？邀請您懷著快樂與期待的心情，讓我們開始 DIP 領域的奇妙旅程吧！

致謝

特別感謝參與本書校閱工作的全華圖書編輯部同仁，使得本書在內容與編排上更加嚴謹且完善。

張元翔　謹識

中原大學資訊工程系

作者介紹

張元翔

學歷：

美國匹茲堡大學 電機博士

經歷：

中原大學 資訊工程系 教授

中原大學 資訊工程系 副教授

美國匹茲堡大學 醫學院放射科 助理教授

美國匹茲堡大學 醫學院放射科 研究助理 / 後博士

美國匹茲堡大學 電機工程系 研究助理

聯銪實業股份有限公司 研發工程師

編輯大意

「系統編輯」是我們的編輯方針，我們所提供給您的，絕不只是一本書，而是關於這門學問的所有知識，它們由淺入深，循序漸進。

本書為因應現代發展趨勢，針對數位影像處理技術，採取主題介紹方式，除了理論基礎之外，採用 Python 程式與 OpenCV 進行實作，強調理論與實務的緊密結合，展現「做中學」的學習理念，藉以培養紮實的技術研發能力，內容豐富，同時包含深度學習、人工智慧等相關技術。本書適用電子、電機、資訊工程科系之「數位影像處理」課程使用。

同時，為了使您能有系統且循序漸進研習相關方面的叢書，我們以流程圖方式，列出各有關圖書的閱讀順序，以減少您研習此門學問的摸索時間，並能對這門學問有完整的知識。若您在這方面有任何問題，歡迎來函連繫，我們將竭誠為您服務。

相關叢書介紹

書號：09140
書名：人工智慧－素養及未來趨勢
編著：張志勇.廖文華.石貴平
王勝石.游國忠

書號：06268
書名：工程數學
編著：張元翔

書號：06487
書名：強化學習導論
編著：邱偉育

書號：19382
書名：人工智慧導論
編著：鴻海教育基金會

書號：06442
書名：深度學習－從入門到實戰
(使用 MATLAB)(附範例光碟)
編著：郭至恩

書號：06352
書名：跟阿志哥學 Python
(附範例光碟)
編著：蔡明志

書號：06492
書名：深度學習－使用 TensorFlow 2.x
編著：莊啓宏

流程圖

書號：06276
書名：基礎工程數學
編著：曾彥魁

書號：06268
書名：工程數學
編著：張元翔

書號：06362
書名：線性代數(附參考資料光碟)
編著：姚賀騰

→

書號：06196
書名：數位訊號處理-Python 程式實作(附範例光碟)
編著：張元翔

↕

書號：06429027
書名：數位影像處理-Python 程式實作(第三版)(附範例光碟)
編著：張元翔

→

書號：05417
書名：資料結構－使用 C 語言(附範例光碟)
編著：蔡明志

書號：05419
書名：Raspberry Pi 最佳入門與應用(Python)(附範例光碟)
編譯：王玉樹

書號：06467
書名：Raspberry Pi 物聯網應用(Python)(附範例光碟)
編著：王玉樹

目錄

CONTENTS

CHAPTER 01

介紹

本章的目的是介紹**數位影像處理** (Image Processing, DIP) 的基本概念，包含：相關領域知識、基本定義與專業術語、數位影像檔案格式等；接著，介紹一款免費的數位影像處理軟體，稱為 GIMP；最後則列舉 DIP 技術的相關應用。

學習單元

- 引言
- 相關領域知識
- 基本定義與專業術語
- 數位影像檔案格式
- 數位影像處理軟體
- 數位影像處理技術應用

1-1 引言

隨著現代電腦科技與網際網路時代的快速發展，人類對於**數位多媒體** (Digital Multimedia)，例如：**文字** (Text)、**聲音** (Audio)、**語音** (Speech)、**影像** (Image)、**視訊** (Video)、**動畫** (Animation) 等的需求，也不斷與日俱增，成為科技時代資訊交換時不可或缺的重要媒介。

諺語有云：「一張圖片勝過千言萬語」(A picture is worth a thousand words)。因此，**影像** (Image) 在資訊交換中扮演相當重要的角色，其間所蘊含的資訊，經常無法使用**文字**進行有效的描述。以圖 1-1 為例，文字與影像可以傳達的意涵或資訊，其實不盡相同。

在一個輕鬆的清晨時光
獨自享用豐盛的早餐

圖 1-1　文字與影像蘊含的資訊不盡相同

網際網路 (Internet) 的資訊傳遞，從早期單純的文字通訊，例如：**電子佈告欄系統** (Bulletin Board System, BBS)、**批踢踢看板** (PTT) 等；發展至目前流行的通訊應用，例如：Facebook、Line、WeChat 等，不僅可以傳遞文字訊息，同時也允許影像的交換，使得人與人之間的互動更為直覺且生動有趣。

數位影像處理 (Digital Image Processing)，簡稱 DIP，源自人類對於影像的興趣與需求，其所牽涉的基礎理論與技術層面非常廣泛，例如：影像的擷取與儲存方法、影像品質的改善、影像壓縮與傳輸、影像特徵分析與描述、自動影像辨識、影像特效等，成爲現代科技的重要研究議題。近年來，DIP 技術的研發，持續受到學術界與產業界的重視，同時投注人力與資源進行相關研究，目的是希望可以深化 DIP 技術的相關應用，藉以提昇人類的生活品質。

1-2 相關領域知識

數位影像處理的相關領域，如圖 1-2，其中牽涉**多媒體** (Multimedia) 應用的相關**領域知識** (Domain Knowledge)，包含：**訊號處理** (Signal Processing)、**影像處理** (Image Processing)、**視訊處理** (Video Processing)、**電腦視覺** (Computer Vision)、**圖形辨識** (Pattern Recognition)、**機器學習** (Machine Learning)、**深度學習** (Deep Learning) 與**人工智慧** (Artificial Intelligence, AI) 等。由於這些領域知識在理論與技術上息息相關，因此建議您根據上述的先後順序，採取按部就班且系統性的學習方式，有助於建立完整的學習歷程，具備紮實的專業技術與研發能力[1]。

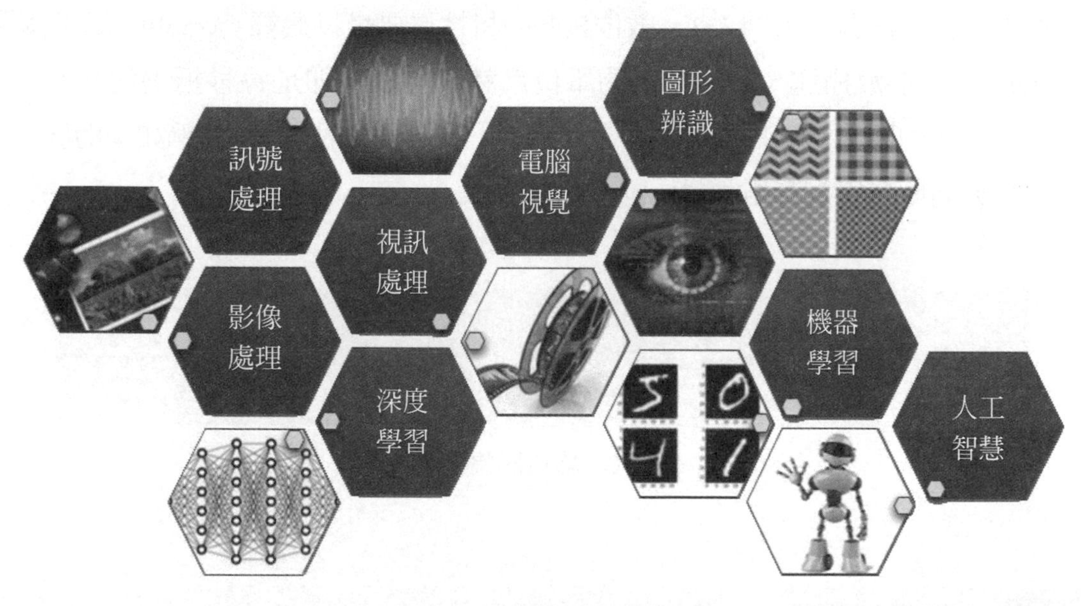

圖 1-2　影像處理相關領域

1　以資訊科技時代而言，**人工智慧** (Artificial Intelligence, AI) 技術，儼然已成為目前最夯的議題，許多學者專家甚至認為 AI 技術應該提前於高中教育便開始培養。筆者認為人工智慧技術的學習，還是須培養基礎的數學能力，例如：微積分、線性代數等與英文閱讀能力，同時對數位多媒體 (Digital Multimedia) 有初步的認識，才有能力深入學習與理解 AI 的本質，進而研發具有實際效用的 AI 技術與應用。

1-2-1 訊號處理

訊號的種類繁多，例如：自然界的各種**聲音** (Audio)、人類講話時的**語音** (Speech)、演奏樂器的**音樂** (Music)、測量心跳的**心電圖** (Electrocardiogram, ECG)、測量腦波的**腦電波圖** (Electroencephalography, EEG)、測量地震的**地震訊號** (Seismic Signal) 等，甚至是**金融科技** (Financial Technology, FinTech) 所分析的**股價行情**，由於具有隨著時間改變的特性，都可以視為是一種訊號。

訊號可以定義為一維函數 $x = f(t)$，其中 t 為時間，x 為隨著時間 t 改變的物理量。由於具有時間連續性，因此稱為**連續時間訊號** (Continuous-Time Signals)，或稱為**類比訊號** (Analog Signals)。

隨著電腦數位科技時代的來臨，類比訊號通常須先經過**取樣** (Sampling) 與**量化** (Quantization) 的數位化過程，進而擷取時間軸上的**離散樣本** (Discrete Samples)，並以 0 與 1 的數位方式存取，稱為**離散時間訊號** (Discrete-Time Signals)，或稱為**數位訊號** (Digital Signals)。

典型的數位訊號，如圖 1-3。數位訊號的特性主要是以**振幅** (Amplitude) 與**頻率** (Frequency) 等參數描述，其中頻率的單位為**赫茲** (Hz)，即是每秒振盪的次數。一般來說，人類的聽力範圍約為 20 Hz ～ 20 kHz；自然界有些動物，例如：海豚、蝙蝠等，聽力範圍甚至達到 100 kHz。

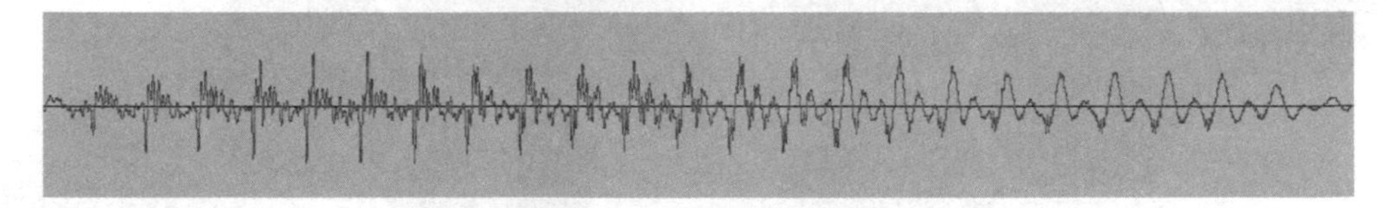

圖 1-3　數位訊號範例

定義　**數位訊號處理**

數位訊號處理 (Digital Signal Processing)，簡稱 DSP，可以定義為：「使用計算機系統對於數位訊號進行處理或運算的技術」。

隨著現代多媒體應用的強烈需求，**數位訊號處理** (Digital Signal Processing, DSP) 技術，成爲現代科學家與工程師一項重要的學習課題。數位訊號處理的入門課程，稱爲**訊號與系統** (Signals and Systems)，目前已成爲電機、電子、通訊等相關專業領域的必修課程，適合先修過微積分與線性代數等課程，具備基礎的數學理論與能力之後，再學習數位訊號處理的相關技術。

1-2-2 影像處理

影像 (Image) 可以定義爲**二維訊號** (Two-Dimensional Signals, 2D Signals)，是多媒體中的重要媒介。以現代科技生活而言，**數位影像** (Digital Images) 相當容易取得，常見的數位影像擷取設備，例如：**數位相機** (Digital Camera)、智慧型手機的內建相機、筆電配備的**網路攝影機** (Webcam) 等。

典型的數位影像，如圖 1-4，分別稱爲**萊娜** (Lenna) 與**狒狒** (Baboon)，其中 Lenna 爲**灰階影像** (Gray-Level Image)，Baboon 爲**色彩影像** (Color Image)，在影像處理研究領域中是常見的測試影像 [2]。

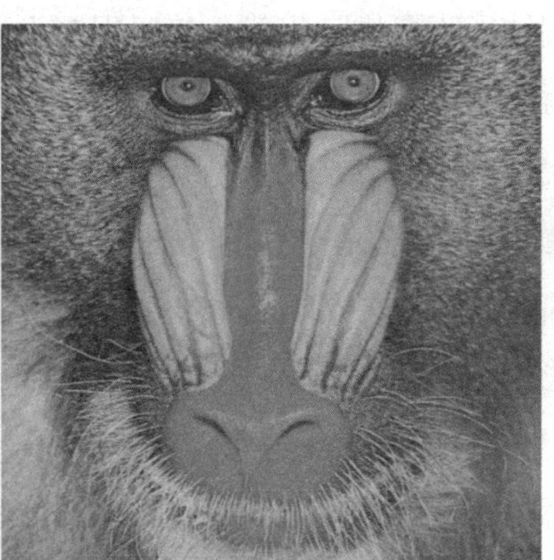
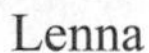

Lenna　　Baboon

圖 1-4　數位影像範例

2 Lenna 圖是 1972 年 11 月於美國 Playboy 雜誌上刊登的一張裸體相片的部分，在數位影像處理領域中相當知名。IEEE 影像處理期刊的主編 David C. Munson 曾說：「該圖片包含平坦區域、陰影和紋理等細節，這些都有益於測試各種不同的影像處理演算法。它是一幅很好的測試相片。」

定義 數位影像處理

數位影像處理 (Digital Signal Processing)，簡稱 DIP，可以定義爲：「使用計算機系統對於數位影像進行處理或運算的技術」。

定義中的**計算機系統**，泛指具有計算能力的個人電腦、平板電腦、智慧型手機、嵌入式系統等設備，因此數位影像處理的應用相當廣泛。舉例說明，個人電腦的 PhotoShop 或 PhotoImpact、智慧型手機的美圖秀秀等，即是常見的數位影像處理應用軟體。

由於影像可以定義爲二維訊號，因此 DIP 技術其實是 DSP 技術的延伸。換言之，許多 DIP 技術，主要是以 DSP 技術爲基礎，進而廣義化發展而得 (1D → 2D)。因此在學習歷程的規劃上，建議可以先學習 DSP 技術，進而學習 DIP 技術，學習脈絡會更有條理，理解的技術層面也會比較深入而紮實。

近數十年來，數位影像處理技術持續受到學術界與產業界的重視，嶄新的演算法與相關技術不斷推陳出新，其應用層面也愈來愈廣泛。以下列舉典型的數位影像處理技術，例如：

- **影像擷取** (Image Acquisition)
- **幾何轉換** (Geometric Transforms)
- **影像增強** (Image Enhancement)
- **頻率域影像處理** (Image Processing in Frequency Domain)
- **影像還原** (Image Restoration)
- **色彩影像處理** (Color Image Processing)
- **影像分割** (Image Segmentation)
- **二值影像處理** (Binary Image Processing)
- **小波與正交轉換** (Wavelet and Orthogonal Transforms)
- **影像壓縮** (Image Compression)
- **特徵擷取** (Feature Extraction)
- **影像特效** (Image Effect)

其中牽涉的數學理論、演算法與技術、程式設計實作與應用等，成爲本書討論的重點。

1-2-3 視訊處理

視訊 (Video) 可以定義爲**三維訊號** (Three-Dimensional Signals, 3D Signals)，是由具有時間連續性的靜止影像組合而成，藉由人類視覺暫留現象產生運動感。每張靜止的影像稱爲**畫格** (Frames)。**數位視訊** (Digital Video) 即是數位影像的時間序列，通常可以使用**視訊攝影機** (Video Camera) 擷取而得，牽涉的主要參數爲每秒撥放的畫格數，單位爲**畫格 / 秒** (Frames per Second)，簡稱 fps。

典型的數位視訊，如圖 1-5。由於數位視訊是由多張數位影像所構成，通常資料量相當龐大，因此數位視訊 (影片) 在儲存時都會採用視訊壓縮技術，藉以減少資料量，例如：DVD、Blu-ray 等。

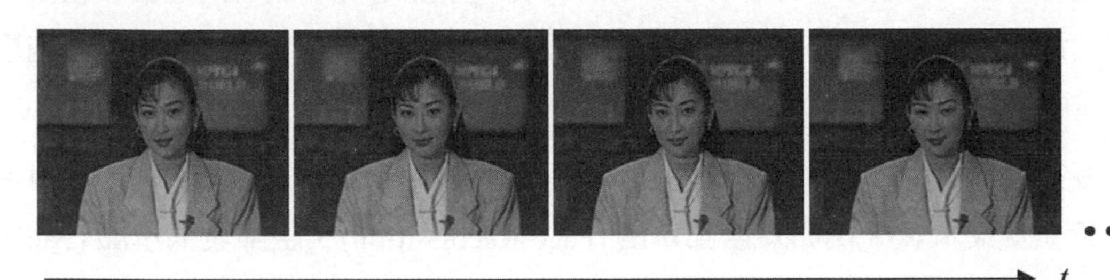

圖 1-5 數位視訊範例

定義　數位視訊處理

數位視訊處理 (Digital Video Processing)，可以定義爲：「使用計算機系統對於數位視訊進行處理或運算的技術」。

數位視訊處理技術也是 DSP 技術的一個特例，因此適合在學完 DSP 與 DIP 技術後，再進行延伸學習。以下列舉典型的數位視訊處理技術，例如：

- **視訊擷取** (Video Acquisition)
- **去交錯** (DeInterlacing)
- **取樣率轉換** (Sampling Rate Conversion)

- **視訊增強** (Video Enhancement)
- **運動估測** (Motion Estimation)
- **運動偵測** (Motion Detection)
- **運動追蹤** (Motion Tracking)
- **運動行為分析** (Motion Behavior Analysis)
- **視訊壓縮** (Video Compression)

1-2-4 電腦視覺

定義　電腦視覺

電腦視覺 (Computer Vision) 可以定義為：「使用攝影機與電腦，可以模仿人類視覺系統，對於影像目標物件進行偵測、辨識、分析或測量等工作」。

簡言之，電腦視覺是一門研究如何使機器「看」的科學，因此也經常稱為**機器視覺** (Robot Vision) 技術。電腦視覺技術的研發，主要是尋求適當的理論與模型，藉以建立電腦視覺系統，可以進行自動化影像偵測與辨識等工作，因此持續受到學術界與產業界的重視。

電腦視覺技術可以視為是高階的數位影像處理技術，通常是根據影像中的目標物件進行偵測與辨識，例如：**臉部辨識** (Face Recognition)、**臉部表情辨識** (Facial Expression Recognition)、**車牌辨識** (License Plate Recognition, LPR)、**姿勢估測與辨識** (Pose Estimation & Recognition)、**物件辨識** (Object Recognition) 等。

電腦視覺技術所衍生的實際應用相當廣泛而多元，例如：自動相機的人臉定位與聚焦功能、車牌辨識系統、智慧製造系統、工業檢測系統、智慧型監控系統、智慧機器人、自動駕駛汽車等，其實不勝枚舉。

典型的電腦視覺技術，如圖 1-6。在此，**臉部偵測** (Face Detection) 技術是指於數位影像中偵測可能的臉部區域，因此也稱為**臉部定位** (Face Localization) 技術；**臉部辨識** (Face Recognition) 技術則是根據偵測而得的臉部區域，再進行自動辨識工作，進而擷取臉部的相關資訊，例如：臉部 ID 等。因此，自動臉部辨識系統的設計與實現，通常須同時整合臉部偵測與臉部辨識技術。

臉部偵測 臉部辨識

圖 1-6 臉部偵測與辨識

1-2-5 圖形辨識

定義 **圖形辨識**

圖形辨識 (Pattern Recognition) 可以定義爲：「根據資料中的**圖形** (Patterns) 與**規律性** (Regularity) 進行自動分析與辨識」。

以學術研究而言，**圖形辨識**技術其實與**機器學習** (Machine Learning) 技術息息相關，同時也與**資料探勘** (Data Mining) 或**資料庫的知識發現** (Knowledge Discovery in Databases) 等技術具有關聯性。因此，這些專業術語經常被交替使用，討論的技術內容與範疇其實是相似的。

典型的圖形辨識技術，例如：**紋理分析** (Texture Analysis) 技術，如圖 1-7，主要是分析數位影像資料的規律性，大致可以分成下列三種類型，包含：**規則性** (Regular)、**不規則性** (Irregular) 或**隨機性** (Stochastic) 等，可以透過數學運算與統計分析，進而產生量化數據，以利進行紋理的自動分類與辨識。

圖 1-7　紋理分析

1-2-6　機器學習

定義　機器學習

機器學習 (Machine Learning) 可以定義為：「使用機器 (或電腦) 自動分析與學習的演算法或技術」。

機器學習是人工智慧的一個分支，牽涉機率學、統計學等數學理論與工具，透過自動化的資料分析，擷取與分析資料的規律性，進而能對未知的資料進行推論或預測。

機器學習可以根據學習方式，分成下列幾種：

- **監督式學習** (Supervised Learning)：給定**訓練資料庫** (Training Database) 與已知的分類結果，監督式學習的目的是建構一個學習函式，可以透過**最佳化** (Optimization) 的過程取得。**測試資料庫** (Testing Database) 則是用來評估監督式的學習函式，在輸入新 (未知) 的資料時，是否也可以輸出正確的分類結果。監督式學習通常仰賴資料庫的標籤化，每個樣本都須事先透過人為標註正確的分類結果，稱為**標籤化資料** (Labeled Data)。典型的監督式學習方法，例如：**貝式分類器** (Bayes Classifiers)、**最近鄰法** (Nearest Neighbors)、**支援向量機** (Support Vector Machines, SVM)、**決策樹** (Decision Trees)、**人工神經網路** (Artificial Neural Networks, ANN) 等。
- **非監督式學習** (Unsupervised Learning)：非監督式學習是指訓練資料庫沒有事先給予人為標註的結果，而是藉由數學運算與統計分析資料的相似性，進而產生分類結果。典型的非監督式學習方法，例如：**群集法** (Clustering)、**最大期望演算法** (Expectation-Maximization Algorithm, EM Algorithm)、**高斯混合模型** (Gaussian Mixture Model)、**主成分分析** (Principal Component Analysis, PCA)、**生成對抗網路** (Generative Adversarial Network, GAN) 等。

- **增強式學習** (Reinforcement Learning)：增強式學習強調機器 (或電腦) 如何基於環境，同時取得最大化的預期利益。增強式學習源自心理學的行爲主義理論，有機體在環境給予獎勵或懲罰的刺激下，逐步形成對於刺激的預期，產生能獲得最大利益的習慣性行爲。

近年來，爲了便於機器學習與人工智慧技術的研發工作，學術界或產業界開始蒐集大量的數位影像，並建構**大數據** (Big Data) 資料集。圖 1-8 的 MNIST 手寫數字資料集，便是具有代表性的例子。MNIST 資料集總共包含 70,000 張數位影像，每張影像包含一個手寫數字，同時事先以人工方式進行標籤化，標籤介於 0 ～ 9 之間，例如：左上角第一張影像爲「5」、第二張影像爲「0」等，依此類推。

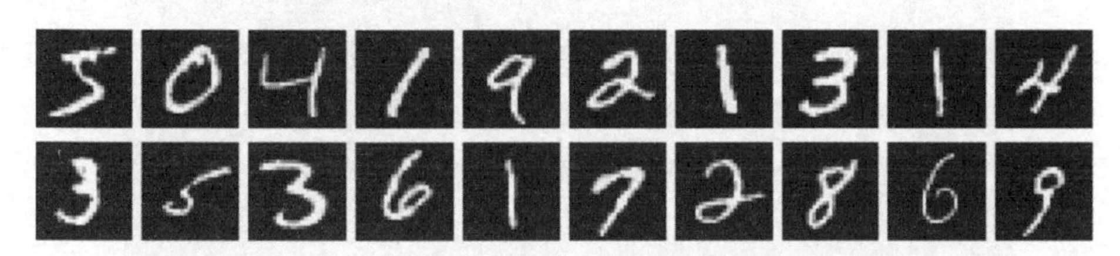

圖 1-8 MNIST 手寫數字資料集 (機器學習)

1-2-7 深度學習

定義 **深度學習**

深度學習 (Deep Learning) 可以定義爲：「以人工神經網路爲架構，對資料進行特徵學習的演算法」。

深度學習是機器學習的分支，近年來由於在許多電腦視覺競賽中展現優異的辨識效能，其中尤以數位影像中的**物件辨識** (Object Recognition) 最爲突出，因此受到學術界與產業界的重視，目前已逐漸取代傳統的電腦視覺技術，成爲相當具有潛力的技術。

深度學習技術，源自**人工神經網路** (Artificial Neural Networks, ANN) 技術，其中包含多層的深度網路架構，可以用來學習與分析特徵，進而進行分類或預測。近年來，許多深度學習的框架相繼被提出，例如：**深度神經網路** (Deep Neural Networks, DNN)、**卷積神經網路** (Convolutional Neural Networks, CNN)、**遞歸神經網路** (Recurrent Neural Networks, RNN) 等，被廣泛應用於自然語言處理、語音辨識、影像物件辨識等，同時取得相當不錯的辨識準確率。

1-2-8　人工智慧

人工智慧 (Artificial Intelligence, AI) 的定義，最早源自英國的科學家 (數學家) **艾倫 · 圖靈** (Alan Turing)。**圖靈**被視爲是電腦科學與人工智慧之父，在二次世界大戰時期，發明一台計算機器，用來破解德國納粹**恩尼格瑪** (Enigma) 機的軍事密碼，協助盟軍在大西洋戰役取得勝利，如圖 1-9[3]。

圖 1-9　艾倫 · 圖靈與計算機器 [圖片摘自網頁]

此外，圖靈於一篇「計算機器與智慧」的論文中，提出「機器會思考嗎？」(Can Machine Think?)。這篇論文提出一種用以判定機器是否具有智慧的測試方法，即是著名的**圖靈測試** (Turing Test)。**圖靈測試**的方法爲：「如果一台機器與人類透過通訊設備展開對話，參與對話的人無法根據對話內容判斷是否爲人類或機器時，則這台機器具有思考能力」。

3　若您還未看過**模仿遊戲** (The Imitation Game)，邀請您可以撥空看一下這部電影，主要是講述圖靈在二戰時期協助盟軍破解德國納粹軍事密碼的真實故事。破解密碼牽涉大量的資料搜尋與匹配，其中解密的重要關鍵，邀請您自行在電影中發掘。電影名稱「模仿遊戲」其實是意指「圖靈測試」。

定義 **人工智慧**

人工智慧 (Artificial Intelligence, AI) 可以定義爲：「如何設計一個**智慧代理人** (Intelligent Agents) 的研究領域，其中智慧代理人是一個系統，可以藉由觀察周遭環境，並採取適當的行動，進而最大化其成功的機會」。

電腦科學領域中，人工智慧的目的是設計一個智慧代理人，通常是機器或電腦系統，使其可以模仿人類智慧，具備學習與應變能力，進而協助人類解決問題。

在人工智慧技術的發展過程中，棋弈競賽是一項具有指標性的人腦與電腦的對抗戰，西洋棋與圍棋也就成爲 AI 發展過程中重要的里程碑，如圖 1-10。歷史上最典型的例子是 IBM 開發的**深藍** (Deep Blue) 於 1997 年在西洋棋競賽中，擊敗世界西洋棋冠軍**卡斯巴羅夫** (Kasparov)。電腦的勝出，曾經引起一些人的恐慌，害怕電腦最終會戰勝人類。

近年的 AlphaGo 圍棋軟體，由英國 Google DeepMind 開發，在公開的比賽中相繼擊敗韓國職業棋士李世乭九段與中國職業棋士柯潔九段，使得人工智慧技術，再度引起普羅大眾的注意[4]。AlphaGo 運用深度人工神經網路與蒙地卡羅樹狀搜尋架構，可以藉由不斷的機器學習與訓練機制，輸入大量的圍棋棋局資料，藉以提升圍棋的實力。

Deep Blue vs. Kasparov

AlphaGo vs. 李世乭

圖 1-10 人工智慧棋弈競賽 [圖片摘自網頁]

4 建議您可以於 YouTube 觀看 AlphaGo 與李世乭的圍棋對弈 (即使您不懂圍棋)，是一場精彩的人腦對電腦的戰役。李世乭在戰敗後於記者會中落淚，筆者認為李世乭自覺背負歷史任務，雖敗猶榮，因為這場圍棋對弈，並不表示人腦已經敗給電腦，只是意味李世乭敗給 AlphaGo 背後的電腦科學家團隊。

人工智慧技術可以分成下列幾種：

- **弱人工智慧** (Weak AI)：弱人工智慧也稱爲**應用型人工智慧** (Applied AI)，指的是專爲解決特定領域問題的人工智慧，因此其應用具有侷限性。AlphaGo 就是弱人工智慧的實例，只能用來下圍棋，無法解決其他問題。目前人工智慧技術的演算法開發與應用，通常是屬於弱人工智慧的範疇。
- **強人工智慧** (Strong AI)：強人工智慧也稱爲**通用人工智慧** (General Artificial Intelligence)，指的是能夠勝任人類所有工作的人工智慧。強人工智慧的評估依據，通常是以**圖靈測試**爲主，電腦須具備學習、推理與溝通能力，同時具備智慧性的判斷與策略，藉以解決實際問題。
- **超級人工智慧** (Super AI)：若電腦程式可以不斷演進，甚至比世界上最聰明的人類還更聰明，則產生的人工智慧系統，就可以被稱爲是**超級人工智慧**。超級人工智慧在科學創造、智慧決策與社交能力方面，均具備優於人類的智慧。以現階段的 AI 發展而言，Super AI 僅存在於科幻電影的想像空間，在可見的未來是否會發生仍然是個未知數。

雖然目前人工智慧的發展僅限於弱人工智慧，但是人工智慧技術的應用，已經逐漸融入現代科技生活當中，其中不乏成功的例子。許多軟體產業相繼投入資源，研發具有附加價值的人工智慧技術應用，例如：Apple Siri 語音助理、Google 搜尋引擎、Google 翻譯、IBM Watson、Amazon Alex 服務、購物推薦系統、聊天機器人的行銷服務等。換言之，人工智慧技術的應用，在現代科技生活中，其實已隨處可見。

筆者熱愛科幻電影，歷史上不乏以人工智慧爲題材的經典電影。**2001 太空漫遊** (2001: A Space Odyssey) 是 1968 年經典的科幻電影，電影中的太空船是由一台人工智慧超級電腦所控制，可以與主角進行對話，雖然電影預測的時間 2001 年不是很準確，但與近年**聊天機器人** (ChatBot) 的概念非常相似；**魔鬼終結者** (Terminator) 描述人工智慧 Skynet，當散佈到世界各地的電腦伺服器時，獲得**自我認知能力** (Self-Awareness)，進而引爆核子武器，造成世界性的毀滅；迪士尼的**瓦力** (Wall-E)，描述瓦力智慧機器人，任務是處理未來世界的垃圾，透過觀看電視節目學習人類的行爲模式，進而對 Eva 機器人產生情愫的浪漫愛情故事；**人造意識** (Ex Machina) 描述神秘的億萬富翁，邀請一位程式設計師到他的別墅作客，這位程式設計師在這間別墅認識了名叫伊娃的人工智慧機器人，並按要求針對伊娃展開「圖靈測試」。

總而言之，這些電影使得人類對於人工智慧技術，有了更多的想像空間，期望人工智慧可以協助人類解決更多實際問題，同時也質疑人工智慧可能衍生的潛在問題。

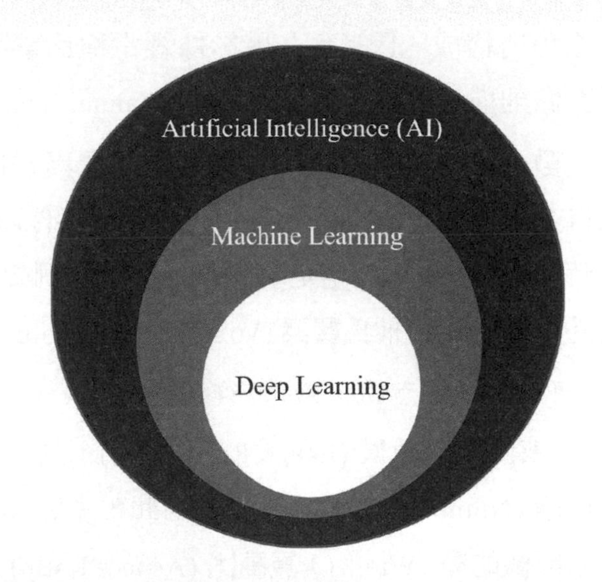

圖 1-11 人工智慧、機器學習與深度學習的關係圖

人工智慧、機器學習與深度學習的關係圖，以集合的概念呈現，如圖 1-11。換言之，機器學習是人工智慧的分支 (子集)；深度學習則是機器學習的分支 (子集)。

1-3 基本定義與專業術語

本節介紹數位影像處理相關的**基本定義**與**專業術語**。

定義 數位影像

數位影像 (Digital Image) 可以定義爲二維函數：

$$f(x, y)$$

其中，(x, y) 稱爲**空間座標** (Spatial Coordinate)，f 稱爲**強度** (Intensity) 或**灰階** (Gray-Level)；且 x, y 與 f 爲有限的離散值。

數位影像可以分成兩種，分別稱爲**灰階影像** (Gray-Level Images) 與**色彩影像** (Color Images)。以圖 1-4 爲例，Lenna 影像爲典型的灰階影像，Baboon 影像爲典型的色彩影像。色彩影像是由**紅** (Red)、**綠** (Green)、**藍** (Blue) 三原色，或簡稱 RGB

三原色所構成。因此，灰階影像經常稱爲**單通道影像** (Single-Channel Images)；色彩影像則稱爲**三通道影像** (Three-Channel Images)。

數位影像的基本構成元素，稱爲**像素** (Pixel)。像素的英文單字 Pixel，其實是源自 Picture Element 的組合字，是數位影像處理領域的專業術語。像素的英文單字有時也採用 Pel。若是定義於三維空間，例如：電腦斷層掃描的三維醫學影像等，其基本構成元素稱爲**體素** (Voxel)，則是 Volume Element 的組合字。

以圖 1-12 爲例，數位影像是由 $M \times N$ 個像素所構成，稱爲**影像大小** (Image Size) 或**影像解析度** (Image Resolution)，其中 M 稱爲**列數** (Number of Rows)，N 稱爲**行數** (Number of Columns)[5]。因此，列數 M 相當於影像的**高** (Height)，行數 N 相當於影像的**寬** (Width)；**寬高比** (Aspect Ratio) 是指兩者之間的比例。

數位影像的左上角爲原點 (0, 0)，右下角的座標爲 $(M-1, N-1)$。Lenna 與 Baboon 的數位影像，影像大小爲 512 × 512 像素，即 $M = 512$、$N = 512$。像素的空間座標介於 (0, 0)～(511, 511) 之間，總共有 512 × 512 = 262,144 個像素。

圖 1-12　數位影像的座標軸定義

數位影像通常是採用**二維陣列** (或**矩陣**) 的資料結構存取。換言之，數位影像也可以表示成：

$$\begin{bmatrix} f(0,0) & f(0,1) & \cdots & f(0,N-1) \\ f(1,0) & f(1,1) & \cdots & f(1,N-1) \\ \vdots & \vdots & \ddots & \vdots \\ f(M-1,0) & f(M-1,1) & \cdots & f(M-1,N-1) \end{bmatrix}$$

5　概念上，您可以想像「一列火車」，屬於水平 (Horizontal) 方向；或是「一行文字」，屬於垂直 (Vertical) 方向。

請特別注意，數位影像採用的座標系與數學中的直角座標系方向並不相同。通常數位影像是以二維陣列 (矩陣) 表示，因此選定 x 軸爲縱軸，方向朝下，y 軸爲橫軸，方向朝右。這樣的定義同時也適合 Python 程式設計 [6]。

數位影像中，每個像素的**強度數** (Number of Intensities) 定義爲 L，通常是 2 的冪次方，即 $L = 2^k$，其中 k 稱爲**位元數** (Number of bits)，也經常稱爲**位元深度** (Bit Depth) 或**位元解析度** (Bit Resolution)。以灰階影像而言，每個像素的強度 (或灰階) 通常是以一個**位元組** (Byte) 或 **8 位元** (8-bits) 的資料儲存，即 $L = 256$，因此強度 (或灰階) 介於 0～255 之間。以色彩影像而言，每個像素包含 R、G、B 三原色的數值，通常是以 **24 位元** (24-bits) 的資料儲存，每種顏色分別用 8 位元的資料儲存。

Lenna 影像的局部區域，也稱爲**感興趣區域** (Region of Interest, ROI)，如圖 1-13。如圖所示，像素的強度 (灰階) 愈低，表示該像素愈黑 (暗)；反之，像素的強度 (灰階) 愈高，表示該像素愈白 (亮)。

圖 1-13 數位影像的感興趣區域 (Region of Interest, ROI)

數位影像處理的系統方塊圖，如圖 1-14。通常，DIP 系統的輸入與輸出都是數位影像，其中 $f(x,y)$ 表示輸入的數位影像，$g(x,y)$ 表示輸出的數位影像。

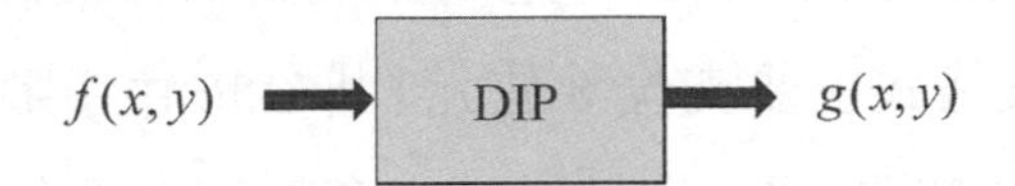

圖 1-14 數位影像處理的系統方塊圖

6 在圖形使用者介面 (Graphic User Interface, GUI) 的程式設計過程中，通常是以 x 軸為橫軸，y 軸為縱軸，定義方式也不一樣，因此請讀者不要混淆。

1-4 數位影像檔案格式

爲了方便數位影像的儲存、傳輸與交換，須制定共同依循的標準協定，藉以定義數位影像的相關參數與存取方法，因此產生許多**數位影像檔案格式** (Digital Image File Formats)。

常見的數位影像檔案格式，列舉如下：

- PBM / PGM / PPM：PBM、PGM、PPM 分別是取自**可攜式點陣圖格式** (Portable Bitmap Format, PBM)、**可攜式灰階圖格式** (Portable Graymap Format, PGM) 與**可攜式像素圖格式** (Portable Pixmap Format, PPM) 的縮寫，由早期影像處理領域的學者專家所制定。這三種格式分別定義點陣影像 (即僅含黑色與白色像素的影像)、灰階影像與色彩影像等的標準協定。由於檔案格式的定義非常簡單，且可以跨平台使用，因此是早期學術研究常見的數位影像檔案格式。

- BMP：BMP 是取自**點陣圖** (Bitmap) 的縮寫，是由 Microsoft 公司所制訂的數位影像檔案格式，因此常見於 Microsoft Windows 作業系統，適用於相機拍攝的照片等。BMP 檔案格式支援 1、4、8、16 與 24 位元的影像，其中 8 位元影像可以是灰階影像，也可以是色彩索引影像，根據**色彩調色板** (Color Palette) 定義之。24 位元影像爲色彩影像，由 R、G、B 三原色所構成。BMP 檔案分成**無壓縮**與**壓縮**影像兩種。一般來說，無壓縮的 BMP 檔案較常見，在經過數位影像處理後，重新存檔時不會有失眞情形，而且 Microsoft Windows 作業系統也支援瀏覽等功能，因此是本書主要採用的數位影像檔案格式。BMP 檔案雖然也支援影像壓縮，壓縮方法爲 Run Length Encoding(RLE)，但實際上並不常用。

- GIF：GIF 是取自**圖形交換格式** (Graphic Interchange Format) 的縮寫，由 Unisys 公司與 CompuServe 公司共同制訂，適用於網頁物件圖像，例如：Icon、Button 或動畫等。GIF 檔案格式主要支援 8 位元 (即 256 色) 影像，同時採用 Lempel-Ziv-Welch (LZW) 的壓縮方式，由於其檔案在壓縮後不會喪失影像品質，即所謂的「無失眞壓縮」，且壓縮後檔案大小可以有效降低傳輸時間，因此在網際網路中被廣泛使用。

- **PNG**：PNG 是取自**可攜式網路圖** (Portable Network Graphics) 的縮寫，由 Unisys 公司與 CompuServe 公司共同制訂，目的在取代前述的 GIF 影像檔案格式。除了延續 LZW 的壓縮方式外，PNG 支援 48 位元的色彩影像，同時也加入透明的 Alpha 通道等功能，成爲設計專業領域常用的數位影像檔案格式。
- **JPEG**：JPEG 是取自**聯合相片專家小組** (Joint Photographic Experts Group) 的縮寫，該小組隸屬於**國際標準組織** (International Organization for Standardization, ISO)。JPEG 適用於相機拍攝的照片等，使用「失眞壓縮」技術，包含：**離散餘弦轉換** (Discrete Cosine Transform, DCT)、**霍夫曼碼** (Huffman Codes) 等。JPEG 經過影像壓縮，可以提供理想的檔案大小，並維持良好的影像品質，因此在網際網路中被廣泛使用。
- **TIFF**：TIFF 是取自**標籤影像檔案格式** (Tagged Image File Format) 的縮寫，最初是由 Aldus 公司與 Microsoft 公司共同制訂，後來被業界廣泛採用，例如：Adobe、Ulead 等公司，適用於相機拍攝的照片等。TIFF 檔案格式主要是利用文件標頭中的**標籤** (Tag)，不僅支援無失眞或失眞壓縮，同時也支援多影像、跨平台等的特殊應用，是一種適應性相當強的檔案格式。

標準的數位影像檔案格式種類繁多，例如：醫學影像專用的**醫學數位影像傳輸協定** (Digital Imaging and Communications in Medicine, DICOM) 等，本書受限於篇幅，在此不做詳盡介紹。

1-5 數位影像處理軟體

目前市面上的數位影像處理軟體，種類繁多且功能多樣化。具有代表性的影像處理軟體，例如：Adobe PhotoShop、Ulead PhotoImpact 等。市面上不乏 PhotoShop 影像處理軟體的相關書籍，通常是介紹 PhotoShop 的使用方法，針對設計專業的讀者而寫。相對而言，本書是以科學家或工程師爲對象，將以數位影像技術的基礎理論、演算法與應用等課題爲主要的討論範圍。

在此推薦一款免費的影像處理軟體，稱為 GIMP，建議您在學習 DIP 技術前安裝使用，可以加快 DIP 技術的實作與應用。GIMP 是取自**通用影像處理程式** (General Image Manipulation Program) 的縮寫，是一款自由、跨平台且完全免費的影像處理軟體，可以在 Microsoft Windows、Apple MacOS、Linux 等作業系統下執行。

GIMP 的視窗介面，如圖 1-15。GIMP 提供基本的影像編輯與影像處理等功能，建議您自行下載安裝，體驗數位影像處理的樂趣[7]。

圖 1-15 GIMP 影像處理軟體介面

1-6 數位影像處理技術應用

數位影像處理技術的應用，其實不勝枚舉。以下列舉幾個典型的應用：

- **影像編輯軟體** (Image Editing Software)
- **工業檢測** (Industrial Inspection)
- **虛擬實境** (Virtual Reality, VR)
- **擴增實境** (Augmented Reality, AR)

---

7 若您已經有 PhotoShop 或 PhotoImpact 的使用經驗，則不須特別改用 GIMP。

- 遊戲設計 (Game Design)
- 電影特效 (Movie Special Effect)
- 人機互動 (Human Computer Interaction, HCI)
- 智慧監控系統 (Intelligent Surveillance System)
- 地理資訊系統 (Geographic Information System, GIS)
- 遙測影像處理 (Remote Sensing Image Processing)
- 多媒體晶片設計 (Multimedia IC Design)
- 生醫影像處理 (Biomedical Image Processing)
- 指紋辨識 (Fingerprint Recognition)
- 臉部偵測與辨識 (Face Detection & Recognition)
- 車牌辨識 (License Plate Recognition)
- 自走車 (Autonomous Vehicles)
- 智慧機器人 (Intelligent Robots)

CHAPTER 02

Python 程式設計

本章的目的是介紹 Python 程式語言與基礎程式設計，同時介紹功能強大的 OpenCV 程式庫，藉以進行數位影像處理的初體驗。期望透過理論與實務的緊密結合，可以實現「做中學」的學習理念。

數位影像處理技術，其實可以使用 C/C++、Java、Python 等程式語言實現。由於 Python 程式語言的語法簡潔，而且 OpenCV 程式庫同時提供許多 Python 程式範例，因此成為本書主要採用的程式語言。

學習單元

- Python 程式語言
- Python 程式設計
- OpenCV 介紹
- 數位影像處理初體驗
- OpenCV 繪圖

2-1 Python 程式語言

Python 程式語言 (Python Programming Language) 是由荷蘭電腦科學家**吉多·范羅蘇姆** (Guido van Rossum) 於 1991 年發表的一種高階程式語言。

Python 程式語言的特性如下：

- Python 是一種直譯式、物件導向的高階程式語言
- Python 的設計哲學是「優雅」、「明確」、「簡單」
- 支援**跨平台** (Cross-Platform)，且提供許多軟體**套件** (Packages)
- 目前版本有 2.x 與 3.x 兩種，但不完全相容

相較於傳統的程式語言，例如：C/C++、Java 等，Python 程式語言提供直譯式的開發環境，稱為**直譯器** (Interpreter)，可以在執行期間動態將程式碼逐句進行直譯。Python 程式語言強調程式的可讀性，使用空格或縮排劃分程式區塊，而非使用大括號或關鍵詞，使得 Python 程式更為簡潔，有助於程式設計師的除錯工作。

Python 開發環境的下載與安裝，可以採用下列兩種方式進行：

- **Python 官方網站**：www.python.org
- **Anaconda 官方網站**：www.anaconda.com

若是使用 Python 官方網站，將會安裝基本的 Python 開發環境。原則上，筆者建議直接下載與安裝 Anaconda，主要的原因是 Anaconda 事先打包許多軟體套件，安裝步驟會比較簡單。

自 Python 程式語言問市以來，第三方學者專家，陸續加入開源軟體開發工作，發展出許多功能強大的軟體**套件** (Packages)。

常見的 Python 軟體套件如下：

- **NumPy**：支援**陣列** (Array) 或**矩陣** (Matrix) 的運算功能，同時提供大量的數學函式庫。
- **SciPy**：支援 Python 的**科學運算** (Scientific Computing) 功能。

- Matplotlib：支援 Python 的繪圖功能與資料視覺化。Matplotlib 的 pyplot 模組，提供許多方便的繪圖功能。
- SymPy：支援**符號數學** (Symbolic Mathematics)，適合數學與代數的推導工作。
- Pandas：Python 資料分析程式庫，提供許多資料結構與資料分析工具。
- Tkinter：提供 Python 視窗介面設計功能。

爲了方便 Python 程式設計工作，須至少熟悉一種適合 Python 程式語言的**程式編輯器**或**整合開發環境** (Integrated Development Environment, IDE)，例如：Notepad++、Sublime、Python Tools for Visual Studio、Spyder、PyCharm、Eclipse 等。典型的程式編輯器，例如：Notepad++ 或 Sublime，介面外觀如圖 2-1，都適合作爲 Python 程式的編輯工具 [1]。

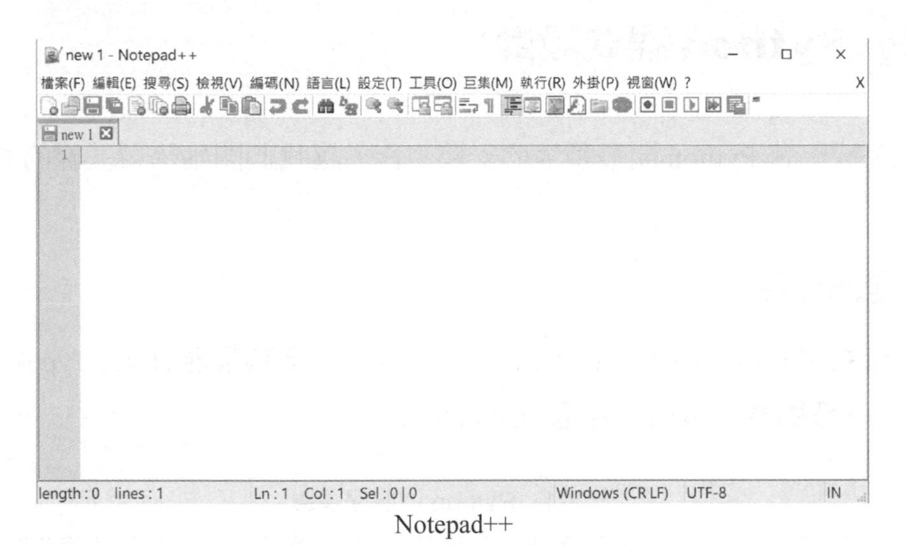

Notepad++

圖 2-1　Python 程式編輯器

1　雖然 Microsoft Windows 提供的記事本 (Notepad) 也可以用來編輯 Python 程式，但缺乏 Python 程式的色彩標註等功能，因此筆者不建議使用。若您習慣使用 IDE，目前也有許多適合的選項，例如：Python Tools for Visual Studio、Spyder、Eclipse 等。

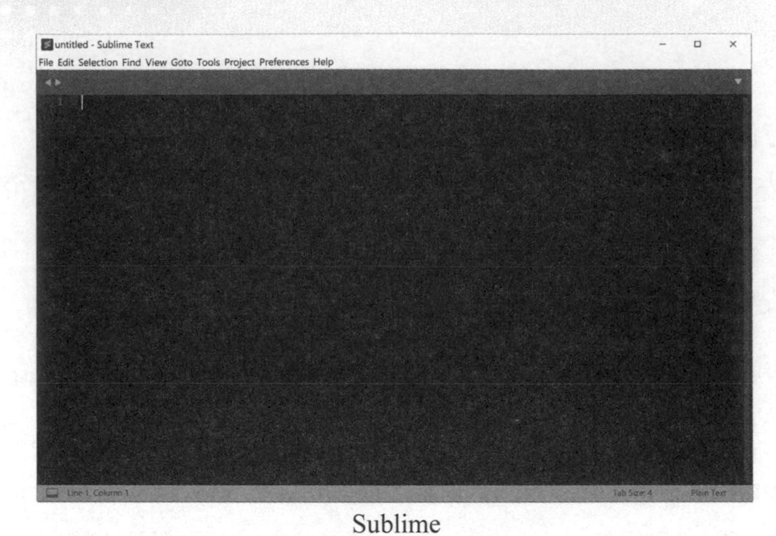

Sublime

圖 2-1 Python 程式編輯器 (續)

2-2 Python 程式設計

若您完成上述 Python 開發環境的安裝工作，讓我們開始學習基礎的 Python 程式設計。

2-2-1 數學運算

Python 提供基礎的數學運算，如表 2-1。常用的**資料型態** (Data Type) 包含：**整數** (Integer)、**浮點數** (Float) 與**複數** (Complex)。

表 2-1 Python 的數學運算

運算子	說明
+、–、*、/	加、減、乘、除
//	整數除法取商
%	整數除法取餘數
+x、–x	正、負值
abs(x)	對 x 取絕對值
int(x)	對 x 取整數
float(x)	對 x 取浮點數
complex(re, im)	複數 (實部爲 re，虛部爲 im)
pow(x, y) 或 x ** y	x 的 y 次方

Python 提供基礎的數學運算，因此可以當成簡易的計算機。例如：

```
>>> 1 + 5
6
>>> 3 * 3
9
>>> 1 / 3
0.3333333333333333
>>> 100 // 3
33
>>> pow( 2, 10 )
1024
>>> 100 ** 5
10000000000
```

Python 提供基礎的代數運算，可以將數值指定給變數。例如：

```
>>> x = 1.1
>>> y = 2.5
>>> x + y
3.6
>>> x / y
0.44000000000000006
```

上述範例中的等於符號「=」，在 Python 程式設計中代表**指定** (Assignment) 敘述。Python 的直譯器會根據資料型態，在電腦記憶體中配置足夠的記憶體空間，並將數值存在這個記憶體空間內。

我們可以使用 type 函式檢查變數的**資料型態**。例如：

```
>>> x = 5
>>> y = 3.5
>>> z = complex( 1, 2 )
>>> type( x )
<class 'int'>
>>> type( y )
<class 'float'>
>>> type( z )
<class 'complex'>
```

Python 在進行基礎的數學或代數運算時，會自動轉換**資料型態**。例如：

```
>>> x = 3
>>> y = 5
>>> z = x / y
>>> type( x )
<class 'int'>
>>> type( y )
<class 'int'>
>>> type( z )
<class 'float'>
```

上述範例中，可以發現變數 x 與 y 均爲整數，經過除法運算後，Python 會自動將變數 z 轉換爲浮點數。

Python 程式語言定義的**資料型態** (Data Type)，包含：**整數** (Integer)、**浮點數** (Float)、**複數** (Complex) 等，可以根據資料儲存時所佔的位元數再進一步細分，如表 2-2。

表 2-2　Python 的資料型態

資料型態	說明
int8	Byte (–128 ～ 127)
int16	Integer (–32,768 ～ 32,767)
int32	Integer (–2,147,483,648 ～ 2,147,483,647)
int64	Integer (–9,223,372,036,854,775,808 ～ 9,223,372,036,854,775,807)
uint8	Unsigned integer (0 ～ 255)
uint16	Unsigned integer (0 ～ 65,535)
uint32	Unsigned integer (0 ～ 4,294,967,295)
uint64	Unsigned integer (0 ～ 18,446,744,073,709,551,615)
float16	Half precision float Sign bit, 5 bits exponent, 10 bits mantissa
float32	Single precision float Sign bit, 8 bits exponent, 23 bits mantissa
float64	Double precision float Sign bit, 11 bits exponent, 52 bits mantissa
complex64	Complex number, represented by two 32-bit floats
complex128	Complex number, represented by two 64-bit floats

由於數位影像的像素強度通常是以 8-bit 的正整數爲主，因此經常採用 uint8 的資料型態，其值介於 0 ～ 255 之間。

Python 變數的命名規則如下：

- 開頭的第一個字可以是大小寫字母或底線，但不能是數字或特殊符號
- 大小寫視爲不同的變數
- 不可與內建的 Python 關鍵字相同

舉例說明，x、y、student、user_id、_myVar 等是合法的變數名稱；2d_var、5abc、?Love 等則是不合法的變數名稱。Name 或 name 會被視爲是不同的變數。典型的 Python 關鍵字，包含：and、assert、break、class、continue、def、elif、else、for、import、not、return、while 等，都不能作爲變數名稱。

2-2-2 比較運算

Python 的比較運算，如表 2-3。

表 2-3 Python 的比較運算

運算子	說明	運算子	說明
<	小於	>=	大於等於
<=	小於等於	!=	不等於
>	大於	==	等於

Python 的比較運算，例如：

```
>>> x = 3
>>> y = 5
>>> x > y
False
>>> x < y
True
>>> x != y
True
>>> x == y
False
```

2-2-3 邏輯運算

Python 程式語言提供三種邏輯運算，分別為**且** (and)、**或** (or) 與**非** (not)，如表 2-4 ～ 2-6。

表 2-4 AND 邏輯運算

X	False	False	True	True
Y	False	True	False	True
X and Y	False	False	False	True

表 2-5　OR 邏輯運算

X	False	False	True	True
Y	False	True	False	True
X or Y	False	True	True	True

表 2-6　NOT 邏輯運算

X	False	True
not X	True	False

Python 的邏輯運算，例如：

```
>>> x = True
>>> y = False
>>> x and y
False
>>> x or y
True
>>> not x
False
```

2-2-4　科學運算

Python 的初始環境並未提供科學運算，須載入 NumPy 的軟體套件之後，才能進行科學運算。載入的方法如下：

```
>>> import numpy            # 載入 NumPy
>>> import numpy as np      # 載入 NumPy，命名空間改為 np
>>> from numpy import *     # 全部載入
```

原則上，若採用第一種方式，則命名空間 numpy 稍嫌過長；第三種方式則是載入全部的 NumPy 函式，通常會花較多的前處理時間。因此，本書是以第二種折衷的方式爲主，採用的命名空間爲 np。

NumPy 提供的科學運算，如表 2-7 [2]。希望您對於這些數學函數，例如：對數、指數、三角函數等，不會感到太陌生。

表 2-7 NumPy 的科學運算

函數	說明	函數	說明
sign(x)	x 的符號	sin(x)	正弦函數
abs(x)	絕對值	cos(x)	餘弦函數
sqrt(x)	開根號	tan(x)	正切函數
log(x)	自然對數	arcsin(x)	反正弦函數
log10(x)	對數 (基底為 10)	arccos(x)	反餘弦函數
log2(x)	對數 (基底為 2)	arctan(x)	反正切函數
exp(x)	指數	min(x)	最小值
ceil(x)	頂值	max(x)	最大值
floor(x)	底值	degrees(x)	取角度
round(x, d)	四捨五入 (取 d 位)	radians(x)	取弧度

註 本表僅列舉常用的函數，其中頂值代表大於 x 的最小整數，底值代表小於 x 的最大整數。此外，三角函數的輸入為**弧度** (Radians)。

NumPy 的科學運算，例如：

```
>>> import numpy as np
>>> np.sqrt( 2 )
1.4142135623730951
>>> np.log10( 1000 )
3.0
>>> np.exp( 1 )
```

2 Python 提供的 math 軟體套件，也可以用來進行科學運算，許多函數名稱與 NumPy 相通。Python 在載入 math 或 NumPy 套件後，就可以當成是科學 / 工程用計算機使用。

```
2.718281828459045
>>> np.ceil( 4.3 )
5.0
>>> np.floor( 4.3 )
4.0
>>> np.sin( np.pi / 2 )
1.0
>>> np.tan( np.pi / 4 )
0.9999999999999999
>>> 4 * np.arctan( 1 )
3.141592653589793
>>> np.degrees( np.pi )
180.0
>>> np.radians( 60 )
1.0471975511965976
```

上述的 NumPy 科學運算，若以數學式表示，分別如下：

- $\sqrt{2} \approx 1.414$
- $\log_{10}(1000) = 3$
- $e^1 \approx 2.71828$
- $\lceil 4.3 \rceil = 5$
- $\lfloor 4.3 \rfloor = 4$
- $\sin(\pi / 2) = 1$
- $\tan(\pi / 4) = 1$ (請注意 Python 的結果產生數值誤差)
- $4 \cdot \tan^{-1}(1.0) = 4 \cdot (\pi / 4) = \pi$
- π 的角度爲 $180°$
- $60°$ 的弧度爲 $\pi / 3$

2-2-5 NumPy 陣列運算

Python 提供的 NumPy 套件，適合用來進行陣列運算。雖然 Python 提供許多相當有用的**資料結構** (Data Structures)，例如：List、Tuple、Set、Dictionary 等。由於數位影像是以二維陣列表示，因此本書是以 NumPy 提供的**陣列** (Array)，作為主要的資料結構。

使用 NumPy 定義一維陣列與陣列運算，例如：

```
>>> import numpy as np
>>> x = np.array( [ 1, 2, 3, 4 ] )
>>> y = np.array( [ 4, 3, 2, 1 ] )
>>> x + y
array( [ 5, 5, 5, 5 ] )
>>> x * y
array( [ 4, 6, 6, 4 ] )
```

可以注意到，一維陣列的四則數學運算，是以一對一的方式進行。因此，兩個陣列的維度必須相同。

使用 NumPy 定義二維陣列與陣列運算，例如：

```
>>> import numpy as np
>>> x = np.array( [ [ 1, 2, 3 ], [ 4, 5, 6 ], [ 7, 8, 9 ] ] )
>>> y = np.array( [ [ 1, 0, 0 ], [ 0, 1, 0 ], [ 0, 0, 1 ] ] )
>>> x + y
array( [ [ 2,   2,   3 ],
         [ 4,   6,   6 ],
         [ 7,   8, 10 ] ] )
>>> x * y
array( [ [ 1, 0, 0 ],
         [ 0, 5, 0 ],
         [ 0, 0, 9 ] ] )
```

同理，二維陣列的四則數學運算，也是以一對一的方式進行。NumPy 二維陣列的乘法運算，與線性代數介紹的矩陣乘法並不相同，請勿混淆[3]。

若想表示一張灰階數位影像，其中灰階為 0 (即全黑影像)，且影像大小為 512 × 512，可以定義一個二維陣列。例如：

```
>>> import numpy as np
>>> img = np.zeros( [ 512, 512 ], dtype = "uint8" )
>>> img
array( [ [ 0, 0, 0, ..., 0, 0, 0 ],
         [ 0, 0, 0, ..., 0, 0, 0 ],
         [ 0, 0, 0, ..., 0, 0, 0 ],
         ...,
         [ 0, 0, 0, ..., 0, 0, 0 ],
         [ 0, 0, 0, ..., 0, 0, 0 ],
         [ 0, 0, 0, ..., 0, 0, 0 ] ], dtype=uint8 )
```

若想表示一張色彩影像，其中色彩為 0(即全黑影像)，且影像大小為 512 × 512，可以定義一個三維陣列。例如：

```
>>> import numpy as np
>>> img = np.zeros( [ 512, 512, 3 ], dtype = "uint8" )
```

2-2-6　統計分析

NumPy 套件提供基本的統計分析，可以用來計算一維 (或二維) 陣列的**平均值** (Mean) 與**標準差** (Standard Deviation)。例如：

3　若想實現線性代數 (Linear Algebra) 的矩陣乘法、反矩陣等運算，可以使用 NumPy 提供的 linalg 模組。

```
>>> import numpy as np
>>> x = np.array( [ 1, 2, 3, 4, 5, 6, 7, 8, 9 ] )
>>> np.mean( x )
5.0
>> np.std( x )
2.581988897471611
>>>
>>> x = np.array( [ [ 1, 2, 3 ], [ 4, 5, 6 ], [ 7, 8, 9 ] ] )
>>> np.mean( x )
5.0
>> np.std( x )
2.581988897471611
```

本書限於篇幅，無法詳盡介紹 Python 程式設計。目前市面上不乏相關書籍，若您不熟悉 Python 程式設計，建議您可以參考相關書籍與上機練習。在學習數位影像處理技術的理論、實作與應用之前，具備初步的 Python 程式設計經驗。

2-3 OpenCV 介紹

OpenCV 爲**開源電腦視覺程式庫**(Open Source Computer Vision Library)的縮寫，最初是由 Intel 公司啓動並參與開發，目的是針對**電腦視覺**技術，建構開源的程式庫，以供學術界或產業界使用，可以加速電腦視覺技術的開發與應用。

OpenCV 程式庫的特色，列舉如下：

- 採用 BSD 授權，因此是完全免費的開源程式庫
- 使用最佳化 C/C++ 語言編寫而成
- 目前已累積超過 2,500 個函式 (或演算法)
- 支援許多程式語言，例如：C/C++、Java、Python 等
- 支援跨平台，可在不同的作業系統下執行，例如：Microsoft Windows、MacOS、iOS、Linux、Android 等

OpenCV 程式庫在第三方軟體開發者的共同參與下，支援許多電腦視覺函式，可以協助研發人員應用於不同的軟硬體系統。OpenCV 程式庫所提供的函式，是以**模組** (Modules) 的方式安排，提供許多特定的功能，應用面相當廣泛。

目前 OpenCV 提供的模組相當多，列舉如下：

- Core：核心功能 (Core Functionality)
- Imgproc：影像處理 (Image Processing)
- Imgcodecs：影像檔案讀取與儲存的編解碼器 (Image File Reading & Writing Codecs)
- Videoio：視訊輸入 / 輸出 (Video I / O)
- Highgui：高階圖形使用者介面 (High-Level GUI)
- Video：視訊分析 (Video Analysis)
- Calib3d：相機校正與 3D 重建 (Camera Calibration & 3D Reconstruction)
- Features2d：2D 特徵擷取框架 (2D Features Framework)
- Objdetect：物件偵測 (Object Detection)
- Dnn：深度神經網路 (Deep Neural Network)
- Ml：機器學習 (Machine Learning)
- Flann：多維空間群集與搜尋 (Clustering and Search in Multi-dimensional Space)
- Photo：計算攝影 (Computational Photography)
- Stitching：影像拼貼 (Image Stitching)

因此，OpenCV 程式庫相當適合作爲**數位影像處理**、**數位視訊處理**、**電腦視覺**、**圖形辨識**、**機器學習**、**深度學習**、**人工智慧**等相關領域的開發工具。

在進行數位影像處理技術的實作與應用之前，須先安裝 OpenCV 程式庫。最簡單的方法，是在 Python 開發環境下鍵入：

```
pip install opencv-python
```

安裝 OpenCV 程式庫後，即可使用下列指令載入：

```
>>> import cv2
```

以下指令可以用來確認目前安裝的 OpenCV 版本：

```
>>> cv2.__version__
```

注意：version 的左右兩邊各有兩個底線。

2-4 數位影像處理初體驗

若您完成上述 OpenCV 程式庫的安裝工作，讓我們開始進行數位影像處理的初體驗。

2-4-1 讀取與顯示數位影像

首先介紹如何使用 Python 程式讀取與顯示數位影像。目前 OpenCV 支援的數位影像檔案格式相當多，包含：BMP、JPEG、GIF、PNG、TIFF 等。由於 BMP 檔案格式通常並未採用壓縮技術，在讀寫過程中不會造成影像失眞現象，因此本書在進行數位影像處理實作時，是以 BMP 的檔案格式爲主。

Python 程式碼如下：

display_image.py

```
1   import numpy as np
2   import cv2
3
4   img = cv2.imread( "Lenna.bmp", -1 )
5   cv2.imshow( "Example", img )
6   cv2.waitKey( 0 )
7   cv2.destroyAllWindows( )
```

本程式範例中，首先載入 NumPy 軟體套件與 OpenCV 程式庫，命名空間分別定義爲 np 與 cv2。

接著，使用 imread 函式讀取數位影像檔，並以變數名稱 img 的 NumPy 陣列儲存於電腦記憶體。OpenCV 的 imread 函式中，第一個參數爲數位影像的檔案名稱；第二個參數爲數位影像的讀取方式，包含：

- IMREAD_UNCHANGED(–1)：根據原始影像的型態讀取
- IMREAD_GRAYSCALE(0)：讀取爲灰階影像
- IMREAD_COLOR(1)：讀取爲色彩影像
- IMREAD_ANYDEPTH(2)：讀取任意位元深度的影像
- IMREAD_ANYCOLOR(4)：讀取任意色彩的影像

以上範例是使用 –1，因此是根據數位影像檔案的原始型態讀取。換言之，若輸入影像爲灰階影像，則讀取爲灰階影像；若爲色彩影像，則讀取爲色彩影像。

本程式範例使用 imshow 函式建立視窗，視窗名稱爲 Example，並將數位影像顯示於視窗內，視窗大小會隨著影像大小自動調整。最後，waitKey 函式是用來等待鍵盤輸入，單位爲**毫秒** (Milliseconds)，例如：1,000 代表等待 1 秒後關閉視窗，0 則表示持續等待至使用者鍵入任意鍵後關閉視窗。

最後，使用 destroyAllWindows( ) 函式關閉所有視窗[4]。OpenCV 同時提供 destroyWindow( ) 函式，可以關閉特定的視窗。

執行 Python 程式即可顯示數位影像的視窗：

```
D:\DIP> Python display_image.py
```

按任意鍵即可關閉視窗。使用 Python 程式讀取與顯示 Lenna 或 Baboon 數位影像，結果如圖 2-2。

圖 2-2　建立視窗與顯示數位影像

4　本書提供的 Python 程式範例，為求簡潔，將省略本步驟。然而，嚴謹的軟體工程師，會在程式的最後階段，進行資源清除與電腦記憶體釋放等工作。

補充說明，由於本程式範例直接使用檔案名稱，並未加入路徑，因此須事先將數位影像置於 Python 程式的執行目錄下，才能顯示該數位影像。當然，您也可以在 imread 函式中，指定絕對路徑與檔案名稱，藉以顯示其他目錄下的數位影像。

若數位影像爲灰階影像，則回傳的 img 爲二維陣列；若爲色彩影像，則回傳的 img 爲三維陣列，主要是採用 NumPy 的資料結構，可以使用下列指令得知：

```
>>> type( img )
<class 'numpy.ndarray'>
```

在此，可以透過下列指令，印出數位影像的 NumPy 陣列內容：

```
>>> print( img )
array( [ [ 201, 203, 204, ..., 122, 121, 121 ],
         [ 202, 203, 205, ..., 123, 123, 123 ],
         [ 203, 203, 205, ..., 126, 126, 123 ],
         ...,
         [ 185, 194, 207, ...,  56,  58,  65 ],
         [ 182, 196, 195, ...,  54,  60,  67 ],
         [ 181, 196, 200, ...,  63,  69,  73 ] ], dtype=uint8 )
```

可以注意到數位影像的像素是使用 uint8 的資料型態，即 8-bits 的正整數，介於 0～255 之間。邀請您將輸入的數位影像改成 Baboon.bmp(色彩影像)，並觀察其間的差異。

2-4-2 顯示影像資訊

若是自網路下載或自行拍攝而得的數位影像，則在套用數位影像處理技術之前，須先擷取相關的影像資訊，例如：**列數** (Number of Rows)、**行數** (Number of Columns)、灰階或色彩影像等。本程式範例的目的，即是擷取並顯示相關的影像資訊。

Python 程式碼如下：

image_info.py

```
1   import numpy as np
2   import cv2
3
4   filename = input( "Please enter filename: " )
5   img = cv2.imread( filename, -1 )
6   nr, nc = img.shape[:2]
7   print( "Number of Rows =", nr )
8   print( "Number of Columns =", nc )
9   if img.ndim != 3:
10      print( "Gray-Level Image" )
11  else:
12      print( "Color Image" )
```

本程式範例改由使用者輸入檔案名稱，在讀取數位影像之後，透過 img.shape 擷取數位影像的列數與行數，分別用變數 nr 與 nc 儲存，其中 nr 爲 number of rows，nc 爲 number of columns。img.ndim 代表 NumPy 陣列的**維度數** (Number of Dimensions)，若爲灰階影像，其值爲 2；若爲色彩影像，其值爲 3。

Python 程式的執行範例如下：

```
D:\DIP> Python image_info.py
Please enter filename: Lenna.bmp
Number of Rows = 512
Number of Columns = 512
Gray-Level Image
```

邀請您自行修改輸入的數位影像檔案名稱，並檢視相關的影像資訊。

2-4-3　顯示像素資訊

爲了幫助了解數位影像的內容，可以使用 Python 程式顯示像素資訊，包含：數位影像中某像素的空間座標與對應的強度 (灰階) 或 R、G、B 值。

Python 程式碼如下：

pixel_info.py

```
1   import numpy as np
2   import cv2
3
4   global img
5
6   def onMouse( event, x, y, flags, param ):
7       x, y = y, x
8       if img.ndim != 3:
9           print( "(x, y) = (%d, %d)" %(x, y), end = "    " )
10          print( "Gray-Level = %3d" % img[x, y] )
11      else:
12          print( "(x, y) = (%d, %d)" %(x, y), end = "    " )
13          print( "(R, G, B) = (%3d, %3d, %3d)" %
14              ( img[x, y, 2], img[x, y, 1], img[x, y, 0] ))
15
16  filename = input( "Please enter filename: " )
17  img = cv2.imread( filename, -1 )
18  cv2.namedWindow( filename )
19  cv2.setMouseCallback( filename, onMouse )
20  cv2.imshow( filename, img )
21  cv2.waitKey( 0 )
```

本程式範例採用 OpenCV 程式庫提供的視窗函式，分成兩個程式區塊，第 6 ～ 14 行是 onMouse 副程式，第 16 ～ 21 行則是主程式。

首先定義全域變數 img，用來儲存數位影像的 NumPy 陣列。Python 程式執行時，會先由使用者輸入數位影像檔名並讀取數位影像。接著，根據檔案名稱建立視窗，同時設定滑鼠的**回呼** (Callback) 函式。若使用者在視窗內移動滑鼠的位置，將會觸發滑鼠**事件** (Event)，並呼叫 onMouse 副程式。

值得注意的是，由於 OpenCV 視窗 x、y 軸的定義與數位影像 x、y 軸的定義相反，因此使用 $x, y = y, x$ 的指令進行交換。此外，OpenCV 在存取色彩影像時，其實是根據 B、G、R 的順序，與我們習慣的三原色 R、G、B 順序相反。

若輸入的數位影像爲灰階影像，只要在影像視窗內移動滑鼠的位置，就可以即時顯示該像素的 (x, y) 座標與強度 (灰階)。同理，若輸入的數位影像爲色彩影像，則是顯示該像素的 (x, y) 座標與 R、G、B 值。

若輸入灰階影像，Python 程式的執行範例如下：

```
D:\DIP> Python pixel_info.py
Please enter filename: Lenna.bmp
(x, y) = (324, 458)  Gray-Level = 145
(x, y) = (317, 405)  Gray-Level =  64
(x, y) = (307, 358)  Gray-Level =  35
(x, y) = (298, 315)  Gray-Level = 255
......
```

若輸入色彩影像，Python 程式的執行範例如下：

```
D:\DIP> Python pixel_info.py
Please enter filename: Baboon.bmp
(x, y) = (138, 121) (R, G, B) = (170, 149, 89)
(x, y) = (145, 141) (R, G, B) = ( 88, 171, 222)
(x, y) = (149, 154) (R, G, B) = (133, 185, 221)
(x, y) = (151, 165) (R, G, B) = ( 68, 115, 128)
......
```

2-4-4　擷取 ROI 影像

爲了進一步分析數位影像的內容，經常須擷取局部的 ROI。本程式範例的目的即是根據使用者定義的 ROI，儲存 ROI 的數位影像檔。

Python 程式碼如下：

ROI.py

```
1	import numpy as np
2	import cv2
3
4	filename = input( "Please enter filename: " )
5	ROI_x, ROI_y = eval( input( "Enter (x, y) for ROI: " ))
6	ROI_nr, ROI_nc = eval( input( "Enter (rows, columns) for ROI: " ))
7	img = cv2.imread( filename, -1 )
8	ROI = img[ ROI_x : ROI_x + ROI_nr, ROI_y : ROI_y + ROI_nc ]
9	cv2.imwrite( "ROI.bmp", ROI )
```

首先，由使用者輸入檔案名稱與 ROI 的相關資訊，包含：ROI 左上角 (x, y) 座標、ROI 的列數與行數等。接著，根據 ROI 資訊，擷取 NumPy 陣列的局部區域 (或子陣列)，並用變數 ROI 儲存。最後，使用 OpenCV 的 imwrite 函式寫檔，輸出的檔案名稱為 ROI.bmp。OpenCV 會根據副檔名，使用對應的影像檔案格式儲存。

Python 程式的執行範例如下：

```
D:\DIP> Python ROI.py
Please enter filename: Lenna.bmp
Enter (x, y) for ROI: 250, 240
Enter (rows, columns) for ROI: 50, 50
```

本執行範例將會輸出一張 Lenna 的 ROI 數位影像檔，在此定義的 ROI 資訊，約是 Lenna 的右眼局部區域，如圖 2-3。

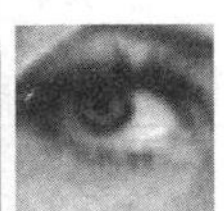

圖 2-3　Lenna 影像與 ROI 影像

2-5 OpenCV 繪圖

OpenCV 提供許多繪圖函式，可以用來繪製直線、矩形、圓形、橢圓形、多邊形等幾何圖形[5]。

OpenCV 繪製**直線**的函式如下：

```
cv2.line( img, pt1, pt2, color [, thickness [, lineType [, shift ] ] ] )
```

牽涉的參數分別為：

- img：輸入影像
- pt1：第一個點座標
- pt2：第二個點座標
- color：直線的顏色 (依 B、G、R 順序)
- thickness：直線的厚度
- lineType：線的型態 (8：8 相連、4：4 相連、LINE_AA：反混疊 Anti-Aliased)
- shift：點坐標的小數位數

OpenCV 繪製**矩形**的函式如下：

```
cv2.rectangle( img, pt1, pt2, color [, thickness [, lineType [, shift ] ] ] )
```

牽涉的參數分別為：

- img：輸入影像
- pt1：第一個點座標
- pt2：第二個點座標
- color：矩形的顏色
- thickness：矩形的厚度 (若為負值，則填滿矩形內部)
- lineType：線的型態

---

5 OpenCV 的繪圖函式，採用的座標是以橫軸為 x 軸，方向朝右；縱軸為 y 軸，方向朝下。由於這個定義方式與數位影像的座標軸定義相反，請讀者不要混淆。

- shift：點座標的小數位數

OpenCV 繪製**圓形**的函式如下：

```
cv2.circle( img, center, radius, color [, thickness [, lineType [, shift ] ] ] )
```

牽涉的參數分別爲：

- img：輸入影像
- center：圓心座標
- radius：半徑
- color：圓形的顏色
- thickness：圓形的厚度 (若爲負值，則填滿圓形內部)
- lineType：線的型態
- shift：點座標的小數位數

OpenCV 繪製**橢圓形**的函式如下：

```
cv2.ellipse( img, center, axes, angle, startAngle, endAngle, color [, thickness [,
lineType [, shift ] ] ] )
```

牽涉的參數分別爲：

- img：輸入影像
- center：橢圓形的圓心座標
- axes：橢圓形主軸大小的一半
- angle：旋轉角度
- startAngle：開始角度
- endAngle：結束角度
- color：橢圓形的顏色
- thickness：橢圓形的厚度 (若爲負值，則填滿橢圓形內部)
- lineType：線的型態
- shift：點座標的小數位數

OpenCV 繪製**多邊形**的函式如下：

```
cv2.polylines( img, pts, isClosed, color [, thickness [, lineType [, shift ] ] ] )
```

牽涉的參數分別爲：

- img：輸入影像
- pts：多邊形的頂點座標陣列
- isClosed：是否爲封閉多邊形 (若爲 True，則繪製從最後座標點至最初座標點的多邊形)
- color：多邊形的顏色
- thickness：多邊形的厚度[6]
- lineType：線的型態
- shift：點座標中的小數位數

OpenCV 繪製**填滿多邊形**的函式如下：

```
cv2.fillPoly( img, pts, color [, lineType [, shift ] ] ] )
```

牽涉的參數分別爲：

- img：輸入影像
- pts：多邊形的頂點座標陣列
- isClosed：是否爲封閉多邊形 (若爲 True，則繪製從最後座標點至最初座標點的多邊形)
- color：多邊形的顏色
- lineType：線的型態
- shift：點座標的小數位數

圖 2-4　OpenCV 繪圖

OpenCV 繪圖範例，如圖 2-4。在此，我們使用 OpenCV 繪製幾何圖形，分別包含：直線、矩形、圓形、橢圓形、多邊形與填滿多邊形等。

6　在此，無法使用負値填滿多邊形内部。若想填滿多邊形内部，須另外使用 fillPoly 函式。

Python 程式碼如下：

opencv_drawing.py

```
1   import numpy as np
2   import cv2
3
4   # 定義數位影像 ( 全黑 )
5   img = np.zeros ( [ 400, 500, 3 ], dtype = 'uint8' )
6   # 直線
7   cv2.line ( img, ( 50, 50 ), ( 150, 150 ), ( 255, 0, 0 ), 2, cv2.LINE_AA, 0 )
8   # 矩形
9   cv2.rectangle ( img, ( 200, 50 ), ( 300, 150 ), ( 0, 255, 0 ), -1 )
10  # 圓形
11  cv2.circle ( img, ( 400, 100 ), 50, ( 0, 0, 255 ), -1 )
12  # 橢圓形
13  cv2.ellipse ( img, ( 100, 300 ), ( 60, 40 ), 135, 0, 360, ( 255, 255, 0 ), 1 )
14  # 多邊形
15  points = np.array ( [ [ 200, 220 ], [ 220, 350 ], [ 280, 320 ], [ 300, 250 ] ] )
16  cv2.polylines( img, [points], True, ( 255, 0, 255 ))
17  # 填滿多邊形
18  points = np.array ( [ [ 400, 220 ], [ 350, 300 ], [ 420, 350 ], [ 450, 250 ] ] )
19  cv2.fillPoly ( img, [points], ( 255, 255, 0 ))
20  # 顯示數位影像
21  cv2.imshow ( "Example", img )
22  cv2.waitKey ( 0 )
```

除了上述的繪製圖形函式之外，OpenCV 提供在數位影像中**置入文字**的函式，定義如下：

```
cv2.putText( img, text, org, fontFace, fontScale, color [, thickness [, lineType [, bottomLeftOrigin ] ] ] )
```

牽涉的參數分別為：

- img：輸入影像
- text：文字字串
- org：文字字串的左下角座標
- fontFace：字體
- fontScale：字體大小
- color：文字的顏色
- thickness：文字的厚度
- lineType：線的型態
- bottomLeftOrigin：若為 True，影像資料原點位於左下角，否則位於左上角。

OpenCV 提供的字體如下：

- FONT_HERSHEY_SIMPLEX
- FONT_HERSHEY_PLAIN
- FONT_HERSHEY_DUPLEX
- FONT_HERSHEY_COMPLEX
- FONT_HERSHEY_TRIPLEX
- FONT_HERSHEY_COMPLEX_SMALL
- FONT_HERSHEY_SCRIPT_SIMPLEX
- FONT_HERSHEY_SCRIPT_COMPLEX

OpenCV 於數位影像中置入文字的範例，如圖 2-5，其中字體是根據上述的順序排列，字體大小設為 1.0。

圖 2-5　OpenCV 於數位影像中置入文字

Python 程式碼如下：

opencv_puttext.py

```
1   import numpy as np
2   import cv2
3
4   # 定義數位影像 ( 全黑 )
5   img = np.zeros( [ 400, 500, 3 ], dtype = 'uint8' )
6   # 置入文字
7   text = "Hello OpenCV"
8   fontFace = cv2.FONT_HERSHEY_SIMPLEX
9   cv2.putText( img, text, ( 10, 50 ), fontFace, 1.0, ( 255, 255, 255 ))
10  fontFace = cv2.FONT_HERSHEY_PLAIN
11  cv2.putText( img, text, ( 10, 90 ), fontFace, 1.0, ( 255, 255, 255 ))
12  fontFace = cv2.FONT_HERSHEY_DUPLEX
13  cv2.putText( img, text, ( 10, 130 ), fontFace, 1.0, ( 255, 255, 255 ))
14  fontFace = cv2.FONT_HERSHEY_COMPLEX
15  cv2.putText( img, text, ( 10, 170 ), fontFace, 1.0, ( 255, 255, 255 ))
16  fontFace = cv2.FONT_HERSHEY_TRIPLEX
17  cv2.putText( img, text, ( 10, 210 ), fontFace, 1.0, ( 255, 255, 255 ))
18  fontFace = cv2.FONT_HERSHEY_COMPLEX_SMALL
19  cv2.putText( img, text, ( 10, 250 ), fontFace, 1.0, ( 255, 255, 255 ))
20  fontFace = cv2.FONT_HERSHEY_SCRIPT_SIMPLEX
21  cv2.putText( img, text, ( 10, 290 ), fontFace, 1.0, ( 255, 255, 255 ))
22  fontFace = cv2.FONT_HERSHEY_SCRIPT_COMPLEX
23  cv2.putText( img, text, ( 10, 330 ), fontFace, 1.0, ( 255, 255, 255 ))
24  # 顯示數位影像
25  cv2.imshow ( "Example", img )
26  cv2.waitKey ( 0 )
```

CHAPTER 03

數位影像基礎

本章的目的是介紹數位影像基礎。首先，介紹電磁波概念與人類視覺系統，並介紹影像擷取的原理。接著，介紹簡易的影像形成模型；最後，介紹數位影像的取樣與量化過程。

學習單元

- 電磁波概念
- 人類視覺系統
- 影像擷取
- 影像形成模型
- 數位影像的取樣與量化

3-1 電磁波概念

物理學中，**電磁波** (Electromagnetic Waves) 是一種能量傳遞的振盪現象，可以在眞空中傳遞；**聲波** (Sound Waves)、**機械波** (Mechanical Waves) 等，則須仰賴介質才能傳遞。

電磁波頻譜 (Electromagnetic Spectrum)， 如圖 3-1。電磁波可以根據頻率範圍進行分類，包含：**伽瑪射線** (Gamma Ray)、**X 射線** (X-Ray)、**紫外線** (Ultraviolet, U-V)、**可見光** (Visible)、**紅外線** (Infrared)、**微波** (Microwave) 與**無線電波** (Radio Wave) 等。

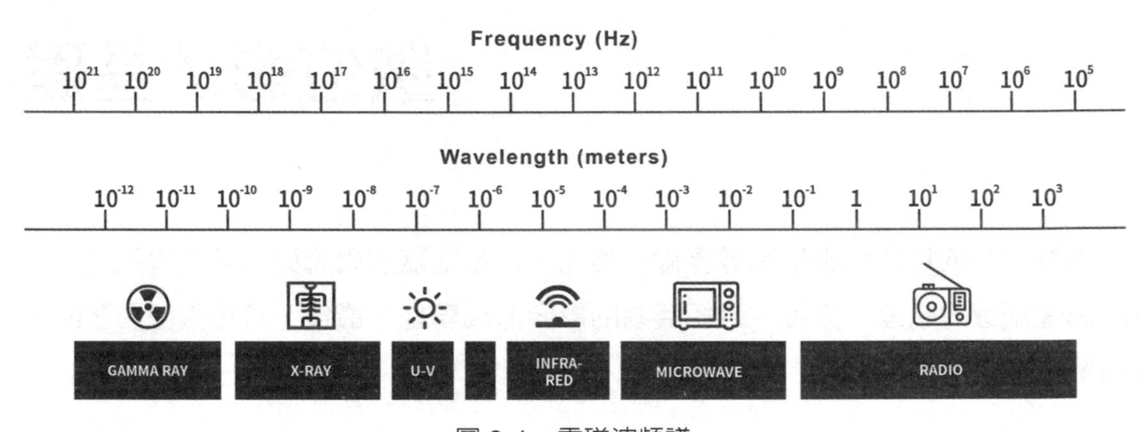

圖 3-1　電磁波頻譜

電磁波的特性，可以用下列公式描述：

$$\nu = \frac{c}{\lambda}$$

其中 ν 稱爲**頻率** (Frequency)，單位爲**赫茲** (Hz)，表示每秒振盪的次數；λ 稱爲**波長** (Wavelength)，單位爲**米** (Meter)，表示每次振盪傳遞的距離。公式中的 c 爲**光速**，約爲 3×10^8 米 / 秒。因此，電磁波的頻率與波長呈反比關係。

電磁波的能量，可以用下列公式描述：

$$E = h\nu$$

其中 h 稱爲**普朗克常數** (Planck's Constant)，ν 稱爲**頻率**。因此，電磁波的能量是與頻率呈正比關係。

舉例說明，**伽瑪射線**的能量高，屬於高頻範圍，每次振盪傳遞的距離 (波長) 較短；相對而言，**無線電波**的能量低，屬於低頻範圍，每次振盪傳遞的距離 (波長) 較長。

可見光波屬於電磁波，可在眞空中傳遞，但在電磁波頻譜中的範圍相當窄。人類眼睛感知的可見光波，波長約落在 380 ～ 740 **奈米** (nanometers, nm)。可見光波若依頻率由低而高排列，依序爲：紅、橙、黃、綠、藍、紫等顏色，即是大家熟知的彩虹顏色。若以電磁波頻譜而言，紅色光的能量最低；紫色光的能量最高。

雖然人類視覺僅侷限於可見光，藉以感知周遭的環境。然而，人類發明的感測器技術，早已遠超出可見光的範圍，進而衍生許多影像設備，例如：機場安檢的行李檢查 X 光機或體溫監控紅外線相機、醫院的**電腦斷層掃描** (Computerized Axial Tomography, CAT) 或**磁共振影像** (Magnetic Resonance Imaging, MRI)、生物研究的**螢光顯微鏡** (Fluorescence Microscopy)、氣象衛星產生的**雷達影像** (Radar Imaging) 等。透過這些影像設備，可以擷取不可見光的數位影像，同時也使得影像處理技術的應用範圍更加廣泛。

3-2 人類視覺系統

爲了建構適合人類使用的影像處理系統，首先可以模仿上帝創造的**人類視覺系統** (Human Visual System)。人類透過五感，即視覺、聽覺、嗅覺、味覺與觸覺感知周遭的環境。雖然人類五感在自然界萬物中並不是最敏銳的，但是人類擁有最聰明的大腦，可以詮釋五感所接收的資訊，同時具備高度的智慧決策與應變能力，因此成爲萬物的主宰。

諺語有云：「眼睛是靈魂之窗」，視覺在人類五感中扮演最重要的角色。人類藉由眼睛接收外界的影像資訊，並經由視覺神經系統，傳達至大腦的**視覺皮層** (Visual Cortex)，位於頭部後端，藉以詮釋影像資訊，形成自然界最優秀的影像處理系統。

人類眼睛的水平剖面結構，如圖 3-2。人類眼睛呈球狀結構，直徑約為 20 公釐，主要是由角膜、虹膜、水晶體等組織所構成。

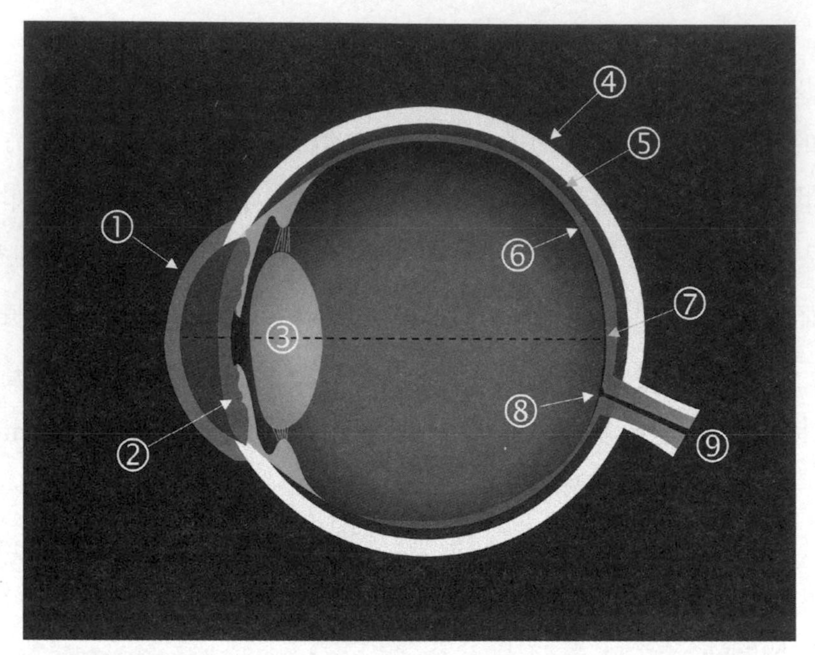

1. 角膜 (Cornea) 2. 虹膜 (Iris) 3. 水晶體 (Lens)
4. 鞏膜 (Sclera) 5. 脈絡膜 (Choroid) 6. 視網膜 (Retina)
7. 中央凹 (Fovea) 8. 盲點 (Blind Spot) 9. 視神經 (Optic Nerve)

圖 3-2 人類眼睛剖面結構圖

角膜 (Cornea) 是透明組織，包覆眼睛前方的表面區域。**虹膜** (Iris) 則是用來控制**瞳孔** (Pupil) 的大小，進而控制進入眼睛光線的量。虹膜本身具有顏色，既是人類眼睛的顏色。碧眼美女指的就是其眼睛中虹膜的顏色是碧藍色的[1]。

水晶體 (Lens) 是由水與脂肪構成，並與**睫狀纖維** (Ciliary Fibers) 連接，用來牽引水晶體改變形狀，進而調整光線聚焦於眼睛後方的**中央凹** (Fovea)。人類眼睛的近視或老花問題，主要是因為睫狀纖維失去彈性，無法適當調整水晶體的形狀，導致光線聚焦於中央凹的前方或後方。目前，人類的近視或老花問題，可以透過配戴眼鏡或雷射手術進行矯正。

---

1 相信您在電影中看過使用人類眼睛的自動辨識門禁系統，其實是針對虹膜的紋理，進行數位影像的擷取、處理與分析，進而辨識使用者的身分。雖然人類的虹膜紋理具有獨特性，但由於相機的造價不菲，因此在現實生活中並不普及。

鞏膜 (Sclera) 包覆眼睛的主體結構，是不透明的組織。**鞏膜**內部稱為**脈絡膜** (Choroid)，由微血管網路構成，用來供給眼睛所需的營養。若脈絡膜受到輕微的損傷，使得微血管產生堵塞現象，都可能會造成嚴重的眼睛發炎問題。

眼睛最內層稱為**視網膜** (Retina)，是人類影像感知最重要的組織，大致分佈於眼球後方區域。若光線適當聚焦於中央凹，則會在視網膜上成像。視網膜上共有兩種感知器，分別稱為**錐狀體** (Cones) 與**桿狀體** (Rods)。錐狀體約有 6 ～ 7 百萬個，分成 R、G、B 三種，因此對色彩具有感知能力；桿狀體約有 75 ～ 150 百萬個，僅具單色 (黑白) 感知能力。

錐狀體通常在亮度較高的環境下具有感知能力，稱為**錐狀體視覺** (Cone Vision) 或**明亮光視覺** (Bright-Light Vision)。**桿狀體**在亮度較低的環境下仍具有感知能力，稱為**桿狀體視覺** (Rod Vision) 或**昏暗光視覺** (Dim-Light Vision)。因此，人類若是在白天觀看某場景時，會覺得場景中的物件具有色彩；但若是在晚上觀看同樣的場景時，則會覺得該物件變得沒有顏色。

您或許聽過這個說法：「任何人都有自己的盲點」，意指每個人都存在偏見與無知，做事時無法考慮周全。然而，以人類的眼睛而言，**盲點** (Blind Spot) 是真實存在的，主要是由於視網膜有部分區域連接**視神經** (Optic Nerve)，這個區域確實並無任何感知組織。

圖 3-3 為人類眼睛的盲點測試圖。在此邀請您做個小實驗，測試的方法是將盲點測試圖立於桌上 (或請朋友面向您拿著)，首先用手遮住左眼，右眼注視左邊的十字標，同時身體前後移動，您應該會發現右邊的圓點在某個時間點消失，這個位置就是您右眼的盲點。同理，您也可以用手遮住右眼，測試左眼的盲點。

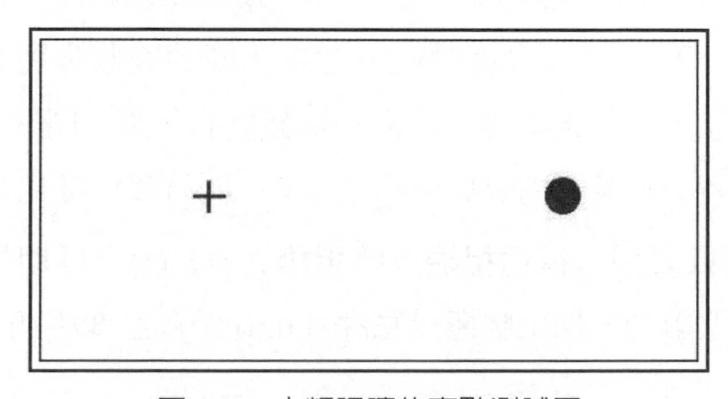

圖 3-3　人類眼睛的盲點測試圖

3-3 影像擷取

現代科技生活中，可以用來擷取數位影像的設備其實相當多，例如：數位相機、智慧型手機的內建相機、網路攝影機、數位掃描機、影印機、監控攝影機、Sony PlayStation 的 VR 體感攝影機、Microsoft Xbox 的 Kinect 體感攝影機等，其實不勝枚舉。

影像擷取 (Image Acquisition) 的過程，如圖 3-4。首先由**光源** (Illumination Source) 產生可見光 (或不可見光)。典型的光源是太陽或電燈，光源所產生的光線投射到場景中的物件，透過反射到人類眼睛或相機，最後在人類眼睛的**視網膜** (Retina) 或相機的**感測器** (Sensors) 上成像。

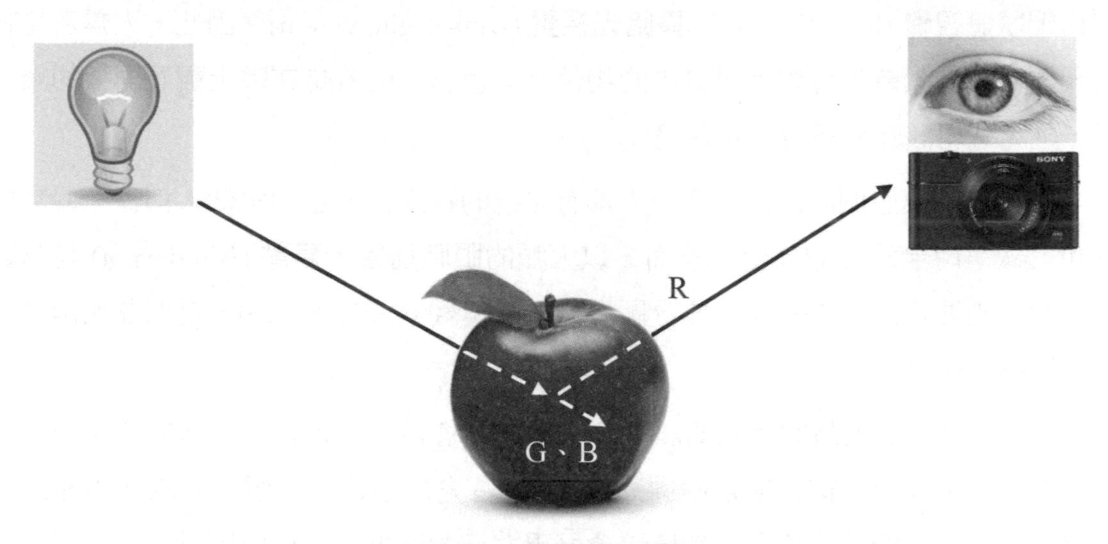

圖 3-4 影像擷取過程

舉例說明，若光源為白色光源，由 R、G、B 三原色組成。當白色光在投射到紅色的蘋果表面時，蘋果表面會反射紅色光 R ，同時吸收綠色光 G 與藍色光 B，人類眼睛或相機在接收紅光後成像，因而呈現紅色的蘋果。同理，當白色光在投射到蘋果的綠葉表面時，綠葉表面會反射綠色光 G，同時吸收紅色光 R 與藍色光 B。

典型的影像擷取設備，稱為**相機**或**照相機** (Camera)。早期的照相機是以**類比** (Analog) 的方式擷取影像，採用**膠捲**或**底片** (Film) 做為影像感測材料，並在暗房內沖洗照片。目前常見的數位相機、智慧型手機的內建相機等，則是以**數位** (Digital) 的方式擷取影像，通常是採用**電荷耦合設備** (Charge-Coupled Device, CCD) 或**互補式金屬氧化物半導體** (Complementary Metal-Oxide-Semiconductor, CMOS) 作爲感光元件，在擷取影像後，再進一步轉換成 0 與 1 的數位影像。

相機的剖面結構，如圖 3-5。相機通常包含：**鏡片** (Lens)、**光圈** (Aperture)、**快門** (Shutter)、CCD / CMOS 等元件。若與圖 3-2 比較，您會發現人類眼睛與相機的主體結構其實有許多功能相似之處，例如：鞏膜與相機外殼、水晶體與鏡片、虹膜與光圈、視網膜與 CCD / CMOS 等。

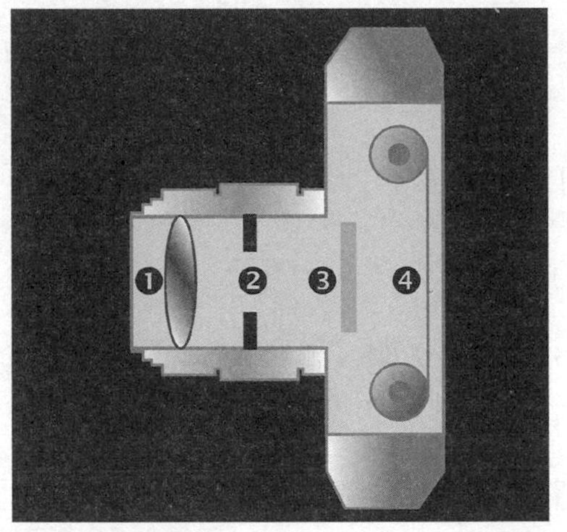

1. 鏡片 (Lens)　　2. 光圈 (Aperture)
3. 快門 (Shutter)　　4. CCD / CMOS

圖 3-5　相機的剖面結構圖

R	G	R	G	R	G	
G	B	G	B	G	B	
R	G	R	G			
G	B	G	B			
R	G					
G	B					

圖 3-6　貝爾濾波器

CCD / CMOS 感光元件其實是單色的感測器，具有光線強度的感測能力，在接收光線的能量後，轉換成類比電壓。這個類比電壓再經由**類比 / 數位轉換器** (Analog/ Digital Converter, A/D Converter) 轉換成 0 與 1 的數位資料。

爲了擷取色彩影像，目前常用的技術稱爲**貝爾濾波器** (Bayer Filter)，主要是在 CCD / CMOS 表面鍍上一層具有色彩的濾波器，如圖 3-6。貝爾濾波器採用 4 個像素的強度值，進而構成 1 個 R、G、B 色彩像素；因此，使用 CCD / CMOS 技術擷取的色彩影像，影像解析度會是 CCD / CMOS 解析度的 1 / 4。

3-4 影像形成模型

本節介紹簡易的**影像形成模型** (Image Formation Model)，藉以模擬數位影像的成像過程。

定義 影像形成模型

影像形成模型 (Image Formation Model) 可以定義為：

$$f(x,y)=i(x,y)\cdot r(x,y)$$

其中，$i(x,y)$ 稱為**打光** (Illumination) 函數，$r(x,y)$ 稱為**反射** (Reflectance) 函數。

打光函數 (或**照明函數**) 的數值範圍可以定義為：

$$0<f(x,y)<\infty$$

目的是用來模擬人類生活中的常見的光源，例如：太陽、電燈等。通常，在模擬場景光源時，大致分成兩種：

- **環境光源** (Ambient Source)：環境光源不具方向性，光線向四面八方投射，形成均勻的照明現象。典型的環境光源來自太陽或室內照明。
- **點光源** (Point Source)：點光源具有方向性，光線投射會集中在特定的局部區域。典型的點光源，例如：檯燈等。

反射函數的數值範圍可以定義為：

$$0<r(x,y)<1$$

又稱為**反射係數**。若反射係數為 0，代表光線被物件表面完全吸收；若反射係數為 1，代表光線被物件表面反射 (全反射)。通常反射係數 $r(x,y)$ 是根據物件表面的特性決定，例如：黑色表面的反射係數接近 0、鏡面的反射係數接近 1 等。

在此，讓我們使用 Python 程式設計，並根據影像形成模型，藉以模擬點光源照明後所形成的數位影像，結果如圖 3-7。點光源的打光函數是使用二維的**高斯函數** (Gaussian Function) 進行模擬，定義如下：

$$G(x,y)=e^{-\frac{(x-x_0)^2+(y-y_0)^2}{2\sigma^2}}$$

其中，(x_0, y_0) 爲平均值，可以用來控制打光的中心點；σ 爲標準差，可以用來控制打光的範圍 (或半徑)[2]。打光函數與反射函數的數值範圍，均經過正規化至 0 ～ 255 之間，並以數位影像呈現。數位影像的形成模型，則是牽涉像素的乘法運算。

打光函數 $i(x, y)$

反射函數 $r(x, y)$

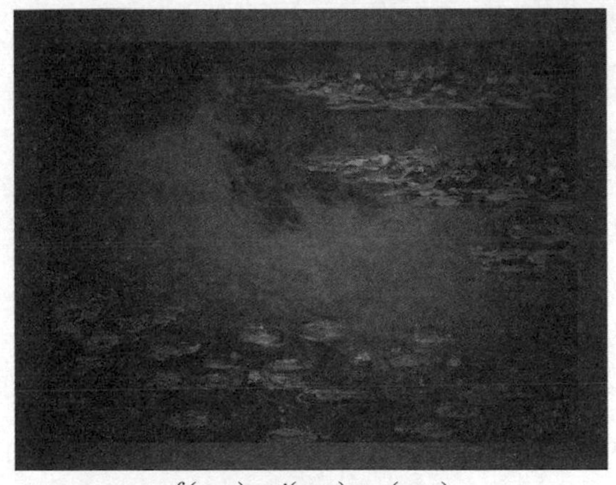

$f(x, y) = i(x, y) \cdot r(x, y)$

圖 3-7　影像形成模型

2　高斯函數的數學定義，請參閱本書附錄。

Python 程式碼如下：

image_formation_model.py

```
1   import numpy as np
2   import cv2
3
4   def image_formation_model( f, x0, y0, sigma ):
5       g = f.copy( )
6       nr, nc = f.shape[:2]
7       illumination = np.zeros( [ nr, nc ], dtype = 'float32' )
8       for x in range( nr ):
9           for y in range( nc ):
10              illumination[x,y] = np.exp( -(( x - x0 ) ** 2 +( y - y0 ) ** 2 )/
11                                  ( 2 * sigma * sigma ))
12      for x in range( nr ):
13          for y in range( nc ):
14              for k in range( 3 ):
15                  val = round( illumination[x,y] * f[x,y,k] )
16                  g[x,y,k] = np.uint8( val )
17      return g
18
19  def main( ):
20      img = cv2.imread( "Monet.bmp", -1 )
21      nr, nc = img.shape[:2]
22      x0 = nr // 2
23      y0 = nc // 2
24      sigma = 400
25      img2 = image_formation_model( img, x0, y0, sigma )
26      cv2.imshow( "Original Image", img )
27      cv2.imshow( "Image Formation Model", img2 )
28      cv2.waitKey( 0 )
29
30  main( )
```

本程式範例使用二維高斯函數定義**打光函數** $i(x,y)$，色彩影像的 R、G、B 值視為**反射函數** $r(x,y)$。高斯函數的數值範圍介於 0 ～ 1 之間，色彩影像的數值範圍介於 0 ～ 255 之間，因此經過乘法運算後，輸出的數值範圍仍然會落在 0 ～ 255 之間，使用 uint8(8-bits 正整數) 的資料型態儲存之。

本程式範例使用數位影像中心作為打光的中心，打光範圍 (半徑) 設為 400。邀請您自行更改參數，修改打光的中心與範圍。當然，您也可以自行修改高斯函數的定義，模擬橢圓形的打光函數。

3-5 數位影像的取樣與量化

影像的**數位化** (Digitization) 過程，包含兩大步驟，稱為**取樣** (Sampling) 與**量化** (Quantization)。

定義 數位影像的取樣與量化

影像**空間座標** (Spatial Coordinate) 的數位化過程，稱為**取樣** (Sampling)。

影像像素**強度** (Intensity) 的數位化過程，稱為**量化** (Quantization)。

3-5-1 取樣

數位訊號處理領域中，訊號的數位化過程牽涉取樣理論，稱為 Nyquist-Shannon **取樣定理** (Nyquist-Shannon Sampling Theorem)。

定理 Nyquist-Shannon 取樣定理

假設原始訊號為**頻帶限制訊號** (Band-Limited Signal)，最高頻率為 f_H，取樣頻率為 f_s，則：

$$f_s > 2f_H$$

方能保證原始訊號的重建。

進一步說明，若取樣頻率超過最高頻率的兩倍，則可充分表示原始訊號。相對而言，若取樣頻率不足，則產生所謂的**混疊** (Aliasing) 現象。

以數位音樂為例，人類的聽力範圍約為 20 Hz ～ 20 kHz，因此人類可以感知的最高頻率約為 $f_H = 20\ \text{kHz}$。根據 Nyquist-Shannon 取樣定理，當取樣頻率設為：

$$f_s > 2f_H$$

或

$$f_s > 40\ \text{kHz}$$

方可保證原始訊號的重建。

目前常見的 MP3 檔案，通常取樣頻率設為 44 kHz 或 48 kHz，符合 Nyquist-Shannon 取樣定理的基本要求。有些追求品質的玩家，在製作 MP3 檔案時，會採用更高的取樣頻率，例如：192 kHz 等，雖然 MP3 檔案的資料量較大，但可以擷取更接近原始訊號的數位訊號。

數位影像的**取樣** (Sampling)，是指影像在**空間座標** (Spatial Coordinates) 的數位化過程。換言之，數位影像的取樣，是指在 x 軸與 y 軸擷取**離散樣本** (Discrete Samples)，每個離散樣本構成數位影像的**像素**。取樣過程牽涉的參數，稱為**取樣率** (Sampling Rate)，代表空間座標中擷取的樣本數。

若使用不同的取樣率，則產生的數位影像，如圖 3-8。由於每個像素涵蓋的實際尺寸大小不同，在影像細節的表現上有顯著的差異。以專業術語而言，稱為**影像解析度** (Image Resolution)。簡言之，若採用的取樣率較高，則可產生高解析度的數位影像；相反的，若採用的取樣率較低，則產生低解析度的數位影像。

圖 3-8　數位影像在不同取樣率下的取樣結果

以**數位掃描機** (Digital Scanners) 或**印表機** (Printers) 爲例，解析度是定義爲**每英吋的點數** (Dots per Inch, DPI)。現代的數位掃描機，提供的解析度高達 1200 DPI；雷射印表機的解析度則高達 2400 DPI。

數位影像的**重新取樣** (Resampling) 技術，大致可以分成下列兩種：(1) **下取樣** (Downsampling)；與 (2) **上取樣** (Upsampling)。在此，重新取樣技術並不是指對原始的類比影像進行重新取樣，而是指針對現有的數位影像，進而改變其取樣率，產生重新取樣的數位影像。

使用 Python 程式進行**下取樣**，若是將取樣率降爲原來的一半，稱爲**以 2 下取樣** (Downsampling by 2)；同理，若降爲原來的四分之一，稱爲**以 4 下取樣** (Downsampling by 4)，依此類推。

採用 Barbara 數位影像，若以 2 或 4 下取樣的結果，結果如圖 3-9。爲了方便您觀察與比較，在此將下取樣後的數位影像放大成原始影像大小。

由圖上可以發現，Barbara 頭巾或褲子的紋理，本質上屬於高頻的二維訊號；在下取樣後，紋理的方向有顯著改變 (頻率變低)，無法忠實呈現原始的紋理，這個現象稱爲**混疊** (Aliasing)。

原始影像

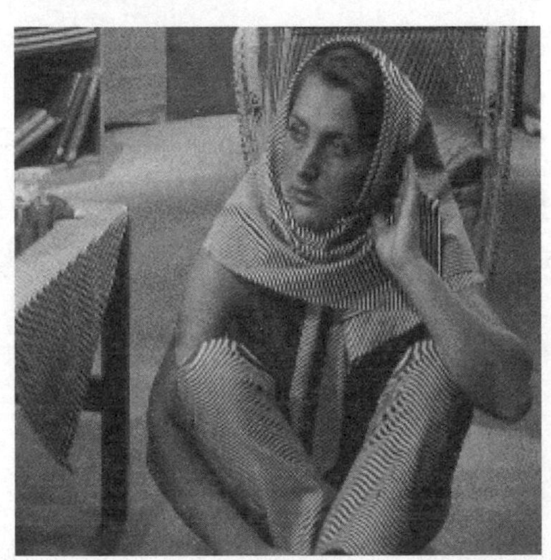

以 2 下取樣

以 4 下取樣

圖 3-9 數位影像的下取樣

Python 程式碼如下：

image_downsampling.py

```
1   import numpy as np
2   import cv2
3
4   def image_downsampling( f, sampling_rate ):
5       nr, nc = f.shape[:2]
6       nr_s, nc_s = nr // sampling_rate, nc // sampling_rate
7       g = np.zeros( [ nr_s, nc_s ], dtype = 'uint8' )
8       for x in range( nr_s ):
9           for y in range( nc_s ):
10              g[x,y] = f[x * sampling_rate, y * sampling_rate]
11      return g
12
13  def main( ):
14      img1 = cv2.imread( "Barbara.bmp", -1 )
15      img2 = image_downsampling( img1, 2 )
16      cv2.imshow( "Original Image", img1 )
17      cv2.imshow( "Downsampling by 2", img2 )
18      cv2.waitKey( 0 )
19
20  main( )
```

本程式範例分成主程式與副程式，其中副程式爲**下取樣** (Downsampling) 函式，用來產生下取樣的影像結果。首先，使用整數除法計算下取樣影像的列數與行數，並使用簡單的**抽取法** (Decimation)。若以 2 下取樣，取樣時是以 2×2 像素爲單位，抽取左上角像素的灰階值；同理，若以 3 下取樣，則是以 3×3 像素爲單位，抽取左上角像素的灰階值；依此類推。

3-5-2 量化

數位影像的**量化** (Quantization)，是指將數位影像中像素的**強度** (Intensity) 經過數位化，進而轉換成 0 與 1 數值的過程。每個像素使用的位元數，稱爲**位元解析度** (Bit Resolution) 或**位元深度** (Bit-Depth)。

灰階影像通常爲 8-bits，灰階數共有 256 種；色彩影像通常爲 24-bits，R、G、B 的色階共有 256 × 256 × 256 = 16,777,216(~16 M) 種。有些先進的影像設備，例如：醫院使用的醫學影像設備、生物科技的顯微鏡影像設備等，位元解析度可能達到 16-bits。

數位影像在不同位元數下的量化結果，如圖 3-10。若觀察這些數位影像，您可能會覺得 5-bits 以上的影像好像並無差異。人類眼睛可以分辨的灰階數其實不多，5-bits(32 個灰階) 大概已經是人類眼睛可以分辨的極限。當灰階數降到 3-bits 時 (8 個灰階)，則數位影像會出現所謂的**假輪廓** (False Contouring) 現象，主要是發生在灰階的交界處，但其實不是原始影像的眞正輪廓，因而得名。

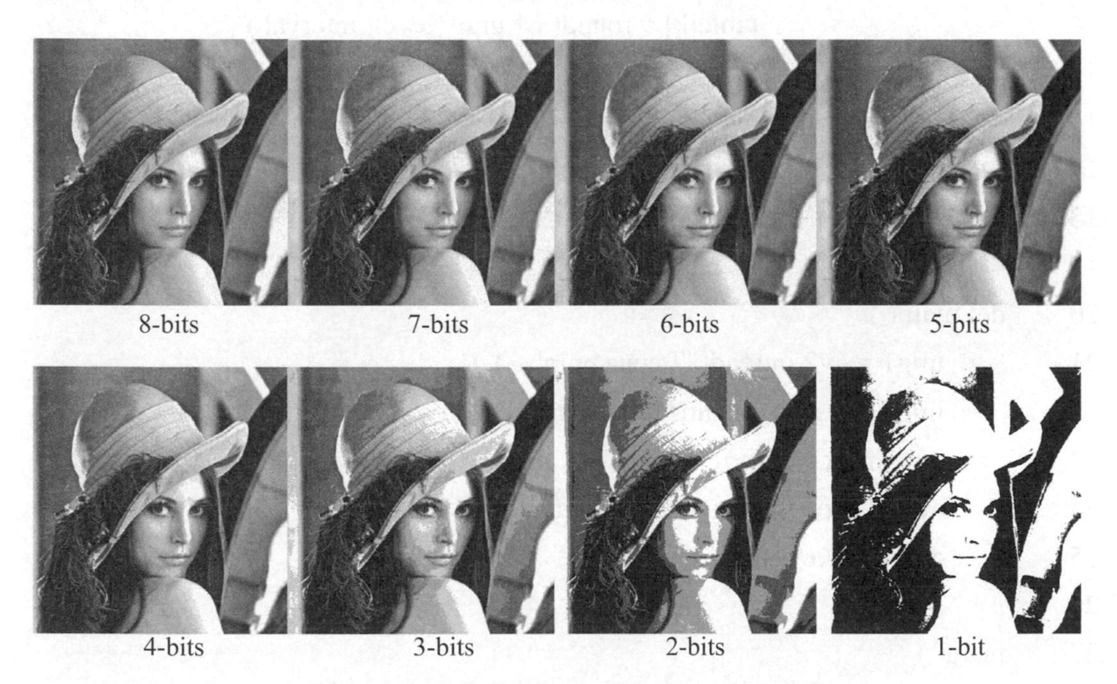

圖 3-10 數位影像在不同位元數下的量化結果

在此使用 Python 程式進行**量化**的實作。本程式範例可以輸入灰階影像，通常爲 8-bits，可以更改位元數爲 1 ～ 7，對原始影像進行重新量化。

Python 程式碼如下：

image_quantization.py

```
1   import numpy as np
2   import cv2
3
4   def image_quantization( f, bits ):
5       g = f.copy( )
6       nr, nc = f.shape[:2]
7       levels = 2 ** bits
8       interval = 256 / levels
9       gray_level_interval = 255 /( levels - 1 )
10      table = np.zeros( 256 )
11      for k in range( 256 ):
12          for l in range( levels ):
13              if k >= l * interval and k <( l + 1 )* interval:
14                  table[k] = round( l * gray_level_interval )
15      for x in range( nr ):
16          for y in range( nc ):
17              g[x,y] = np.uint8( table[f[x,y]] )
18      return g
19
20  def main( ):
21      img1 = cv2.imread( "Lenna.bmp", -1 )
22      img2 = image_quantization( img1, 5 )
23      cv2.imshow( "Original Image", img1 )
24      cv2.imshow( "Quantization", img2 )
25      cv2.waitKey( 0 )
26
27  main( )
```

本程式範例中，首先建立一個表，稱為 Look-Up Table，目的是根據選取的位元數，建立 0～255 的強度值在量化後的輸出值。接著，只要根據這個 Look-Up Table 產生對應的輸出結果，並轉換成 8-bits，即可得到量化後的數位影像。

CHAPTER 04

幾何轉換

本章的目的是介紹**幾何轉換** (Geometric Transformations)，是常用的數位影像處理技術。首先，將介紹幾何轉換的基本概念，牽涉空間轉換與影像內插。接著，依序介紹典型的幾何轉換，包含：**仿射轉換** (Affine Transformations)、**透視轉換** (Perspective Transformations) 與其他轉換等。最後，則介紹相機幾何失真。

學習單元：

- 基本概念
- 空間轉換
- 影像內插
- 仿射轉換
- 透視轉換
- 相機幾何失真

4-1 基本概念

幾何轉換 (Geometric Transformations) 是常用的數位影像處理技術。

定義 幾何轉換

幾何轉換 (Geometric Transformations) 可以定義爲：「改變數位影像中像素空間座標的幾何關係，但不改變像素的灰階或色彩值」。

由於幾何轉換如同將數位影像印在橡膠片上，可以任意將橡膠片進行變形或扭曲，使得數位影像隨著變形或扭曲，因此也經常稱爲**橡膠片轉換** (Rubber-Sheet Transformations)。

幾何轉換大致可以分成下列幾種型態 (如圖 4-1)：

- **仿射轉換** (Affine Transformations) 是透過三對控制點定義輸入與輸出影像的幾何關係。典型的仿射轉換，包含：**縮放** (Scaling)、**旋轉** (Rotation)、**平移** (Translation)、**翻轉** (Flip)、**偏移** (Shear) 等。
- **透視轉換** (Perspective Transformations) 是透過四對控制點定義輸入與輸出影像的幾何關係。透視圖其實是人類在觀看三維空間的物件時，物件邊緣的延伸線由近而遠所產生的視覺現象。數位影像處理中的透視轉換，主要是針對平面物件，例如：圖畫、書本等，其在三維空間所產生的視覺現象，且照相機擺放的位置不是正對物件本身。
- **其他轉換** (Other Transformations) 是指輸入與輸出影像之間的幾何關係，必須使用多對控制點才能定義。例如：使用廣角鏡頭或望遠鏡頭所拍攝的照片，在照片中產生的幾何失眞現象。

幾何轉換是數位影像處理的基本技術，可以用來改變數位影像的幾何關係，例如：影像大小、方向等。此外，若是可以定義輸入與輸出影像之間的幾何關係，不僅可以模擬**幾何失真** (Geometric Distortion) 現象，同時也可以進行幾何轉換的逆過程，稱爲**幾何矯正** (Geometric Correction)。

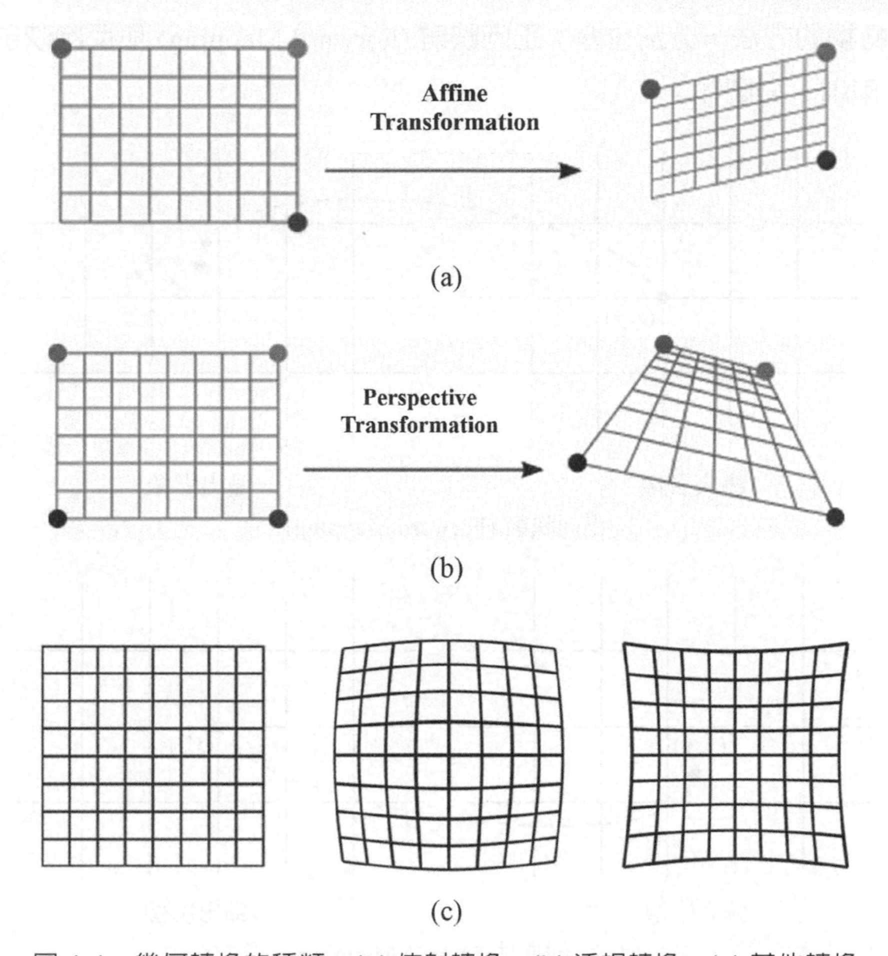

圖 4-1　幾何轉換的種類：(a) 仿射轉換；(b) 透視轉換；(c) 其他轉換

4-2 空間轉換

在介紹幾何轉換技術之前，首先定義空間轉換的方法。

定義　空間轉換

空間轉換 (Spatial Transformations) 可以定義為：

$$(x', y') = T\{(x, y)\}$$

其中，(x, y) 為輸入影像的空間座標，(x', y') 為輸出影像的空間座標，$T\{\cdot\}$ 稱為**空間轉換函數**(或**幾何轉換函數**)。

空間轉換的方法，分別包含：**正向映射** (Forward Mapping) 與**反向映射** (Inverse Mapping) 兩種，如圖 4-2。

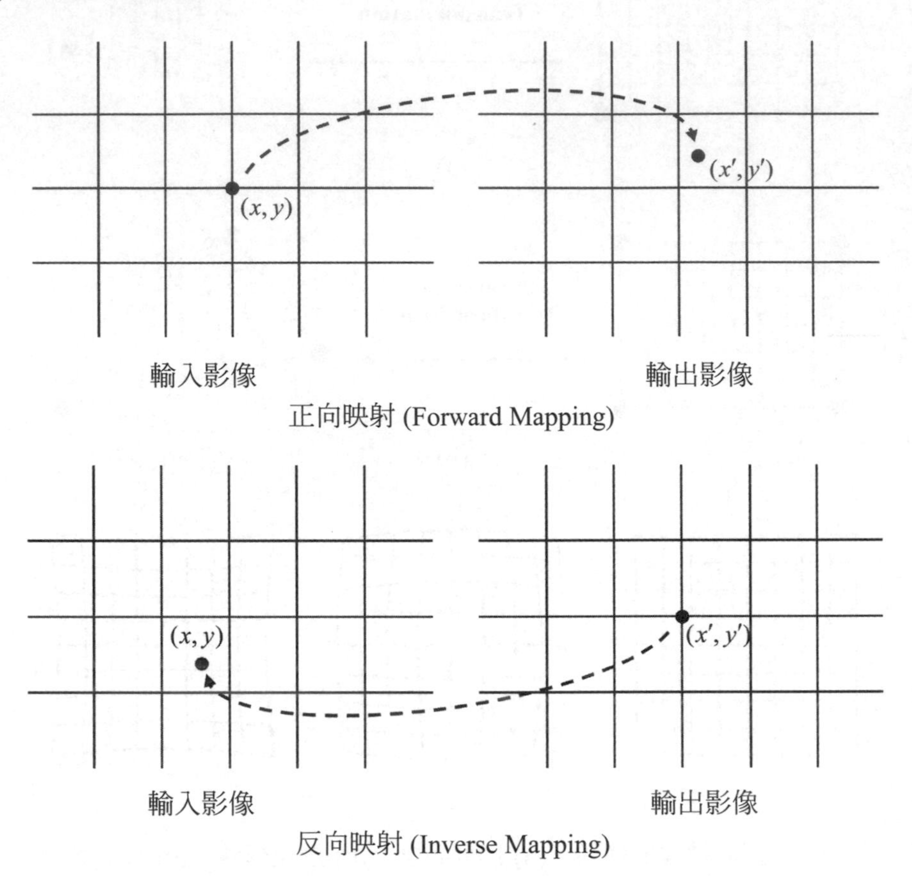

圖 4-2　空間轉換方法

正向映射 (Forward Mapping) 的方法，主要是根據輸入影像的空間座標 (x, y)，同時根據空間轉換函數，計算其在輸出影像所映射的空間座標 (x', y')，即：

$$(x', y') = T\{(x, y)\}$$

接著，再將輸入影像的灰階 (或色彩值) 複製到輸出影像。正向映射的方法雖然比較直接，但若輸出影像較大，例如：放大兩倍等，則在複製的過程中，可能會有部分輸出影像的像素無直接對應的像素，因而產生輸出影像的破洞問題，如圖 4-3。

舉例說明，若將影像放大兩倍，則輸入影像 (0, 0) 的像素將被複製到輸出影像 (0, 0) 的位置、(0, 1) 將被複製到 (0, 2) 的位置，依此類推。然而，輸出影像 (0, 1)、(0, 3) 等位置，則無直接對應的像素，因而產生破洞問題。

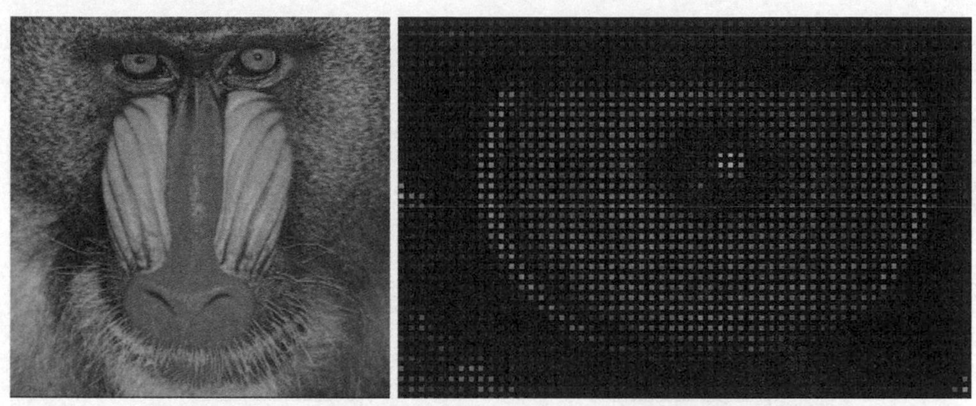

原始影像　　放大兩倍 (局部)

圖 4-3　使用正向映射產生的破洞問題

反向映射 (Inverse Mapping) 的方法，與正向映射相反，主要是根據輸出影像的空間座標 (x',y')，同時根據反轉換函數，計算其在輸入影像的空間座標 (x,y)，即：

$$(x,y)=T^{-1}\{(x',y')\}$$

再將原始影像的灰階 (或色彩值) 複製到輸出影像。如此，在複製的過程中，就不會產生上述的破洞問題。因此實際的幾何轉換技術，通常是採用**反向映射**的方法。

4-3 影像內插

無論是採用正向映射或反向映射的方法，在決定輸出影像像素的灰階或色彩值時，都可能發生無法對應到整數空間座標的情形，此時就需要所謂的**內插法** (Interpolation)。

本節介紹幾種典型的內插法，分別包含：**最近鄰內插法** (Nearest Neighbor Interpolation)、**雙線性內插法** (Bilinear Interpolation)、**雙立方內插法** (Bicubic Interpolation) 等。

4-3-1 最近鄰內插法

最近鄰內插法 (Nearest Neighbor Interpolation) 是最簡單的內插法，也稱為**零階內插法** (Zero-Order Interpolation)。我們是根據離映射點最近的整數空間座標像素，取其灰階 (或色彩值) 作為內插值，如圖 4-4。若以圖 4-4(a) 為例，則內插值為：

$$f(x,y)=f(x_1,y_1)$$

若以圖 4-4(b) 為例，則內插值為：

$$f(x,y)=f(x_2,y_2)$$

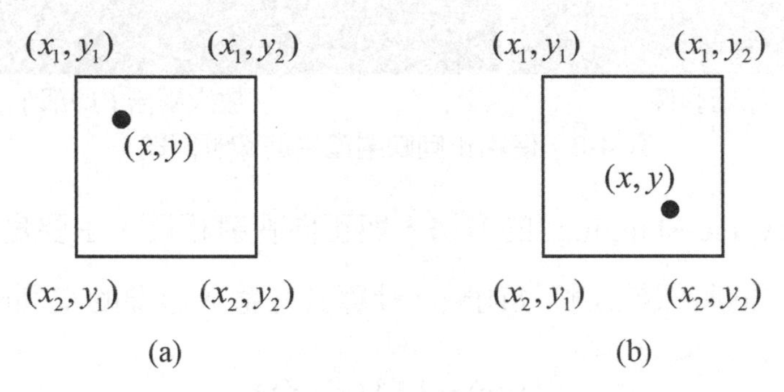

圖 4-4 最近鄰內插法

4-3-2 雙線性內插法

雙線性內插法 (Bilinear Interpolation) 是指在 x 與 y 兩個方向進行線性內插，也稱為**二階內插法** (Second-Order Interpolation)，如圖 4-5。數學定義如下：

$$t=\frac{x-x_1}{x_2-x_1},u=\frac{y-y_1}{y_2-y_1}$$

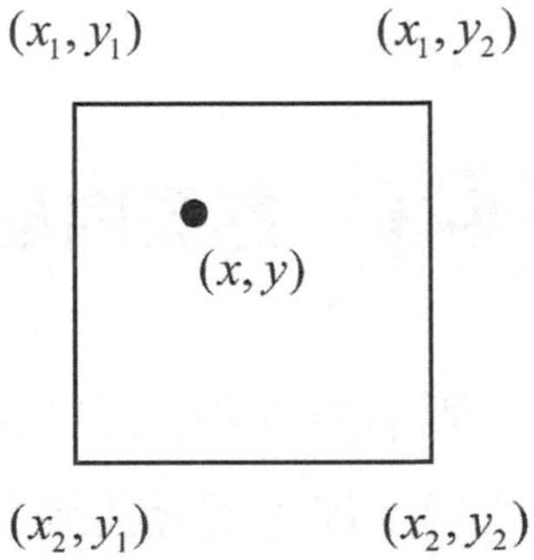

(x_1,y_1) (x_1,y_2)

(x,y)

(x_2,y_1) (x_2,y_2)

圖 4-5 雙線性內插法

其中，t 與 u 均介於 $0 \sim 1$ 之間，雙線性內插值為：

$$f(x,y)=(1-t)(1-u)f(x_1,y_1)+t\cdot(1-u)f(x_2,y_1)+$$
$$(1-t)\cdot u\,f(x_1,y_2)+t\cdot u\,f(x_2,y_2)$$

由於雙線性內插法的計算複雜度不高，效果也不錯，因此是相當實用的內插法。

4-3-3　雙立方內插法

雙立方內插法 (Bicubic Interpolation) 是使用三次方函數的內插法，也稱爲**三階內插法** (Third-Order Interpolation)，如圖 4-6。數學定義如下：

$$f(x,y)=\sum_{i=0}^{3}\sum_{j=0}^{3}a_{ij}x^{i}y^{j}$$

其中，a_{ij} 稱爲係數。因此，雙立方內插法在取內插值時，同時需要鄰近的 16 個灰階 (或色彩值)，代入公式後求係數 a_{ij}；求完係數 a_{ij} 後，再根據 (x,y) 座標求內插值。因此，雙立方內插法的計算量較大，通常可以保留比較精確的影像細節與品質，但在即時的數位影像處理應用中較不實用。

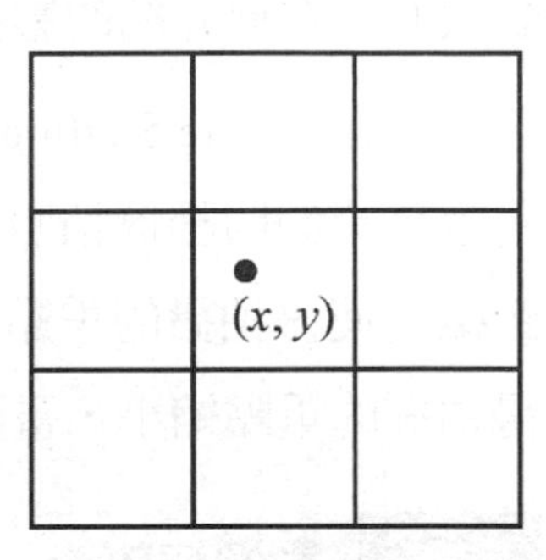

圖 4-6　雙立方內插法

除了上述三種典型的內插法之外，OpenCV 同時也提供其他高階的內插法，例如：Lanczos 8 × 8 內插法、**反混疊** (Anti-Aliasing) 等，這些內插法的計算量，相對來說也比較大，非必要時通常不會採用。

4-4　仿射轉換

仿射轉換 (Affine Transformations) 是最常用的幾何轉換技術。

定義　仿射轉換

仿射轉換 (Affine Transformation) 可以定義爲：

$$\begin{bmatrix} x' \\ y' \end{bmatrix} = \boldsymbol{T}\cdot\begin{bmatrix} x \\ y \\ 1 \end{bmatrix}$$

其中，$\boldsymbol{T}$ 稱爲**仿射轉換矩陣** (Affine Transformation Matrix) 。

仿射轉換中，$\boldsymbol{T}$ 矩陣爲 2×3 的矩陣，可以用來進行基本的幾何轉換，例如：**平移** (Translation)、**縮放** (Scaling)、**旋轉** (Rotation)、**翻轉** (Flip) 等。

4-4-1 影像縮放

影像縮放 (Image Scaling) 是數位影像處理的基本技術。在第三章介紹的**下取樣**或**上取樣**技術雖然也可以用來進行影像縮放，但縮放的比例必須是正整數，因此受到限制。在此介紹的影像縮放技術，縮放比例可以是浮點數 (正實數)。

除了 Image Scaling 之外，Image Zooming 也經常被翻譯成**影像縮放**。若您曾使用過專業的照相機拍照，應該有這樣的經驗。藉由調整相機鏡頭，可以調近人物的距離，使得拍攝的重點放大，稱爲 Zoom In；相對而言，若將人物的距離拉遠，使得拍攝的重點縮小，畫面可以涵蓋全貌，稱爲 Zoom Out[1]。

定義 影像縮放

影像縮放 (Image Scaling) 可以定義爲：

$$\begin{bmatrix} x' \\ y' \end{bmatrix} = \begin{bmatrix} S_x & 0 & 0 \\ 0 & S_y & 0 \end{bmatrix} \begin{bmatrix} x \\ y \\ 1 \end{bmatrix}$$

其中，S_x 與 S_y 分別爲 x 與 y 方向的縮放比例。

影像縮放範例，如圖 4-7。在影像縮放的過程中，通常不會改變影像的**寬高比** (Aspect Ratio)，以避免數位影像的變形，因此縮放比例是以 $S_x = S_y$ 爲原則。在此選取的縮放比例爲 1.2($S_x = S_y = 1.2$)，採用雙線性內插法。

1 新型的智慧型手機，內建的拍照軟體可能有提供 Zoom In / Out 的功能。但是，Zooming 技術其實分成光學式 (Optical Zoom) 與數位式 (Digital Zoom) 兩種。一般來說，智慧型手機的 App 應用軟體為 Digital Zoom，只是利用數位影像處理技術將數位影像放大，並非如同專業相機的鏡頭，是真正的 Optical Zoom。

原始影像

縮放比例為 1.2

圖 4-7　影像縮放

OpenCV 提供影像縮放函式：

```
cv2.resize(src, dsize[, dst[, fx[, fy[, interpolation]]]])
```

牽涉的參數分別為：

- src：原始影像
- dsize：輸出影像大小
- dst：輸出影像
- fx：水平軸縮放比例 (若為 0 則依輸出影像大小調整)
- fy：垂直軸縮放比例 (若為 0 則依輸出影像大小調整)
- interpolation：內插法

  INTER_NEAREST：最近鄰內插法。

  INTER_LINEAR：雙線性內插法 (預設)。

  INTER_AREA：臨域像素再取樣內插法。

  INTER_CUBIC：雙立方內插法，4 × 4 大小的補點。

  INTER_LANCZOS4：Lanczos 內插法，8 × 8 大小的補點。

Python 程式碼如下：

image_scaling.py

```
1   import numpy as np
2   import cv2
3   img1 = cv2.imread( "Lenna.bmp", -1 )
4   
5   nr, nc = img1.shape[:2]
6   scale = eval( input( "Please enter scale: " ) )
7   nr2 = int( nr * scale )
8   nc2 = int( nc * scale )
9   img2 = cv2.resize( img1,( nr2, nc2 ), interpolation = cv2.INTER_LINEAR )
10  cv2.imshow( "Original Image", img1 )
11  cv2.imshow( "Image Scaling", img2 )
12  cv2.waitKey( 0 )
```

本程式範例使用 OpenCV 提供的 resize 函式，可以回傳影像縮放的結果。您當然也可以改用其他的內插法，或是改變**寬高比** (Aspect Ratio) 的影像縮放，並觀察產生的數位影像結果。

在此，讓我們比較一下上述幾種內插法。首先將 Baboon 色彩影像讀取為灰階影像，假設將原始影像先縮小為原始影像的 1 / 16(1 / 4 × 1 / 4)，再放大恢復為原始影像大小，縮小的過程中採用不同的內插法，分別為：最近鄰內插法、雙線性內插法與雙立方內插法，結果如圖 4-8。

由圖上可以發現，使用最近鄰內插法的結果比較不理想。基本上，採用雙線性或雙立方內插法的結果相似，肉眼不易分辨其間的差異。因此，在數位影像的幾何轉換時，雙線性內插法是相當實用的內插法。

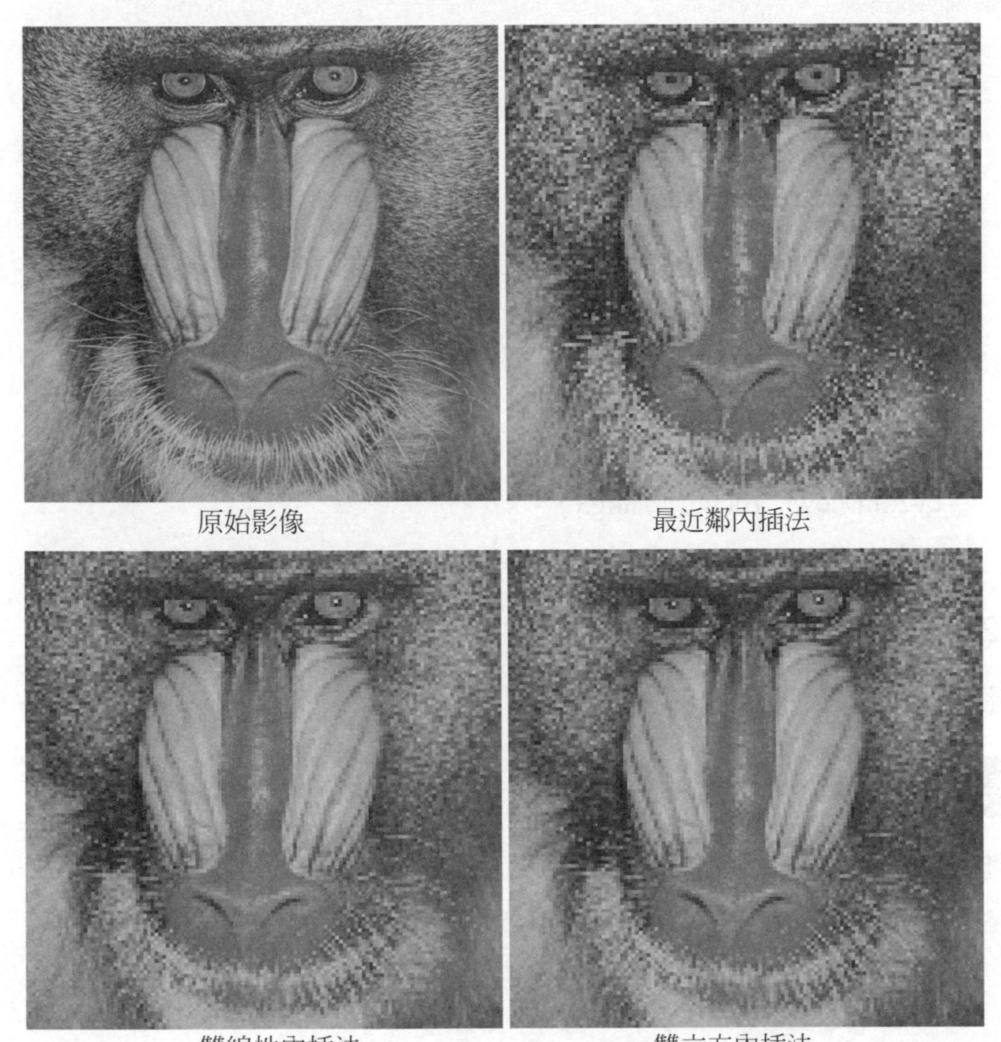

原始影像 最近鄰內插法

雙線性內插法 雙立方內插法

圖 4-8 使用不同內插法的影像縮放比較

Python 程式碼如下：

image_rescaling.py

```
1    import numpy as np
2    import cv2
3
4    img = cv2.imread( "Baboon.bmp", 0 )
5    nr1, nc1 = img.shape[:2]
6    nr2, nc2 = nr1 // 4, nc1 // 4
```

```
7     img1 = cv2.resize( img,( nr2, nc2 ), interpolation = cv2.INTER_NEAREST )
8     img1 = cv2.resize( img1,( nr1, nc1 ), interpolation = cv2.INTER_NEAREST )
9     img2 = cv2.resize( img,( nr2, nc2 ), interpolation = cv2.INTER_LINEAR )
10    img2 = cv2.resize( img2,( nr1, nc1 ), interpolation = cv2.INTER_NEAREST )
11    img3 = cv2.resize( img,( nr2, nc2 ), interpolation = cv2.INTER_CUBIC )
12    img3 = cv2.resize( img2,( nr1, nc1 ), interpolation = cv2.INTER_NEAREST )
13    cv2.imshow( "Original Image", img )
14    cv2.imshow( "Nearest Neighbor", img1 )
15    cv2.imshow( "Bilinear", img2 )
16    cv2.imshow( "Bicubic", img3 )
17    cv2.waitKey( 0 )
```

4-4-2 影像旋轉

影像旋轉是典型的仿射轉換。

定義　影像旋轉

影像旋轉 (Image Rotation) 可以定義爲：

$$\begin{bmatrix} x' \\ y' \end{bmatrix} = \begin{bmatrix} \cos\theta & -\sin\theta & 0 \\ \sin\theta & \cos\theta & 0 \end{bmatrix} \begin{bmatrix} x \\ y \\ 1 \end{bmatrix}$$

其中，θ 爲旋轉角度。

因此，影像旋轉的空間轉換函數也可以定義爲：

$$x' = x\cos\theta - y\sin\theta$$

$$y' = x\sin\theta + y\cos\theta$$

在此強調，由於這個公式的旋轉中心爲原點 (0, 0)。然而，數位影像的原點在左上角，且 x 軸的方向朝下，y 軸的方向朝右。因此，在影像旋轉的實際過程中，通常是將旋轉中心移至影像中心。此外，數位影像在旋轉後，部分影像區域會超出原始影像的範圍。

影像旋轉範例，如圖 4-9。在此選取影像中心作爲旋轉中心，旋轉角度設爲 $\theta = 30°$，因此是以逆時針方向旋轉。概念上，也可以設旋轉角度爲負值，則數位影像會以順時針方向旋轉。

原始影像　　旋轉 $\theta = 30°$

圖 4-9 影像旋轉

Python 程式碼如下：

image_rotation.py

```
1   import numpy as np
2   import cv2
3
4   img1 = cv2.imread( "Lenna.bmp", -1 )
5   nr2, nc2 = img1.shape[:2]
6   rotation_matrix = cv2.getRotationMatrix2D(( nc / 2, nr / 2 ), 30, 1 )
7   img2 = cv2.warpAffine( img1, rotation_matrix,( nc2, nr2 ) )
8   cv2.imshow( "Original Image", img1 )
9   cv2.imshow( "Image Rotation", img2 )
10  cv2.waitKey( 0 )
```

本程式範例是先定義以影像中心爲旋轉中心，旋轉角度爲 $\theta = 30°$ 的轉換矩陣，稱爲 rotation_matrix。接著，呼叫 OpenCV 的仿射轉換函式，即可得旋轉後的數位影像。

4-4-3 影像翻轉

影像翻轉 (Image Flip) 可以分成水平、垂直翻轉或雙方向翻轉。OpenCV 提供影像翻轉函式，定義如下：

```
cv2.flip( src, flipCode [, dst ] )
```

牽涉的參數分別為：

- src：原始影像
- flipCode：0 代表垂直翻轉，正值代表水平翻轉，負值代表雙方向
- dst：輸出影像

影像翻轉的範例，如圖 4-10。

原始影像

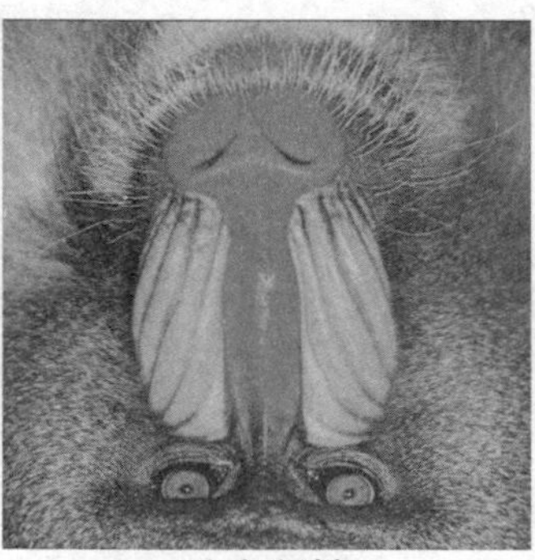
垂直翻轉

水平翻轉

圖 4-10　影像翻轉

Python 程式碼如下：

image_flip.py

```
1	import numpy as np
2	import cv2
3	
4	img = cv2.imread( "Baboon.bmp", -1 )
5	img1 = cv2.flip( img, 0 )
6	img2 = cv2.flip( img, 1 )
7	cv2.imshow( "Original Image", img )
8	cv2.imshow( "Flip Vertically", img1 )
9	cv2.imshow( "Flip Horizontally", img2 )
10	cv2.waitKey( 0 )
```

4-4-4　使用控制點的仿射轉換

仿射轉換的 T 矩陣也經常根據事先定義的三對**控制點** (Control Points) 決定。典型的應用，例如：目的是想對齊兩張或多張影像，但可能擷取的時間點或影像設備並不相同，此時若可以找到控制點或參考座標，則可以透過這些控制點反求仿射轉換的 T 矩陣。

使用控制點的仿射轉換，如圖 4-11。我們在輸入與輸出影像中，分別定義三對互相對應的控制點，並進行仿射轉換。由於選取的輸出幾何座標爲水平方向，因此可以將撲克牌轉正。

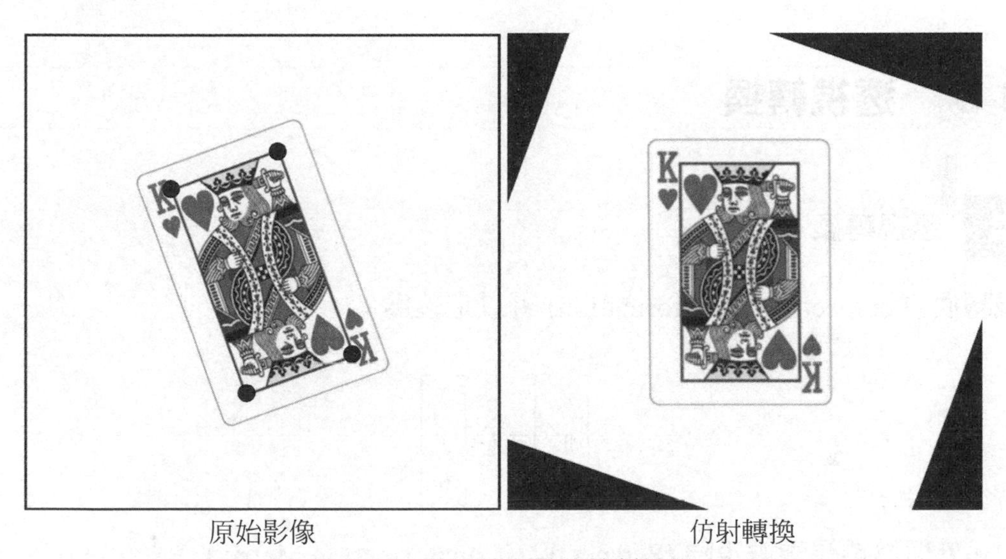

圖 4-11　使用控制點的仿射轉換

Python 程式碼如下：

affine_transform.py

```
1	import numpy as np
2	import cv2
3
4	img1 = cv2.imread( "Poker.bmp", -1 )
5	nr, nc = img1.shape[:2]
6	pts1 = np.float32( [ [ 160, 165 ], [ 240, 390 ], [ 270, 125 ] ] )
7	pts2 = np.float32( [ [ 190, 140 ], [ 190, 375 ], [ 310, 140 ] ] )
```

```
8    T = cv2.getAffineTransform( pts1, pts2 )
9    img2 = cv2.warpAffine( img1, T,( nc, nr ) )
10   cv2.imshow( "Original Image", img1 )
11   cv2.imshow( "Affine Transform", img2 )
12   cv2.waitKey( 0 )
```

本程式範例中，控制點的座標是由使用者自行設定。接著，根據控制點座標計算透視轉換矩陣 $\boldsymbol{T}$，並呼叫 OpenCV 的 warpAffine 函式進行仿射轉換。最後，呈現仿射轉換的結果。

4-5 透視轉換

定義 透視轉換

透視轉換 (Perspective Transformation) 可以定義爲：

$$\begin{bmatrix} x' \\ y' \\ w' \end{bmatrix} = \boldsymbol{T} \cdot \begin{bmatrix} x \\ y \\ w \end{bmatrix}$$

其中，$\boldsymbol{T}$ 稱爲**透視轉換矩陣** (Perspective Transformation Matrix) 。

透視轉換中，$\boldsymbol{T}$ 矩陣爲 3×3 的矩陣。透視轉換可以根據事先定義的四對控制點進行幾何轉換。

透視轉換的範例，如圖 4-12。在此，目的是擷取藝廊中的某一張圖畫，在定義座標點後，可以經過透視轉換，抽取並儲存成一張獨立的數位影像。擷取後的數位影像大小爲 500×650。

圖 4-12 使用控制點的透視轉換

Python 程式碼如下：

perspective_transform.py

```
1    import numpy as np
2    import cv2
3
4    img1 = cv2.imread( "Gallery.bmp", -1 )
5    nr, nc = img1.shape[:2]
6    pts1 = np.float32( [ [ 795, 350 ], [ 795, 690 ], [ 1090, 720 ], [ 1090, 250 ] ] )
7    pts2 = np.float32( [ [ 0, 0 ], [ 0, 500 ], [ 650, 500 ], [ 650, 0 ] ] )
8    T = cv2.getPerspectiveTransform( pts1, pts2 )
9    img2 = cv2.warpPerspective( img1, T,( 650, 500 ) )
10   cv2.imshow( "Original Image", img1 )
11   cv2.imshow( "Perspective Transform", img2 )
12   cv2.waitKey( 0 )
```

本程式範例中，控制點的座標是由使用者自行設定。接著，根據控制點座標計算透視轉換矩陣 $\boldsymbol{T}$，並呼叫 OpenCV 的 warpPerspective 函式進行透視轉換。最後，呈現透視轉換的結果。

4-6 相機幾何失真

本節討論相機在拍攝照片時，常見的**幾何失真** (Geometric Distortion) 現象，如圖 4-13。由於牽涉多對控制點，因此無法使用上述的仿射轉換或透視轉換進行模擬或矯正。

典型的**相機幾何失真**現象，分成下列兩種：

- **桶狀失真** (Barrel Distortion) 通常是使用廣角鏡頭拍攝時造成的幾何失眞現象，由於如同木桶的形狀，因而得名。
- **枕狀失真** (Pincushion Distortion) 通常是使用望遠鏡頭拍攝時造成的幾何失眞現象，由於如同將針插在枕頭所產生的變形，因而得名。

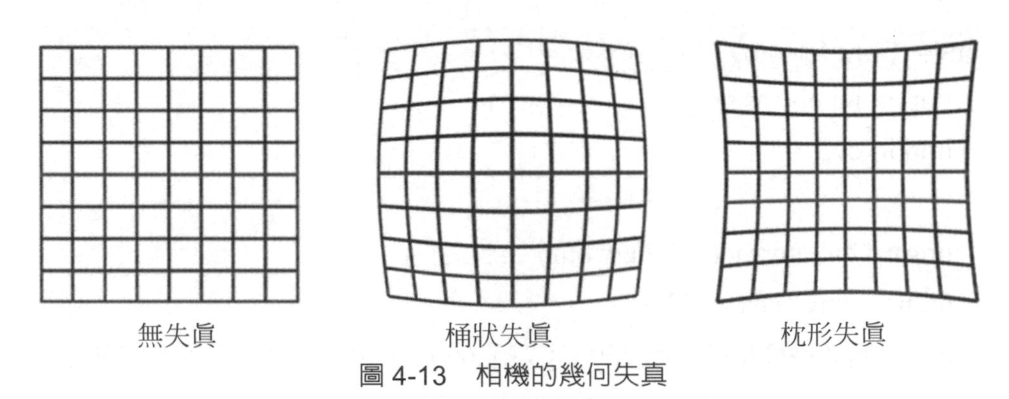

圖 4-13　相機的幾何失真

在此介紹**鏡頭失真模型** (Lens Distortion Model)，可以用來模擬相機的幾何失眞現象。

定義　鏡頭失真模型

鏡頭失真模型 (Lens Distortion Model) 可以定義為：

$$r_u = r_d + k_l \cdot (r_d / r_{\max})^2$$

其中，r_u 稱為**未失真半徑** (Undistorted Radius)、r_d 稱為**失真半徑** (Distorted Radius)、$r_{\max}$ 稱為最大半徑。k_l 稱為**鏡頭失真係數**，若 $k_l > 0$，則產生桶狀失眞；若 $k_l < 0$，則產生枕狀失眞。

使用**鏡頭失真模型**模擬相機幾何失眞的演算法，概述如下：

(1) 首先，計算影像中心 $(x_0, y_0) = (\lfloor M/2 \rfloor, \lfloor M/2 \rfloor)$，其中 M 與 N 爲影像的列數與行數，$\lfloor \bullet \rfloor$ 代表底值 (小於該值的最大整數)。因此，影像中心爲幾何失眞的中心。

(2) 建立空白的輸出影像，逐一計算每個像素在輸入影像的對應座標。首先根據輸出影像座標 (x', y') 計算 r_d，可使用歐氏距離公式計算與影像中心的距離，且 $r_{\max}$ 爲最大半徑。同時，使用下列公式計算 (x', y') 的角度：

$$\theta = \tan^{-1}\left(\frac{y' - y_0}{x' - x_0}\right)$$

接著，根據選取的 k_l 並套用公式計算 r_u，進而計算對應的座標，即：

$$x = x_0 + r_u \cos\theta$$

$$y = y_0 + r_u \sin\theta$$

(3) 若 (x, y) 落在影像內，則套用內插法，例如：雙性內插法等，藉以計算像素值，最後將內插值儲存於輸出的數位影像，即可完成模擬。

使用鏡頭失真模型模擬相機的幾何失眞，如圖 4-14。

原始影像

桶狀失眞 (Barrel Distortion)

枕形失眞 (Pincushion Distortion)

圖 4-14 相機的幾何失真

CHAPTER 05

影像增強

本章的目的是介紹**影像增強** (Image Enhancement) 技術，是常見的數位影像處理技術。首先將介紹影像增強的基本概念，並介紹影像增強的相關技術，包含：**強度轉換** (Intensity Transformation)、**直方圖處理** (Histogram Processing)、**影像濾波** (Image Filtering) 等。

學習單元

- 基本概念
- 強度轉換
- 直方圖處理
- 影像濾波

5-1 基本概念

定義 影像增強

影像增強 (Image Enhancement) 可以定義為：「針對數位影像進行運算與處理，以符合特定需求的技術」。

影像增強 (Image Enhancement) 的目的是符合特定需求，通常是希望增強數位影像的品質，例如：增強對比、去雜訊等。然而，影像品質的好壞，並無客觀量測的標準，通常會因人而異。因此，影像增強技術的效果比較不易評估，仍須仰賴使用者的主觀判斷，是否符合特定的需求 [1]。

影像增強技術採用的方法，包含下列幾種：

- **強度轉換** (Intensity Transformation)
- **直方圖處理** (Histogram Processing)
- **影像濾波** (Image Filtering)

影像增強技術，也可以根據數位影像處理時所在的**域** (Domain)，分為下列兩種：

- **空間域** (Spatial Domain)
- **頻率域** (Frequency Domain)

本章介紹的影像增強技術，將先以空間域為主。換言之，我們將直接針對數位影像中的像素進行數學運算與處理，藉以達到符合特定需求的目的。使用頻率域的影像增強技術，牽涉傅立葉轉換 (或頻率域轉換)，將在之後的章節介紹。

---

1 舉例說明，手機 APP 的美膚效果就可以視為是一種影像增強技術。然而，美膚結果是否合乎使用者的特定需求，仍須仰賴使用者的主觀判斷。

5-2 強度轉換

最基本的影像增強技術，稱爲**強度轉換** (Intensity Transformation)。以灰階影像而言，也稱爲**灰階轉換** (Gray-Level Transformation)。在此，我們將先以灰階影像爲主，討論強度轉換的方法。

定義 強度轉換

強度轉換 (Intensity Transformation) 可以定義爲：

$$g(x,y) = T\{f(x,y)\}$$

其中，$f(x,y)$ 爲輸入強度，$g(x,y)$ 爲輸出強度，$T\{\bullet\}$ 稱爲**轉換函式** (Transformation Function)。

強度轉換也經常表示成：

$$s = T(r)$$

其中，r 與 s 分別代表輸入與輸出影像的像素強度 (灰階或色彩值)。由於輸出影像的強度僅根據該像素的輸入影像的強度而定，因此強度轉換也稱爲**點處理** (Point Processing)。

5-2-1 影像負片

影像負片 (Image Negative) 是最簡單的強度轉換。早期的照相機使用底片拍攝，然後在暗房內沖洗相片。影像負片如同拍攝後的底片，灰階 (或色彩值) 與原始影像相反[2]。

2 隨著數位相機或智慧型手機內建相機的普及，底片 (Film) 已經是絕跡的產物。數位科技帶來的改變，其實相當顯著。

定義 影像負片

影像負片 (Image Negative) 可以定義爲：

$$g(x,y)=255-f(x,y)$$

其中，$f(x,y)$ 爲輸入強度，$g(x,y)$ 爲輸出強度。

灰階影像 (或色彩影像) 的影像負片，範例如圖 5-1。色彩影像的影像負片，是根據 R、G、B 三個通道分別根據以上公式計算而得。

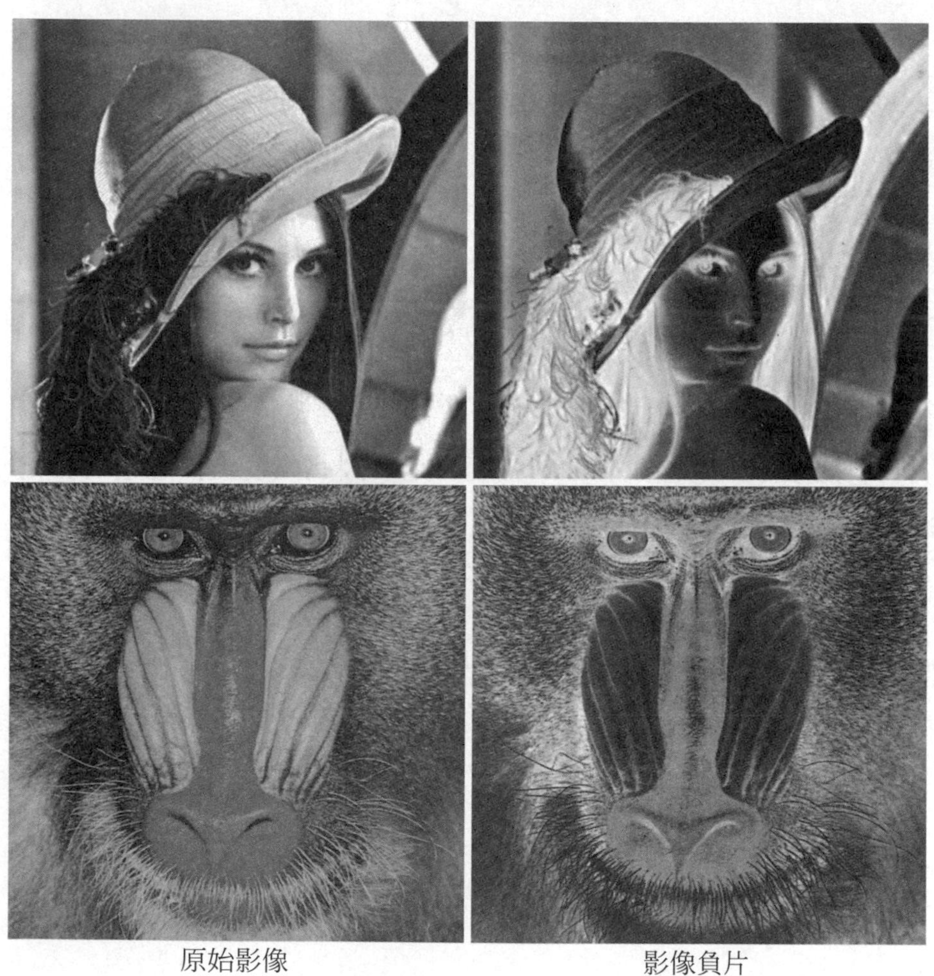

原始影像　影像負片

圖 5-1 影像負片

Python 程式碼如下：

image_negative.py

```
1   import numpy as np
2   import cv2
3
4   def image_negative( f ):
5       g = 255 - f
6       return g
7
8   def main( ):
9       img1 = cv2.imread( "Lenna.bmp", -1 )
10      img2 = image_negative( img1 )
11      cv2.imshow( "Original Image", img1 )
12      cv2.imshow( "Image Negative", img2 )
13      cv2.waitKey( 0)
14
15  main( )
```

本程式範例定義影像負片的函式，稱爲 image_negative，用來回傳影像負片的結果。NumPy 的陣列資料結構容許數學運算，因此程式相當簡潔，同時可以處理灰階或色彩影像。

5-2-2 伽瑪矯正

伽瑪矯正 (Gamma Correction) 或 γ **矯正**，可以用來調整數位影像的亮度，通常是用來解決拍攝相片時所產生的**過度曝光** (Over Exposure) 或**曝光不足** (Under Exposure) 現象。

定義 **伽瑪矯正**

伽瑪矯正 (Gamma Correction) 可以定義為：

$$s = c \cdot r^{\gamma}$$

其中，r 為輸入強度，s 為輸出強度，c 為常數。γ 稱為**伽瑪**且 $\gamma > 0$。

上述定義中，輸入與輸出強度須介於 0 ～ 255 之間，因此，c 值會隨著選定的 γ 值而有所改變。例如：若 $\gamma = 2.0$，則須滿足：

$$r = 0, s = 0 \Rightarrow 0 = c \cdot 0^{2.0}$$

$$r = 255, s = 255 \Rightarrow 255 = c \cdot (255)^{2.0} \Rightarrow c = \frac{1}{255}$$

伽瑪矯正的轉換函數，如圖 5-2。由上而下，γ 值分別為 0.1、0.2、0.5、1.0、2.0、5.0 與 10.0。一般來說，$\gamma = 1$ 時表示強度不變 (對角線)；$\gamma < 1$ 使得影像變亮，可以用來改善**曝光不足**現象；$\gamma > 1$ 使得影像變暗，可以用來改善**過度曝光**現象。

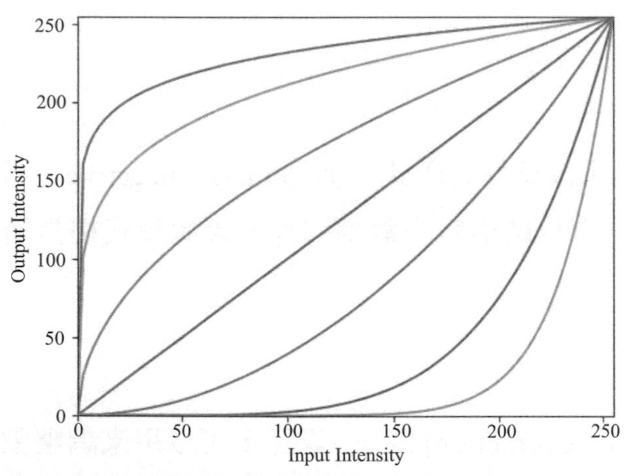

圖 5-2 伽瑪矯正的轉換函數
(由上而下，γ 值分別為 0.1、0.2、0.5、1.0、2.0、5.0 與 10.0)

伽瑪矯正範例 ($\gamma < 1$)，如圖 5-3。數位影像在拍攝時，由於陰影的緣故，造成曝光不足的現象。如圖所示，在**伽瑪矯正**時，若選取 $\gamma = 0.5$，可以適度修正。然而，若選取的 γ 太小，反而會造成反效果。

圖 5-3 伽瑪矯正 ($\gamma < 1$)

伽瑪矯正範例 ($\gamma > 1$)，如圖 5-4。數位影像在拍攝時，由於環境光源較強，造成過度曝光的現象。如圖所示，在**伽瑪矯正**時，若選取 $\gamma = 2.0$，可以適度修正。同理，若選取的 γ 太大，也會造成反效果。

圖 5-4 伽瑪矯正 ($\gamma > 1$)

Python 程式碼如下：

gamma_correction.py

```
1	import numpy as np
2	import cv2
3	
4	def gamma_correction( f, gamma = 2.0 ):
5		g = f.copy( )
6		nr, nc = f.shape[:2]
7		c = 255.0 /( 255.0 ** gamma )
8		table = np.zeros( 256 )
9		for i in range( 256 ):
10			table[i] = round( i ** gamma * c, 0 )
11		if f.ndim != 3:
12			for x in range( nr ):
13				for y in range( nc ):
14					g[x,y] = table[f[x,y]]
15		else:
16			for x in range( nr ):
17				for y in range( nc ):
18					for k in range( 3 ):
19						g[x,y,k] = table[f[x,y,k]]
20		return g
21	
22	def main( ):
23		img = cv2.imread( "Museum.bmp", 0 )
24		img1 = gamma_correction( img, 0.1 )
25		img2 = gamma_correction( img, 0.2 )
26		img3 = gamma_correction( img, 0.5 )
27		cv2.imshow( "Original Image", img )
28		cv2.imshow( "Gamma = 0.1", img1 )
29		cv2.imshow( "Gamma = 0.2", img2 )
30		cv2.imshow( "Gamma = 0.5", img3 )
31		cv2.waitKey( 0 )
32	
33	main( )
```

本程式範例中，**伽瑪矯正**的函式是根據 γ 值計算對應的常數 c，並計算強度轉換函數，同時以 table 儲存。最後，再根據 table 轉換成輸出的強度。

5-2-3 Beta 矯正

定義 影像對比

影像對比 (Image Contrast) 可以定義爲：「影像中強度 (或色彩) 的相對差異或比例」。

簡言之，影像對比是指影像中暗的地方是否夠暗，亮的地方是否夠亮。人類視覺系統對於影像對比的敏感度比絕對亮度高，因此通常會覺得高對比的影像品質較佳。數位影像的**對比增強** (Contrast Enhancement) 技術，目的即是增強數位影像的對比。

對比增強技術，可以透過強度 (或) 色彩轉換的方式。爲了定義對比增強的轉換函式，在此使用**不完整 Beta 函數** (Incomplete Beta Function)，數學定義爲：

$$B(x;a,b)=\int_0^x t^{a-1}(1-t)^{b-1}dt$$

其數值範圍介於 0 ~ x 之間 (通常取 x = 1)。若進一步正規化至 0 ~ 255 之間，則不完整 Beta 函數的範例，如圖 5-5，其中選取的值分別爲：(1) a = 0.5、b = 0.5；(2) a = 1.0、b = 1.0；(3) a = 2.0、b = 2.0，稱爲 **Beta 矯正** (Beta Correction) 的轉換函數。

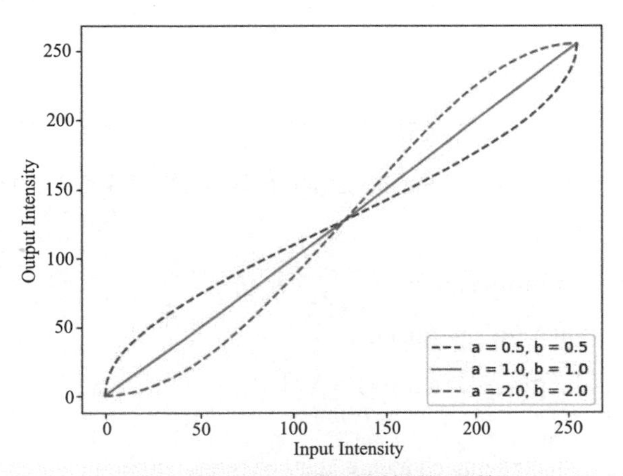

圖 5-5 Beta 矯正的轉換函數

Beta 矯正的數位影像處理範例，如圖 5-6。在此選取的值分別爲：(1) $a = 0.5$、$b = 0.5$；與 (2) $a = 2.0$、$b = 2.0$。若 $a, b< 1$ 時，可以減弱影像的對比；若 $a, b> 1$ 時，則是增強影像的對比。若選取的 a, b 的值愈小 (或愈大)，則調整影像對比的效果愈顯著。

原始影像 $a = 0.5$、$b = 0.5$ $a = 2.0$、$b = 2.0$

圖 5-6　Beta 矯正

Python 程式碼如下：

beta_correction.py

```
1   import numpy as np
2   import cv2
3   import scipy.special as special
4
5   def beta_correction( f, a = 2.0, b = 2.0 ):
6       g = f.copy( )
7       nr, nc = f.shape[:2]
8       x = np.linspace( 0, 1, 256 )
9       table = np.round( special.betainc( a, b, x )* 255, 0 )
10      if f.ndim != 3:
11          for x in range( nr ):
12              for y in range( nc ):
13                  g[x,y] = table[f[x,y]]
```

```
14          else:
15              for x in range( nr ):
16                  for y in range( nc ):
17                      for k in range( 3 ):
18                          g[x,y,k] = table[f[x,y,k]]
19          return g
20
21      def main( ):
22          img = cv2.imread( "Building.bmp", 0 )
23          img1 = beta_correction( img, a = 0.5, b = 0.5 )
24          img2 = beta_correction( img, a = 2.0, b = 2.0 )
25          cv2.imshow( "Original Image", img )
26          cv2.imshow( "Beta Correction(a = b = 0.5)", img1 )
27          cv2.imshow( "Beta Correction(a = b = 2.0)", img2 )
28          cv2.waitKey( 0 )
29
30      main( )
```

本程式範例中，使用 SciPy 提供的**特殊函數** (Special Functions)，其中定義的不完整 Beta 函數，可以用來計算 Beta 矯正的轉換函數，藉以實現影像對比的增強 (或減弱)。

5-3 直方圖處理

直方圖 (Histogram) 的目的是用來統計數位影像中像素強度 (或色彩) 的分布情形。**直方圖處理** (Histogram Processing) 即是利用直方圖的影像增強技術。

5-3-1 直方圖

定義 直方圖

數位影像的**直方圖** (Histogram) 可以定義為：

$$h(r_k) = n_k$$

其中，r_k 為第 k 個強度值，n_k 為強度 r_k 的像素個數。

Lenna 影像的直方圖，如圖 5-7。直方圖可以用來觀察數位影像的強度分布情形。以 Lenna 影像而言，強度 (灰階) 為 0 ~ 255 的像素均存在，分布較為均勻，是一張**曝光** (Exposure) 與**對比** (Contrast) 等拍攝條件，都相當不錯的數位影像。

原始影像

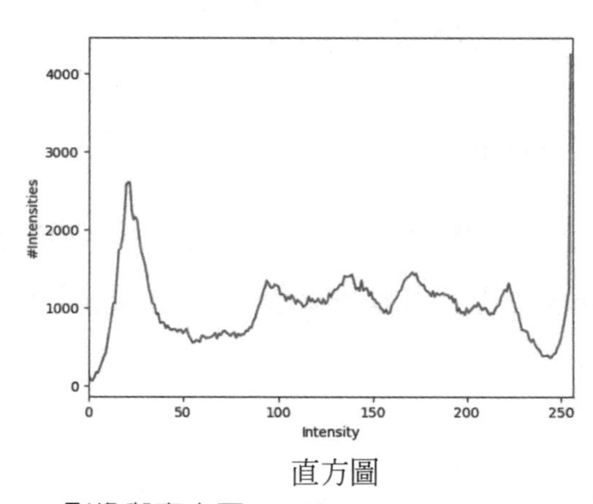

直方圖

圖 5-7 Lenna 影像與直方圖

直方圖可以用來判斷數位影像的拍攝條件，例如：**曝光** (Exposure) 或**對比** (Contrast) 等，如圖 5-8。 若強度分布是集中在高強度範圍，可以判斷為**過度曝光** (Over Exposure)；若是集中在低強度範圍，可以判斷為**曝光不足** (Under Exposure)。相對而言，若是強度分布僅集中在部分強度範圍，則是判斷為**低對比** (Low Contrast) 的影像。

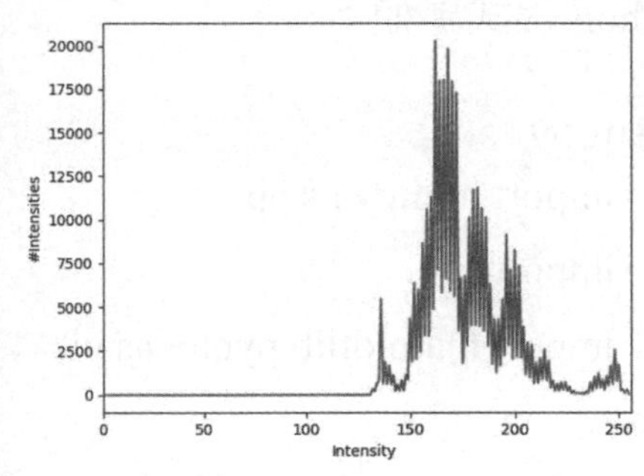

過度曝光 (Over Exposure)

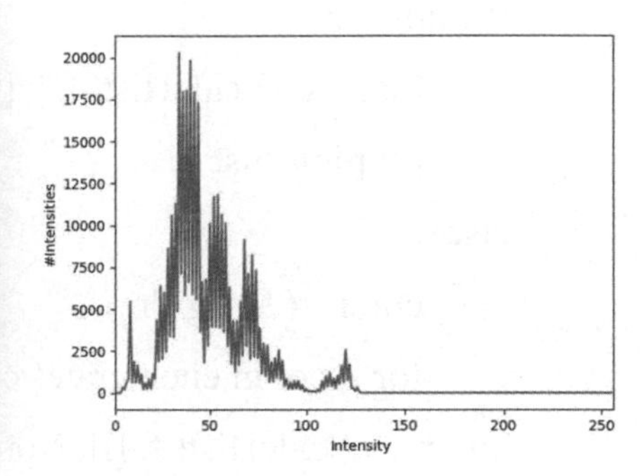

曝光不足 (Under Exposure)

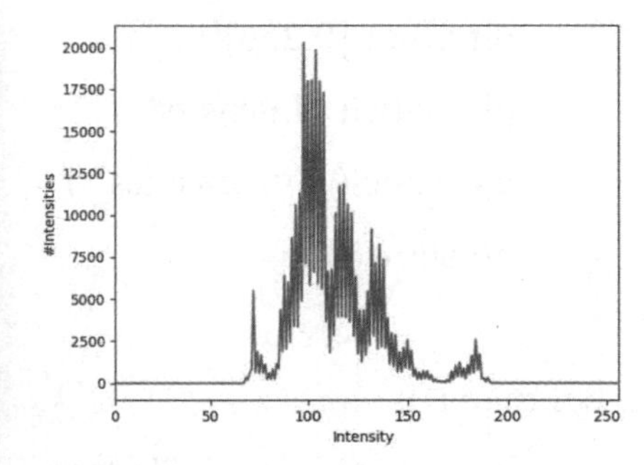

低對比 (Low Contrast)

圖 5-8　拍攝條件與直方圖

Python 程式碼如下：

histogram.py

```
1   import numpy as np
2   import cv2
3   import matplotlib.pyplot as plt
4
5   def histogram( f ):
6       if f.ndim != 3:
7           hist = cv2.calcHist( [f], [0], None, [256], [0,256] )
8           plt.plot( hist )
9       else:
10          color =( 'b', 'g', 'r' )
11          for i, col in enumerate( color ):
12      hist = cv2.calcHist( f, [i], None, [256], [0,256] )
13      plt.plot( hist, color = col )
14      plt.xlim( [0,256] )
15      plt.xlabel( "Intensity" )
16      plt.ylabel( "#Intensities" )
17      plt.show( )
18
19  def main( ):
20      img = cv2.imread( "Indoor_Low_Contrast.bmp", -1 )
21      cv2.imshow( "Original Image", img )
22      histogram( img )
23
24  main( )
```

本程式範例採用 OpenCV 提供的 calcHist 函數計算直方圖，並使用 Matplotlib 軟體套件進行繪圖。此外，本程式範例同時適用灰階或色彩影像，請讀者另行嘗試輸入色彩影像，藉以觀察 R、G、B 色彩值的分布情形。

5-3-2 直方圖等化

直方圖等化 (Histogram Equalization) 技術，主要是利用直方圖進行數位影像處理，期望可以使得所有的強度 (灰階) 的像素個數均相等 [3]。直方圖等化的演算法，說明如下：

(1) 首先計算機率密度函數 (Probability Density Function, PDF)，定義如下：

$$p_r(r_k) = \frac{n_k}{MN},\ k = 0, 1, 2, \ldots, L-1$$

其實就是每種強度的機率值，可以經由直方圖的結果計算而得 (除以總像素個數)。

(2) 計算累積密度函數 (Cumulative Density Function, CDF)，定義如下：

$$CDF = \sum_{j=0}^{k} p_r(r_j) = \frac{1}{MN}\sum_{j=0}^{k} n_j,\ k = 0, 1, 2, \ldots, L-1$$

(3) 計算輸出影像的強度值：

$$s_k = (L-1)\cdot CDF = (L-1)\sum_{j=0}^{k} p_r(r_j) = \frac{(L-1)}{MN}\sum_{j=0}^{k} n_j,\ k = 0, 1, 2, \ldots, L-1$$

通常，計算後的值可能是浮點數，取四捨五入後以 8-bits 的資料型態儲存之。

直方圖等化的結果，如圖 5-9。由圖上可以觀察到，無論是過度曝光、曝光不足或是低對比的數位影像，直方圖等化技術都可以進行適當的處理工作。此外，前述的**伽瑪矯正**雖然也可以用來解決曝光問題，但須手動輸入 γ 參數；直方圖等化則不須輸入任何參數，即可解決不同的曝光問題。

---

3 若您是專業的混音 DJ 或是音響玩家，應該聽過**等化器** (Equalizer, EQ)，目的是藉由調整低頻至高頻的頻率響應，使得不同頻段的音量相等，可以完整呈現音樂。

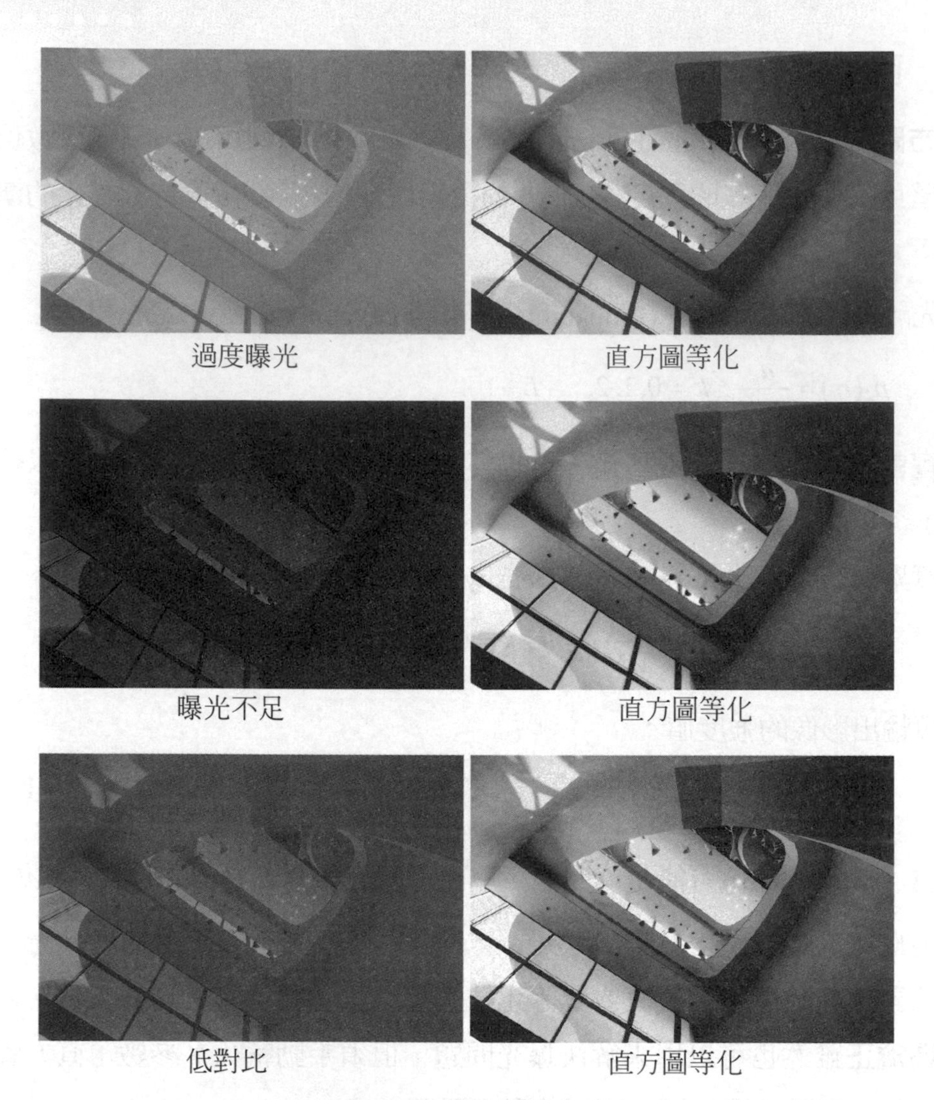

圖 5-9 直方圖等化

Python 程式碼如下：

histogram_equalization.py

```
1    import numpy as np
2    import cv2
3
4    img1 = cv2.imread( "Indoor_Over_Exposure.bmp", -1 )
5    img2 = cv2.equalizeHist( img1 )
6    cv2.imshow( "Original Image", img1 )
7    cv2.imshow( "Histogram Equalization", img2 )
8    cv2.waitKey( 0 )
```

5-4 影像濾波

影像濾波 (Image Filtering) 技術是對輸入的數位影像進行數學運算，進而產生輸出的數位影像。**影像濾波** (Image Filtering) 技術源自**數位訊號處理** (Digital Signal Processing, DSP) 的濾波技術，其中牽涉**濾波器** (Filter) 的設計。在數位影像處理領域中，濾波器也經常稱爲**核** (Kernel)、**卷積矩陣** (Convolution Matrix) 或**遮罩** (Mask)。

影像濾波可以依據其數學運算方式分成下列兩種：

- **線性濾波**：若數學運算方式爲線性 (Linear)，即輸入影像的像素強度值與濾波器的係數是採用線性組合的方式進行，藉以產生輸出的像素強度值。數位訊號處理領域的**卷積** (Convolution) 運算即是典型的線性濾波器，同時也成爲影像濾波的核心技術。
- **非線性濾波**：若數學運算方式爲**非線性** (Nonlinear)，例如：排序等，或在計算輸出影像的像素值時，採用的運算方式是根據局部的影像資料而定，具有適應性，則稱爲非線性濾波。

5-4-1 卷積

在數學領域中，**卷積** (Convolution) 可以定義成：「針對兩個時間函數 $x(t)$ 與 $h(t)$ 進行數學運算，藉以產生另一個時間函數 $y(t)$ 的過程」[4]。

---

4 卷積 (Convolution) 可以說是訊號處理最基本的技術，在某些文獻中，也經常翻譯成摺積或旋積。以目前當紅的人工智慧 (Artificial Intelligence, AI) 技術而言，卷積神經網路 (Convolutional Neural Networks, CNN) 結合卷積運算與深度神經網路架構，已成為影像物件辨識的重要核心技術。

定義 **卷積**

給定兩個函數 $x(t)$ 與 $h(t)$，則**卷積** (Convolution) 可以定義為：

$$y(t)=\int_{-\infty}^{\infty}x(\tau)\cdot h(t-\tau)\,d\tau=\int_{-\infty}^{\infty}h(\tau)\cdot x(t-\tau)\,d\tau$$

或

$$y(t)=x(t)*h(t)$$

其中，星號 $*$ 為卷積運算符號。

由於 DSP 技術是以數位訊號為主，因此定義離散時間域的卷積運算，將上述定義中的時間 t 換成 n，積分則換成總和。

定義 **卷積**

給定數位訊號 $x[n]$ 與 $h[n]$，則**卷積** (Convolution) 可以定義為：

$$y[n]=\sum_{k=-\infty}^{\infty}x[k]\cdot h[n-k]=\sum_{k=-\infty}^{\infty}h[k]\cdot x[n-k]$$

或

$$y[n]=x[n]*h[n]$$

其中，星號 $*$ 為卷積運算符號。

上述定義中，h 函數稱為**脈衝響應** (Impulse Response)，是 DSP 領域常見的專業術語，也經常稱為**濾波器** (Filter)。

離散時間域的卷積運算，如圖 5-10。

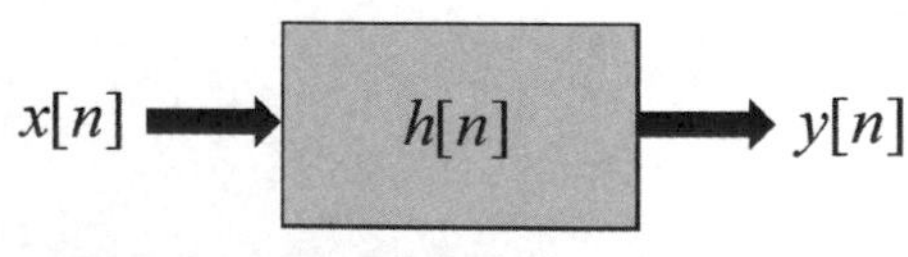

圖 5-10　離散時間域的卷積運算

舉例說明，若輸入的數位訊號爲：

$$x = \{1, 2, 4, 3, 2, 1, 1\}, n = 0, 1, \dots, 6$$

脈衝響應 (或濾波器) 爲：

$$h = \{1, 2, 3, 1, 1\}, n = 0, 1, 2, 3, 4$$

目的是求卷積運算的結果。

首先，輸入的數位訊號 $x[n]$ 共有 7 個樣本 ($N = 7$)，脈衝響應 $h[n]$ 共有 5 個樣本 ($M = 5$)，則**全卷積** (Full Convolution) $y[n]$ 的結果，將包含 $M + N - 1 = 5 + 7 - 1 = 11$ 個樣本。

因此，在進行卷積運算之前，先在數位訊號 $x[n]$ 兩邊補上 $M - 1 = 4$ 個 0，稱爲 Zero-Padding。數位訊號 x 與脈衝響應 h，分別列表如下：

x	h
0 0 0 0 1 2 4 3 2 1 1 0 0 0 0	1 2 3 1 1

接著，我們將脈衝響應 $h[n]$ 旋轉 180 度 (左右對調)，這也是爲何稱爲「卷」積的原因，並將 $x[0]$ 與 $h[0]$ 對齊。

x	h
0 0 0 0 1 2 4 3 2 1 1 0 0 0 0	1 2 3 1 1
1 1 3 2 1	

對齊之後，我們開始進行卷「積」運算。換言之，把對齊的樣本進行兩兩相乘，相加後即可得結果 $y[0]$。數學運算如下：

$$y[0] = 0 \cdot (1) + 0 \cdot (1) + 0 \cdot (3) + 0 \cdot (2) + 1 \cdot (1) = 1$$

接著，我們移動脈衝響應的位置 (向右前進)。

x	h
0 0 0 0 1 2 4 3 2 1 1 0 0 0 0	1 2 3 1 1
1 1 3 2 1	

同理，把對齊的樣本進行兩兩相乘，相加後即可得結果 $y[1]$。數學運算如下：

$$y[1]=0\cdot(1)+0\cdot(1)+0\cdot(3)+1\cdot(2)+2\cdot(1)=4$$

依此類推。

卷積運算的結果如下：

n	0	1	2	3	4	5	6	7	8	9	10
$y[n]$	1	4	11	18	23	20	16	10	6	2	1

卷積運算可以使用 NumPy 提供的 convolve 函式計算**全卷積**。在實際應用時，通常是使用 'same' 的參數設定，使得輸入與輸出的數位訊號，總樣本數維持不變，主要是擷取卷積運算中的部分結果。卷積運算結果如下：

n	0	1	2	3	4	5	6
$x[n]$	1	2	4	3	2	1	1
$y[n]$	11	18	23	20	16	10	6

卷積運算的結果可以使用 Python 程式驗證。

Python 程式碼如下：

convolution.py

```
1   import numpy as np
2
3   x = np.array( [ 1, 2, 4, 3, 2, 1, 1 ] )
4   h = np.array( [ 1, 2, 3, 1, 1 ] )
5   y = np.convolve( x, h, 'full' )
6   y1 = np.convolve( x, h, 'same' )
7   print( "x =", x )
8   print( "h =", h )
9   print( "Full Convolution y =", y )
10  print( "Convolution y =", y1 )
```

您可能會覺得我們花不少功夫介紹卷積的運算方法，但 Python 程式只需一行指令就搞定。筆者認爲優秀的科學家或工程師，不能只知其然卻不知其所以然，而且卷積是相當重要的數學工具，在許多相關領域，例如：深度學習技術等，被廣泛採用，因此建議您還是要理解卷積的運算原理與方法。

由於數位影像可以被視爲是二維訊號，因此**影像濾波** (Image Filtering) 技術，其實就是二維訊號的卷積運算。

定義 卷積 (2D)

二維的**卷積** (Convolution) 可以定義爲：

$$g(x,y) = f(x,y) * h(x,y)$$

或

$$g(x,y) = \sum_{s=-\infty}^{\infty} \sum_{t=-\infty}^{\infty} h(s,t) \cdot f(x-s, y-t)$$

其中，星號 * 爲卷積運算符號。

上述定義中，$f(x,y)$ 爲輸入影像的強度 (或灰階)，$g(x,y)$ 爲輸出影像的強度 (或灰階)，$h(x,y)$ 稱爲**濾波器** (Filters)。由於影像濾波在進行卷積運算時，通常牽涉鄰近像素的強度 (或灰階)，因此也經常稱爲**局部處理** (Local Processing)。

影像濾波其實就是二維的卷積運算，原理其實與上述一維卷積運算相同。以下舉例說明，假設輸入影像 $f(x,y)$ 、濾波器 $h(x,y)$ 與輸出影像 $g(x,y)$ ，大小均爲 3×3(如下圖)。

$f(x,y)$	$h(x,y)$	$g(x,y)$
1 1 1	1 2 3	
1 1 1	4 5 6	
1 1 1	7 8 9	

首先在輸入影像中補零，即：

$f(x,y)$	$h(x,y)$	$g(x,y)$
0 0 0 0 0		
0 1 1 1 0	1 2 3	
0 1 1 1 0	4 5 6	
0 1 1 1 0	7 8 9	
0 0 0 0 0		

接著將濾波器上下、左右對調，並將準備計算的輸出像素值與濾波器的中心對齊：

$f(x,y)$	$h(x,y)$	$g(x,y)$
0 0 0 0 0	9 8 7	
0 1 1 1 0	6 5 4	
0 1 1 1 0	3 2 1	
0 1 1 1 0		
0 0 0 0 0		

把對齊的樣本進行兩兩相乘，相加後即可得結果：

$f(x,y)$

0	0	0	0	0
0	1	1	1	0
0	1	1	1	0
0	1	1	1	0
0	0	0	0	0

$h(x,y)$

9	8	7
6	5	4
3	2	1

$g(x,y)$

12		

同理，將濾波器向右移，再進行兩兩相乘，相加後可得結果：

$f(x,y)$

0	0	0	0	0
0	1	1	1	0
0	1	1	1	0
0	1	1	1	0
0	0	0	0	0

$h(x,y)$

9	8	7
6	5	4
3	2	1

$g(x,y)$

12	21	

依順序將濾波器從左而右，從上而下進行二維的卷積運算，即可得到最後的結果：

$f(x,y)$

0	0	0	0	0
0	1	1	1	0
0	1	1	1	0
0	1	1	1	0
0	0	0	0	0

$h(x,y)$

9	8	7
6	5	4
3	2	1

$g(x,y)$

12	21	16
27	45	33
24	39	28

上述二維卷積運算的結果可以使用 Python 程式驗證。

Python 程式碼如下：

convolution2D.py

```
1   import numpy as np
2   from scipy.signal import convolve2d
3
4   x = np.array( [[1, 1, 1], [1, 1, 1], [1, 1, 1]] )
5   h = np.array( [[1, 2, 3], [4, 5, 6], [7, 8, 9]] )
6   y = convolve2d( x, h, 'same' )
7   print( "x =" )
8   print( x )
9   print( "h =" )
10  print( h )
11  print( "Convolution y =" )
12  print( y )
```

本程式範例中，我們使用 SciPy 的 Signal 模組，其中提供的 convolve2d 函式，用來進行二維的卷積運算。

5-4-2 平均濾波

平均濾波 (Average Filtering) 是最簡單的影像濾波方法，可以用來對數位影像進行**模糊化** (Blur) 處理。典型的平均濾波器，如圖 5-11，其中濾波器的大小分別為 3×3 與 5×5。濾波器的係數均先設為 1，經過正規化後的總和為 1。影像處理領域中，平均濾波器，也經常稱為 **Box 濾波器** (Box Filter)。

$\frac{1}{9}$

1	1	1
1	1	1
1	1	1

3×3

$\frac{1}{25}$

1	1	1	1	1
1	1	1	1	1
1	1	1	1	1
1	1	1	1	1
1	1	1	1	1

5×5

圖 5-11　典型的平均濾波器

數位影像的平均濾波範例，如圖 5-12。平均濾波的效果，通常會使得原始的影像變得比較模糊，細節也變得比較平坦，因此也經常稱爲**影像模糊化** (Image Blur) 或**影像平滑化** (Image Smoothing)。由圖上可以發現，當濾波器的大小愈大，則模糊化 (或平滑化) 的效果愈強烈。

圖 5-12　平均濾波

Python 程式碼如下：

average_filtering.py

```
1   import numpy as np
2   import cv2
3
4   img1 = cv2.imread( "Lenna.bmp", -1 )
5   img2 = cv2.blur( img1,( 5, 5 ))
6   cv2.imshow( "Original Image", img1 )
7   cv2.imshow( "Average Filtering", img2 )
8   cv2.waitKey( 0 )
```

在此，我們直接呼叫 OpenCV 提供的 blur 函式 (也可使用 boxFilter 函式)，即可用來進行影像的平均濾波。您可以自行修改參數，選用不同的濾波器大小，觀察平均濾波後的效果。

5-4-3 高斯濾波

高斯濾波 (Gaussian Filtering) 是採用二維的高斯函數，作爲濾波器的係數。

定義 **高斯函數 (2D)**

高斯函數 (Gaussian Function) 可以定義爲：

$$G(x,y)=e^{-\frac{x^2+y^2}{2\sigma^2}}$$

其中，σ 稱爲標準差。

典型的二維高斯函數，如圖 5-13。通常，濾波器的大小可以根據標準差決定，比較理想的範圍爲 $[-3\sigma, 3\sigma]$，例如：若選取 $\sigma = 1.0$，則濾波器的範圍爲 $[-3, 3]$，濾波器大小爲 7×7。

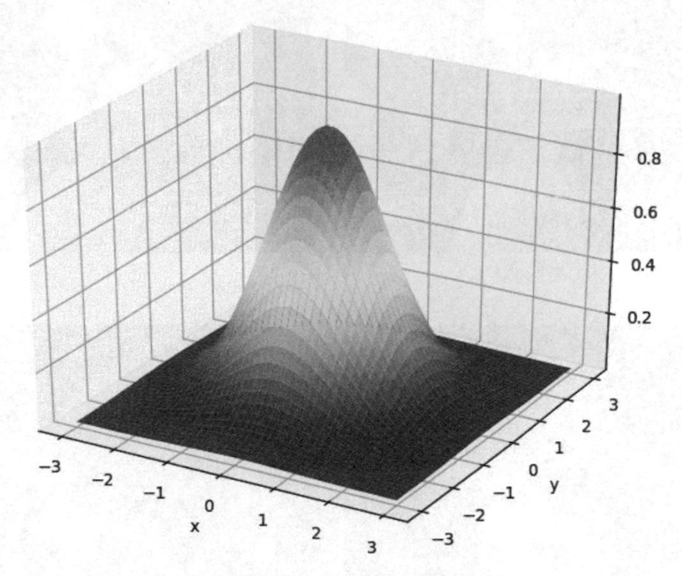

圖 5-13　典型的高斯函數 (標準差 $\sigma = 1$)

以上介紹的高斯函數原點的值爲 1，即 $G(0,0) = 1$，在設計影像濾波用的高斯濾波器時，通常是先對濾波器的係數進行正規化，使得係數總和爲 1：

$$\sum_x \sum_y G(x, y) = 1$$

高斯濾波器與平均濾波器的功能相似，可以用來對數位影像進行模糊化，也可以用來消除影像雜訊。數位影像的高斯濾波範例，如圖 5-14。OpenCV 提供高斯濾波器的函式，稱爲 GaussianBlur，會根據使用者輸入的濾波器大小，自動計算適合的標準差 σ。一般而言，若與平均濾波比較且濾波器大小一樣，則高斯濾波保留的影像資訊會相對比較多。

原始影像　5×5　11×11　21×21

圖 5-14　高斯濾波

Python 程式碼如下：

gaussian_filtering.py

```
1   import numpy as np
2   import cv2
3
4   img1 = cv2.imread( "Lenna.bmp", -1 )
5   img2 = cv2.GaussianBlur( img1,( 5, 5 ), 0 )
6   cv2.imshow( "Original Image", img1 )
7   cv2.imshow( "Gaussian Filtering", img2 )
8   cv2.waitKey( 0 )
```

本程式範例呼叫 OpenCV 提供的 GaussianBlur 函式 (濾波器大小爲 5×5)，即可用來進行數位影像的高斯濾波。當然，您也可以自行設計高斯濾波器，並呼叫 OpenCV 提供的二維濾波函式 Filter2D 進行高斯濾波。

5-4-4 影像梯度

影像梯度 (Image Gradient) 是指數位影像中，像素強度 (或色彩) 的變化量，通常具有方向性。

定義 影像梯度

影像梯度 (Image Gradient) 可以定義爲：

$$\nabla f = \begin{bmatrix} g_x \\ g_y \end{bmatrix} = \begin{bmatrix} \frac{\partial f}{\partial x} \\ \frac{\partial f}{\partial y} \end{bmatrix}$$

其中，

$\frac{\partial f}{\partial x}$ 爲 x 方向的一階導函數；$\frac{\partial f}{\partial y}$ 爲 y 方向的一階導函數。

以上定義中，g_x 與 g_y 分別爲 x 與 y 方向的**一階導函數** (First-Order Derivatives)，代表影像在水平與垂直方向的強度 (或灰階) 變化量，也稱爲**影像梯度** (Image Gradients)。

影像梯度的**大小** (Magnitude) 可以根據下列公式計算而得：

$$M(x,y) = \sqrt{g_x^2 + g_y^2}$$

或以下列公式近似之：

$$M(x,y) \approx |g_x| + |g_y|$$

此外，影像梯度的**方向** (Direction) 則是根據下列公式計算而得：

$$\theta = \tan^{-1}\left(\frac{g_y}{g_x}\right)$$

典型的**梯度運算子** (Gradient Operators)，如圖 5-15，可以用來近似數位影像在兩個方向的梯度。可以注意到，梯度運算子的係數總和為 0。Sobel 梯度運算子，或稱為 Sobel 濾波器，是最具代表性的梯度運算子。

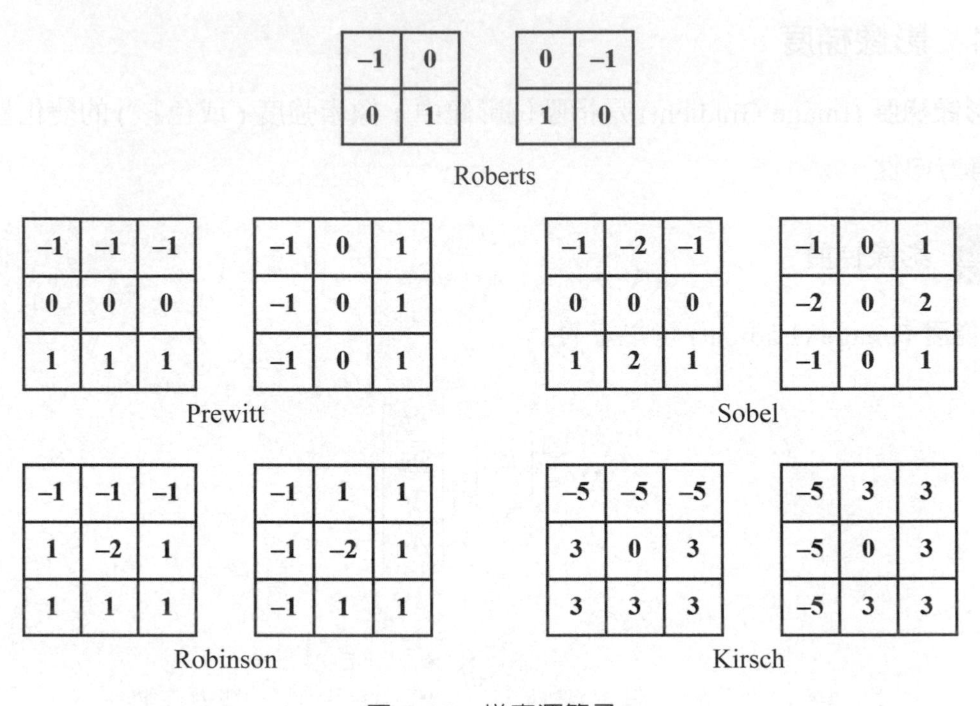

圖 5-15　梯度運算子

影像梯度範例，如圖 5-16，在此採用 Sobel 濾波器，結果影像包含梯度 $|g_x|$、$|g_y|$ 與 $|g_x|+|g_y|$ 等。由圖上可以發現，影像梯度具有邊緣銳化的效果，$|g_x|$、$|g_y|$ 可以分別用來擷取 x 與 y 方向的邊緣資訊；$|g_x|+|g_y|$ 則是用來擷取兩個方向的邊緣資訊。

原始影像

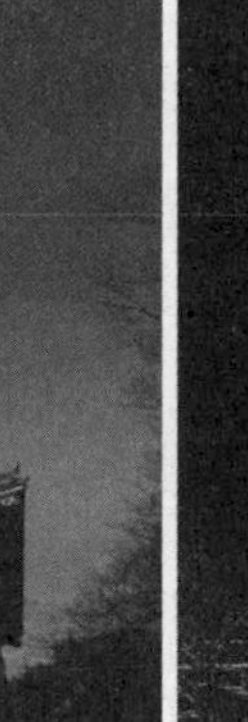

影像梯度 $|g_x|$

影像梯度 $|g_y|$

影像梯度 $|g_x|+|g_y|$

圖 5-16 影像梯度

Python 程式碼如下：

image_gradient.py

```
1   import numpy as np
2   import cv2
3
4   def Sobel_gradient( f, direction = 1 ):
5       sobel_x = np.array( [ [-1,-2,-1], [ 0, 0, 0], [ 1, 2, 1] ] )
6       sobel_y = np.array( [ [-1, 0, 1], [-2, 0, 2], [-1, 0, 1] ] )
7       if direction == 1:
8           grad_x = cv2.filter2D( f, cv2.CV_32F, sobel_x )
9           gx = abs( grad_x )
10          g = np.uint8( np.clip( gx, 0, 255 ))
```

```
11          elif direction == 2:
12              grad_y = cv2.filter2D( f, cv2.CV_32F, sobel_y )
13              gy = abs( grad_y )
14              g = np.uint8( np.clip( gy, 0, 255 ))
15          else:
16              grad_x = cv2.filter2D( f, cv2.CV_32F, sobel_x )
17              grad_y = cv2.filter2D( f, cv2.CV_32F, sobel_y )
18              magnitude = abs( grad_x )+ abs( grad_y )
19              g = np.uint8( np.clip( magnitude, 0, 255 ))
20          return g
21
22      def main( ):
23          img = cv2.imread( "Osaka.bmp", -1 )
24          gx  =Sobel_gradient( img, 1 )
25          gy  =Sobel_gradient( img, 2 )
26          g   = Sobel_gradient( img, 3 )
27          cv2.imshow( "Original Image", img )
28          cv2.imshow( "Gradient in x", gx )
29          cv2.imshow( "Gradient in y", gy )
30          cv2.imshow( "Gradient", g )
31          cv2.waitKey( 0 )
32
33      main( )
```

本程式範例中，主要是建立函式 Sobel_gradient，用來回傳數位影像在不同方向經過 Sobel 梯度運算子的結果。由於數位影像的梯度可能超過 0 ～ 255 的數值範圍，因此改用浮點數儲存，取完絕對值後再將數值控制在 0 ～ 255 的數值範圍內，並用 8-bits 輸出。

5-4-5 影像銳化

本節討論**二階導函數** (Second-order Derivatives) 在影像處理中的應用，主要目的是進行**影像銳化** (Image Sharpening)，可以用來強化影像的邊緣資訊。

定義 拉普拉斯運算子

拉普拉斯運算子 (Laplacian) 可以定義為：

$$\nabla^2 f = \frac{\partial^2 f}{\partial x^2} + \frac{\partial^2 f}{\partial y^2}$$

其中，

$\frac{\partial^2 f}{\partial x^2}$ 為 x 方向的二階導函數；$\frac{\partial^2 f}{\partial y^2}$ 為 y 方向的二階導函數。

在此，我們可以使用數值的差分運算近似定義中的二階導函數，分別為：

$$\frac{\partial^2 f}{\partial x^2} = f(x+1,y) + f(x-1,y) - 2f(x,y)$$

$$\frac{\partial^2 f}{\partial y^2} = f(x,y+1) + f(x,y-1) - 2f(x,y)$$

因此可得：

$$\nabla^2 f = \frac{\partial^2 f}{\partial x^2} + \frac{\partial^2 f}{\partial y^2} = f(x+1,y) + f(x-1,y) + f(x,y+1) + f(x,y-1) - 4f(x,y)$$

稱為**拉普拉斯運算子**。

拉普拉斯運算子，也可以使用濾波器實現，如圖 5-17。

0	1	0
1	–4	1
0	1	0

圖 5-17 拉普拉斯運算子

使用拉普拉斯運算子進行影像銳化，範例如圖 5-18。

原始影像

影像銳化

圖 5-18　使用拉普拉斯運算子之影像銳化

Python 程式碼如下：

laplacian.py

```
1   import numpy as np
2   import cv2
3
4   def laplacian( f ):
5       temp = cv2.Laplacian( f, cv2.CV_32F ) + 128
6       g = np.uint8( np.clip( temp, 0, 255 ))
7       return g
8
9   def main( ):
10      img1 = cv2.imread( "Osaka.bmp", -1 )
11      img2 = laplacian( img1 )
12      cv2.imshow( "Original Image", img1 )
13      cv2.imshow( "Laplacian", img2 )
14      cv2.waitKey( 0)
15
16  main( )
```

本程式範例中，使用拉普拉斯運算子，結果值的分布可能有正有負，因此另外加上數值 128，藉以調整與顯示數位影像。

由於二階導函數可以強調影像中的強度(或灰階)變化，因此可以用來進行影像的銳化，定義為：

$$g(x,y)=f(x,y)-\nabla^2 f$$

或

$$\begin{aligned} g(x,y) &= f(x,y)-[f(x+1,y)+f(x-1,y)+f(x,y+1)+f(x,y-1)-4f(x,y)] \\ &= 5f(x,y)-f(x+1,y)-f(x-1,y)-f(x,y+1)-f(x,y-1) \end{aligned}$$

稱為**混合拉普拉斯運算子** (Composite Laplacian)。混合拉普拉斯運算子也可以使用濾波器實現，如圖 5-19。

0	–1	0
–1	5	–1
0	–1	0

圖 5-19　混合拉普拉斯運算子

使用混合拉普拉斯運算子進行影像銳化，結果如圖 5-20。由圖上可以發現，窗格、邊緣等細節，經過影像銳化後，變得比較清楚。

原始影像

影像銳化

圖 5-20　使用混合拉普拉斯運算子的影像銳化

Python 程式碼如下：

composite_laplacian.py

```
1   import numpy as np
2   import cv2
3
4   def composite_laplacian( f ):
5       kernel = np.array( [ [0, -1, 0], [-1, 5, -1], [0, -1, 0] ] )
6       temp = cv2.filter2D( f, cv2.CV_32F, kernel )
7       g = np.uint8( np.clip( temp, 0, 255 ))
8       return g
9
10  def main( ):
11      img1 = cv2.imread( "Osaka.bmp", -1 )
12      img2 = composite_laplacian( img1 )
13      cv2.imshow( "Original Image", img1 )
14      cv2.imshow( "Composite Laplacian", img2 )
15      cv2.waitKey( 0 )
16
17  main( )
```

5-4-6 非銳化遮罩

非銳化遮罩 (Unsharp Masking) 的目的是影像銳化，可以強化影像中的邊緣、細節等資訊。

定義　非銳化遮罩

非銳化遮罩 (Unsharp Masking) 可以定義為：

$$g(x,y)=f(x,y)+k\cdot g_{mask}(x,y)$$

其中，

$$g_{mask}(x,y)=f(x,y)-\bar{f}(x,y)$$

稱為**非銳化遮罩** (Unsharp Mask)，$\bar{f}(x,y)$ 為對原始影像平滑化的結果。參數 k 是用來調整銳化的程度：$k=1$ 時稱為**非銳化遮罩** (Unsharp Masking)；$k>1$ 稱為**高增濾波** (Highboost Filtering)。

非銳化遮罩 (Unsharp Masking) 的結果，如圖 5-21，其中 $k=1$。**高增濾波** (Highboost Filtering) 的結果，如圖 5-22，其中 $k=3$。若與原始影像比較，可以發現影像的細節被強化。以高增濾波器而言，k 值愈大，則產生影像銳化的效果愈明顯。當然，k 值也不能選得太大，否則會同時強化影像中的雜訊，產生反效果。

原始影像

非銳化遮罩

圖 5-21　非銳化遮罩

原始影像

高增濾波

圖 5-22 高增濾波

Python 程式碼如下：

unsharp_masking.py

```
1   import numpy as np
2   import cv2
3   
4   def unsharp_masking( f, k = 1.0 ):
5       g = f.copy( )
6       nr, nc = f.shape[:2]
7       f_avg = cv2.GaussianBlur( f,( 15, 15 ), 0 )
8       for x in range( nr ):
9           for y in range( nc ):
10              g_mask = int( f[x,y] )- int( f_avg[x,y] )
11              g[x,y] = np.uint8( np.clip( f[x,y] + k * g_mask, 0, 255 ))
12      return g
13  
```

```
14  def main( ):
15      img1 = cv2.imread( "Osaka.bmp", -1 )
16      img2 = unsharp_masking( img1, 10.0 )
17      cv2.imshow( "Original Image", img1 )
18      cv2.imshow( "Unsharp Masking", img2 )
19      cv2.waitKey( 0 )
20
21  main( )
```

5-4-7　中值濾波

中值濾波器 (Median Filter)，顧名思義，處理過程是先以 (x, y) 爲中心，取其鄰近局部區域 (例如：3 × 3) 的像素值構成集合，接著對這個集合進行排序與取**中值** (Median)，即是 (x, y) 的輸出像素值。中值濾波器牽涉排序，因此是屬於**非線性濾波器**。

中值濾波器的結果，如圖 5-23。中值濾波器通常是用來去除雜訊，對於**鹽與胡椒** (Salt and Pepper) 雜訊特別有效。

原始影像

中值濾波

圖 5-23　中值濾波

5-4-8　雙邊濾波

雙邊濾波 (Bilateral Filtering) 是一種影像平滑化的技術，屬於非線性濾波。雙邊濾波器除了使用像素之間的幾何靠近程度之外，同時考慮像素之間的強度 (色度) 差異，使得雙邊濾波器能夠有效去除雜訊，同時保留影像上的邊緣資訊。

雙邊濾波的結果，如圖 5-24。因此，雙邊濾波相當適合用來實現美膚特效，可以有效對皮膚區域平滑化，同時保留眼睛、鼻子等的邊緣資訊。

原始影像

雙邊濾波

圖 5-24　雙邊濾波

Python 程式碼如下：

bilateral_filtering.py

```
1	import numpy as np
2	import cv2
3	
4	img1 = cv2.imread( "Jenny.bmp", -1 )
5	img2 = cv2.bilateralFilter( img1, 5, 50, 50 )
6	cv2.imshow( "Original Image", img1 )
7	cv2.imshow( "Bilateral Filtering", img2 )
8	cv2.waitKey( 0 )
```

OpenCV 提供的雙邊濾波函式爲：

```
cv2.bilateralFilter( src, d, sigmaColor, sigmaSpace )
```

牽涉的參數分別爲：

- src：原始影像
- d：局部區域的直徑 (Diameter)
- sigmaColor：色彩 σ 值，其值愈大表示鄰近像素的色彩差異愈大，將會被混合。
- sigmaSpace：空間 σ 值，其值愈大表示距離愈遠的像素，將會互相影響。

選取的直徑 d 會直接影像平滑化的範圍。此外，爲了簡化參數的選取，可設定兩個相同的 σ 值，通常 σ 值愈大，則效果愈強烈，使得影像**卡通化** (Cartoonish)。

CHAPTER 06

頻率域影像處理

本章的目的是介紹**頻率域的數位影像處理** (Image Processing in Frequency Domain) 技術。首先，介紹數位影像在頻率域的基本概念；接著，介紹 2D 離散傅立葉轉換與傅立葉頻譜 (或頻率頻譜)。最後，則介紹數位影像在頻率域的濾波技術。

學習單元

- 基本概念
- 離散傅立葉轉換
- 頻率域濾波

6-1 基本概念

法國數學家與物理學家**約瑟夫 · 傅立葉** (Joseph Fourier) 在進行熱傳導與振動的研究過程，提出所謂的**傅立葉級數** (Fourier Series)。傅立葉的基本理論為：「任意週期性函數，可以表示成不同頻率、不同振幅的餘弦函數或正弦函數，所加總而得的無窮級數」。

傅立葉級數受到後代數學家 (科學家) 的持續重視，進而發展成**傅立葉轉換** (Fourier Transforms)，不僅適用於週期性函數，同時也適用於非週期性的任意函數。傅立葉轉換是**頻率分析** (Frequency Analysis) 的重要數學工具，因此被廣泛應用於**數位訊號處理** (Digital Signal Processing, DSP) 等領域[1]。

數位影像 (Digital Images) 可以被視為是**二維的數位訊號** (Two-Dimensional Digital Signals)。因此，傅立葉轉換自然也被應用在數位影像，藉以進行數位影像的頻率分析。許多頻率域的 DSP 技術，同時也被廣泛應用在數位影像處理領域。

影像局部區域與頻率域的關係示意圖，如圖 6-1。低頻訊號的變化較為緩慢，若以數位影像而言，則平滑區域屬於低頻區域；相對而言，高頻訊號的變化較快，若以數位影像而言，則邊緣、細節或雜訊等屬於高頻區域。

圖 6-1 影像局部區域與頻率域的關係

1 傅立葉級數與轉換，牽涉的數學理論相當複雜。本書限於篇幅，無法詳盡介紹，請讀者參閱相關書籍，例如：工程數學等。

6-2 離散傅立葉轉換

本節介紹**離散傅立葉轉換** (Discrete Fourier Transform, DFT)，在數位訊號處理領域中，是一項重要的數學工具。

6-2-1 離散傅立葉轉換 (1D)

定義 離散傅立葉轉換 (1D)

給定離散序列 $x[n], n=0,1,\cdots,N-1$，則**離散傅立葉轉換** (Discrete Fourier Transform, DFT) 可以定義爲：

$$X[k]=\sum_{n=0}^{N-1}x[n]\,e^{-j2\pi kn/N}, k=0,1,\ldots,N-1$$

其**反轉換** (Inverse DFT) 爲：

$$x[n]=\frac{1}{N}\sum_{k=0}^{N-1}X[k]\,e^{j2\pi kn/N}, n=0,1,2,\ldots,N-1$$

離散傅立葉轉換符合**可逆性**。輸入的離散序列 $x[n]$，共有 N 個樣本，經過離散傅立葉轉換後，產生輸出的序列 $X[k]$，總樣本數維持不變。$X[k]$ 經過反轉換 (或逆轉換)，可以還原成原始的序列 $x[n]$。

舉例說明，若離散序列爲：

$$x=\{1,2,4,3\}, n=0,1,2,3$$

其中 $N=4$，在此的目的是求**離散傅立葉轉換** (DFT)。

根據**離散傅立葉轉換**公式：

$$X[k]=\sum_{n=0}^{N-1}x[n]\,e^{-j2\pi kn/N}, k=0,1,\ldots,N-1$$

因此可得：

$$X[0]=\sum_{n=0}^{N-1}x[n]\,e^{-j2\pi(0)n/N}=\sum_{n=0}^{3}x[n]=1+2+4+3=10$$

$$X[1]=\sum_{n=0}^{N-1}x[n]\,e^{-j2\pi(1)n/N}=\sum_{n=0}^{3}x[n]\,e^{-j\pi n/2}$$

$$=1\cdot e^{0}+2\cdot e^{-j(\pi/2)}+4\cdot e^{-j\pi}+3\cdot e^{-j(3\pi/2)}$$

$$=1\cdot(1)+2\cdot(-j)+4\cdot(-1)+3\cdot(j)=-3+j$$

$$X[2]=\sum_{n=0}^{N-1}x[n]\,e^{-j2\pi(2)n/N}=\sum_{n=0}^{3}x[n]\,e^{-j\pi n}$$

$$=1\cdot e^{0}+2\cdot e^{-j\pi}+4\cdot e^{-j(2\pi)}+3\cdot e^{-j(3\pi)}$$

$$=1\cdot(1)+2\cdot(-1)+4\cdot(1)+3\cdot(-1)=0$$

$$X[3]=\sum_{n=0}^{N-1}x[n]\,e^{-j2\pi(3)n/N}=\sum_{n=0}^{3}x[n]\,e^{-j\pi(3)n/2}$$

$$=1\cdot e^{0}+2\cdot e^{-j(3\pi/2)}+4\cdot e^{-j(3\pi)}+3\cdot e^{-j(9\pi/2)}$$

$$=1\cdot(1)+2\cdot(j)+4\cdot(-1)+3\cdot(-j)=-3-j$$

因此，經過離散傅立葉轉換後，結果為：

$$X=\{10,-3+j,0,-3-j\}$$

離散傅立葉轉換也可以表示成：

$$X[k]=\sum_{n=0}^{N-1}x[n]\,W_N^{kn},\ k=0,1,\ldots,N-1$$

其中，

$$W_N=e^{-j(2\pi/N)}$$

因此，傅立葉轉換也可以使用以下的矩陣表示法求得，即：

$$\mathbf{X} = \begin{bmatrix} 1 & 1 & 1 & 1 \\ 1 & W_4^1 & W_4^2 & W_4^3 \\ 1 & W_4^2 & W_4^4 & W_4^6 \\ 1 & W_4^3 & W_4^6 & W_4^9 \end{bmatrix} \mathbf{x} = \begin{bmatrix} 1 & 1 & 1 & 1 \\ 1 & -j & -1 & j \\ 1 & -1 & 1 & -1 \\ 1 & j & -1 & -j \end{bmatrix} \begin{bmatrix} 1 \\ 2 \\ 4 \\ 3 \end{bmatrix} = \begin{bmatrix} 10 \\ -3+j \\ 0 \\ -3-j \end{bmatrix}$$

以**離散傅立葉轉換** (Discrete Fourier Transform, DFT) 的公式而言：

$$X[k] = \sum_{n=0}^{N-1} x[n]\, e^{-j2\pi kn/N}, k = 0, 1, \ldots, N-1$$

可以注意到，每次計算輸出值時，牽涉的複數運算量爲 N。當輸入的樣本數爲 N 時，則直接使用上述公式進行離散傅立葉轉換時，計算複雜度爲 $O(N^2)$ 。在實際應用中，N 的值通常相當大，計算量相當龐大，因而導致離散傅立葉轉換的實際應用受到限制。直到快速傅立葉轉換演算法的出現，使得這個問題有了具體的解決方法。

快速傅立葉轉換 (Fast Fourier Transforms, FFT) 主要是使用**分而治之** (Divide-and-Conquer) 的演算法設計策略，計算複雜度爲 $O(N \log_2 N)$ ，使得離散傅立葉轉換的計算量大幅降低，可以在較短的時間內取得離散傅立葉轉換的結果。事實上，本書在實現頻率域的數位影像處理技術時，都是直接採 NumPy 提供的 FFT 演算法進行離散傅立葉轉換。

以上的離散傅立葉轉換範例，可以用 Python 程式驗證。Python 程式碼如下：

FFT_example.py

```
1   import numpy as np
2   from numpy.fft import fft, ifft
3
4   x = np.array( [ 1, 2, 4, 3 ] )
5   X = fft( x )
6   xx = ifft( X )
7
8   print( "x =", x )
9   print( "X =", X )
10  print( "Inverse FFT of X =", xx )
```

6-2-2 離散傅立葉轉換 (2D)

定義 **離散傅立葉轉換 (2D)**

給定數位影像，則**離散傅立葉轉換** (DFT) 可以定義為：

$$F(u,v)=\sum_{x=0}^{M-1}\sum_{y=0}^{N-1}f(x,y)\,e^{-j2\pi(ux/M+vy/N)}$$

其**反轉換** (Inverse DFT) 為：

$$f(x,y)=\frac{1}{MN}\sum_{u=0}^{M-1}\sum_{v=0}^{N-1}F(u,v)\,e^{j2\pi(ux/M+vy/N)}$$

2D 離散傅立葉轉換是 1D 離散傅立葉轉換的延伸。由於 $0\leq x\leq M-1$、$0\leq y\leq N-1$ 且 $0\leq u\leq M-1$、$0\leq v\leq N-1$，因此，輸入的數位影像 $f(x,y)$ 與 DFT 後的結果 $F(u,v)$，矩陣的大小是相同的；只是轉換前為實數矩陣，轉換後為複數矩陣。

根據 2D 的離散傅立葉轉換，可以定義**大小** (Magnitude) 如下：

$$|\,F(u,v)\,|=\sqrt{\mathcal{Re}\{F(u,v)\}^2+\mathcal{Im}\{F(u,v)\}^2}$$

其中，$\mathcal{Re}\{\cdot\}$ 與 $\mathcal{Im}\{\cdot\}$ 分別代表實部與虛部。若以圖形表示，稱為**傅立葉頻譜** (Fourier Spectrum) 或**頻率頻譜** (Frequency Spectrum)。

影像的頻率頻譜中，**直流分量** (DC Component) 為：

$$F(0,0)=\sum_{x=0}^{M-1}\sum_{y=0}^{N-1}f(x,y)$$

結果為實數，即是影像中的像素強度(灰階)總和，因此通常數值相當大；相對而言，其他的頻率分量，數值則比較小。因此，在顯示影像的頻率頻譜時，通常是先將直流分量移到影像中心，並對**大小** (Magnitude) 取對數，以便觀察頻率分量的分佈情形。

頻率頻譜的對數公式，定義如下：

$$20\log\left(|F(u,v)| + 1 \right)$$

其中，$|F(u,v)|$ 爲 0 時，加上 1 後再取對數，可以避免數値錯誤的問題。

相位角 (Phase Angle) 可以定義爲：

$$\phi(u,v) = \tan^{-1}\left[\frac{\mathcal{Im}\{F(u,v)\}}{\mathcal{Re}\{F(u,v)\}} \right]$$

若以圖形表示，稱爲**相位頻譜** (Phase Spectrum)。

數位影像的頻率頻譜與相位頻譜，如圖 6-2。

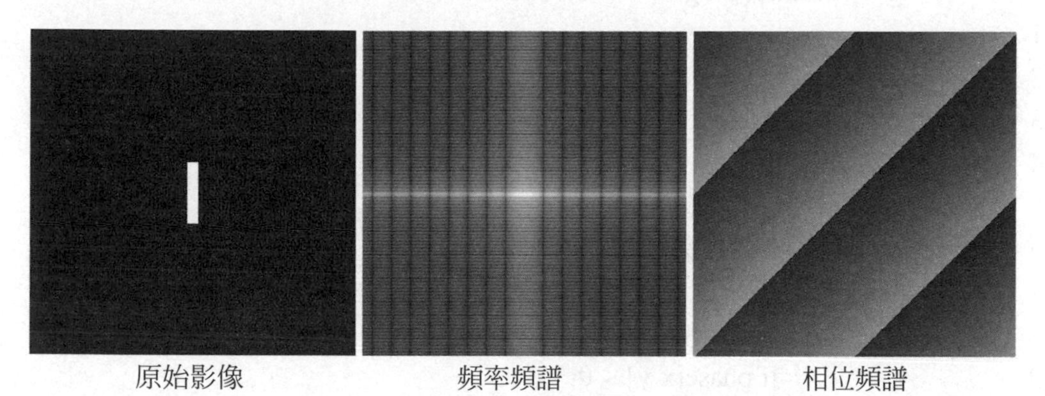

圖 6-2　數位影像的頻率頻譜與相位頻譜

Lenna 影像的頻率頻譜與相位頻譜，如圖 6-3。以頻率頻譜而言，頻率分量的觀察比較不容易。概括而言，愈接近影像中心，代表是低頻區域；愈離開影像中心，則代表是高頻區域。

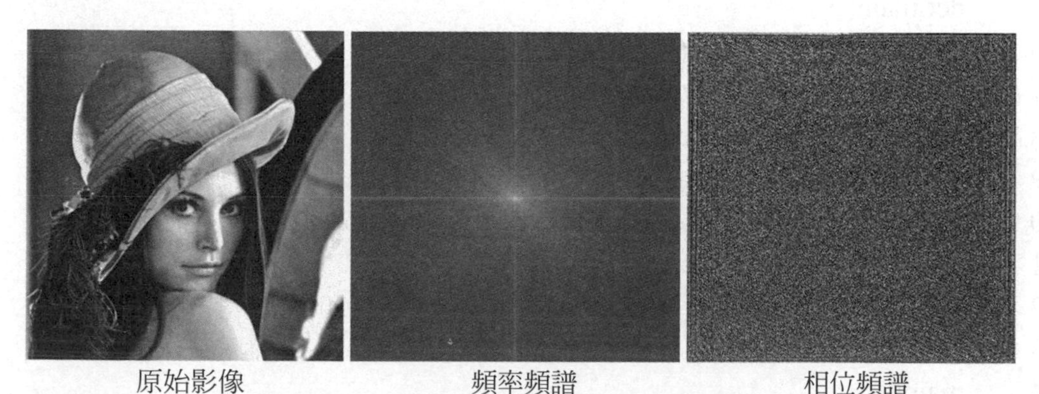

圖 6-3　數位影像的頻率頻譜與相位頻譜

Python 程式碼如下：

spectrum.py

```
1	import numpy as np
2	import cv2
3	from numpy.fft import fft2, fftshift
4	
5	def spectrum( f ):
6		F = fft2( f )
7		Fshift = fftshift( F )
8		mag = 20 * np.log( np.abs( Fshift )+ 1 )
9		mag = mag / mag.max( )* 255.0
10		g = np.uint8( mag )
11		return g
12	
13	def phase_spectrum( f ):
14		F = fft2( f )
15		phase = np.angle( F, deg = True )
16		nr, nc = phase.shape[:2]
17		for x in range( nr ):
18			for y in range( nc ):
19				if phase[x,y] < 0:
20					phase[x,y] = phase[x,y] + 360
21				phase[x,y] = int( phase[x,y] * 255 / 360 )
22		g = np.uint8( np.clip( phase, 0, 255 ))
23		return g
24	
25	def main( ):
26		img = cv2.imread( "Lenna.bmp", -1 )
27		magnitude = spectrum( img )
28		phase = phase_spectrum( img )
29		cv2.imshow( "Original Image", img )
30		cv2.imshow( "Frequency Spectrum", magnitude )
31		cv2.imshow( "Phase Specrum", phase )
32		cv2.waitKey( 0 )
33	
34	main( )
```

6-3 頻率域濾波

頻率域濾波 (Filtering in the Frequency Domain) 技術，即是在頻率域中設計濾波器，藉以達到濾波的效果。

6-3-1 頻率域濾波系統

頻率域濾波的系統方塊圖，如圖 6-4。

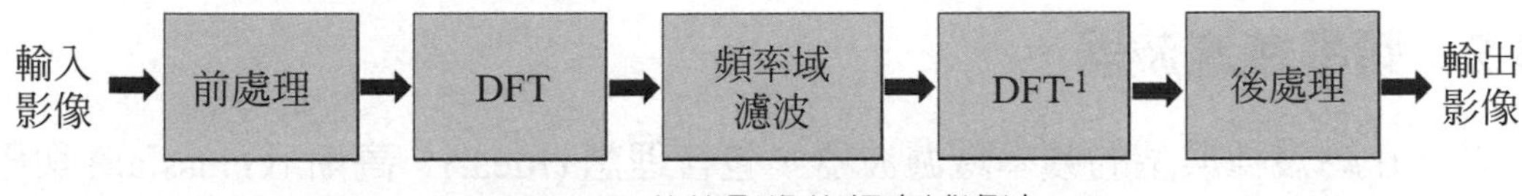

圖 6-4　數位影像的頻率域濾波

頻率域濾波的處理步驟說明如下：

(1) **前處理**：首先，假設輸入的數位影像 $f(x,y)$，套用**前處理** (Preprocessing) 步驟，即計算：

$$(-1)^{x+y} \cdot f(x,y)$$

(2) DFT：套用 2D 離散傅立葉轉換 (DFT)，結果爲：

$$\mathcal{F}\left\{ (-1)^{x+y} \cdot f(x,y) \right\} = F(u-M/2, v-N/2)$$

因此，前處理的目的是在 DFT 後，將直流分量移到影像中心。濾波器的設計也是以影像中心爲基準對齊。在影像處理實務中，DFT 通常是採用 FFT 的演算法，以加快處理速度。

(3) **頻率域濾波**：本步驟的目的是進行頻率域的濾波工作，可以採用的濾波器包含：**低通** (Lowpass)、**高通** (Highpass)、**帶通** (Bandpass)、**帶阻** (Bandreject) 等濾波器。頻率域的濾波可以定義如下：

$$G(u,v) = H(u,v) \cdot F(u,v)$$

其中，$H(u, v)$ 爲濾波器、$G(u, v)$ 爲輸出結果。

(4) DFT $^{-1}$：套用 2D 的反離散傅立葉轉換，結果為：

$$g(x,y)=\mathcal{F}^{-1}\{\, G(u,v) \,\}$$

(5) **後處理**：最後，再透過後處理產生輸出影像：

$$(-1)^{x+y}\cdot g(x,y)$$

由於反離散傅立葉轉換的結果為複數，通常我們是直接取實部，作為輸出影像結果。

6-3-2 頻率域濾波器

以下介紹幾種典型的頻率域濾波器，包含**理想** (Ideal)、**高斯** (Gaussian) 與**巴特沃斯** (Butterworth) 的**低通** (Lowpass) 與**高通** (Highpass) 濾波器。

定義 理想低通濾波器

理想低通濾波器 (Ideal Lowpass Filter, ILPF) 可以定義為：

$$H(u,v)=\begin{cases}1 & \text{if } D(u,v)\le D_0\\ 0 & \text{if } D(u,v)>D_0\end{cases}$$

其中，$D(u, v)$ 為距離頻率域中心點的距離，D_0 稱為**截止頻率** (Cutoff Frequency)。

上述定義中，$D(u, v)$ 可以使用**歐氏距離**計算而得：

$$D(u,v)=\sqrt{(u-M/2)^2+(v-N/2)^2}$$

定義 理想高通濾波器

理想高通濾波器 (Ideal Highpass Filter, IHPF) 可以定義為：

$$H(u,v)=\begin{cases}0 & \text{if } D(u,v)\le D_0\\ 1 & \text{if } D(u,v)>D_0\end{cases}$$

其中，$D(u, v)$ 為距離頻率域中心點的距離，D_0 稱為**截止頻率** (Cutoff Frequency)。

因此，高通濾波器也可以根據下列公式計算而得：

$$H_{HP}(u,v) = 1 - H_{LP}(u,v)$$

圖 6-5 爲使用理想低通與高通濾波器的結果，其中截止頻率設爲 $D_0 = 50$。由圖上可以發現，低通濾波具有**影像平滑** (Image Smoothing) 的效果。然而，理想低通濾波器在影像邊緣處，產生所謂的**漣漪效應** (Ripple Effect)。

若是考慮理想高通濾波器，在濾掉低頻範圍的影像資訊，並保留高頻範圍的影像資訊後，將會使得影像的邊緣資訊被銳化，因此具有**影像銳化** (Image Sharpening) 的效果。

原始影像

低通濾波

高通濾波

圖 6-5 理想低通與高通濾波

定義 **高斯低通濾波器**

高斯低通濾波器 (Gaussian Lowpass Filter, GLPF) 可以定義爲：

$$H(u,v) = e^{-D^2(u,v)/2\sigma^2}$$

其中，$D(u, v)$ 爲距離頻率域中心點的距離，σ 爲**標準差**。

通常，設計頻率域的高斯濾波時，可以設 $\sigma = D_0$，即是截止頻率。

定義 高斯高通濾波器

高斯高通濾波器 (Gaussian Highpass Filter, GHPF) 可以定義爲：

$$H(u,v)=1-e^{-D^2(u,v)/2\sigma^2}$$

其中，$D(u, v)$ 爲距離頻率域中心點的距離，σ 爲**標準差**。

圖 6-6 爲使用高斯低通與高通濾波器的結果，其中截止頻率設爲 $D_0 = 50$。

原始影像

低通濾波

高通濾波

圖 6-6　高斯低通與高通濾波

定義 巴特沃斯低通濾波器

巴特沃斯低通濾波器 (Butterworth Lowpass Filter, BLPF) 可以定義爲：

$$H(u,v)=\frac{1}{1+\left[D(u,v)/D_0\right]^{2n}}$$

其中，$D(u, v)$ 爲距離頻率域中心點的距離，D_0 稱爲**截止頻率** (Cutoff Frequency)，n 稱爲**階數** (Order)。

巴特沃斯低通濾波器不像理想低通濾波器具有陡峭的頻率截止邊緣，通過頻帶與抑制頻帶間的轉換較爲緩和。當階數 n 值愈大時，則愈陡峭；若階數 n 值趨近無限大，則近似理想的低通濾波器。

定義　巴特沃斯高通濾波器

巴特沃斯高通濾波器 (Butterworth Highpass Filter, BHPF) 可以定義爲：

$$H(u,v) = \frac{1}{1+\left[D_0 / D(u,v)\right]^{2n}}$$

其中，$D(u, v)$ 爲距離頻率域中心點的距離，D_0 稱爲**截止頻率** (Cutoff Frequency)，n 稱爲**階數** (Order)。

圖 6-7 爲使用巴特沃斯低通與高通濾波器的結果，其中截止頻率設爲 $D_0 = 50$，階數 $n = 1$。若與理想濾波器比較，巴特沃斯濾波器的平滑效果較佳，不會產生**漣漪效應**。

原始影像

低通濾波

高通濾波

圖 6-7　巴特沃斯低通與高通濾波

Python 程式碼如下：

frequency_filtering.py

```
1    import numpy as np
2    import cv2
3    from numpy.fft import fft2, ifft2
4
```

```
5   def frequency_filtering( f, filter, D0, order ):
6       nr, nc = f.shape[:2]
7
8       fp = np.zeros( [ nr, nc ] )              # 前處理
9       for x in range( nr ):
10          for y in range( nc ):
11              fp[x,y] = pow( -1, x + y )* f[x,y]
12
13      F = fft2( fp )                           # 離散傅立葉轉換
14      G = F.copy( )
15
16      if filter == 1:                          # 理想低通濾波器
17          for u in range( nr ):
18              for v in range( nc ):
19                  dist = np.sqrt(( u - nr / 2 )*( u - nr / 2 )+
20                         ( v - nc / 2 )*( v - nc / 2 ))
21                  if dist > D0:
22                      G[u,v] = 0
23
24      elif filter == 2:                        # 理想高通濾波器
25          for u in range( nr ):
26              for v in range( nc ):
27                  dist = np.sqrt(( u - nr / 2 )*( u - nr / 2 )+
28                         ( v - nc / 2 )*( v - nc / 2 ))
29                  if dist <= D0:
30                      G[u,v] = 0
31
32      elif filter == 3:                        # 高斯低通濾波器
33          for u in range( nr ):
34              for v in range( nc ):
35                  dist = np.sqrt(( u - nr / 2 )*( u - nr / 2 )+
36                         ( v - nc / 2 )*( v - nc / 2 ))
37                  H = np.exp( -( dist * dist )/( 2 * D0 * D0 ))
38                  G[u,v] *= H
39
```

```
40          elif filter == 4:                    # 高斯高通濾波器
41              for u in range( nr ):
42                  for v in range( nc ):
43                      dist = np.sqrt(( u - nr / 2 )*( u - nr / 2 )+
44                             ( v - nc / 2 )*( v - nc / 2 ))
45                      H = 1 - np.exp( -( dist * dist )/( 2 * D0 * D0 ))
46                      G[u,v] *= H
47
48          elif filter == 5:                    # 巴特沃斯低通濾波器
49              for u in range( nr ):
50                  for v in range( nc ):
51                      dist = np.sqrt(( u - nr / 2 )*( u - nr / 2 )+
52                             ( v - nc / 2 )*( v - nc / 2 ))
53                      H = 1.0 /( 1.0 + pow( dist / D0, 2 * order ))
54                      G[u,v] *= H
55
56          elif filter == 6:                    # 巴特沃斯高通濾波器
57              for u in range( nr ):
58                  for v in range( nc ):
59                      dist = np.sqrt(( u - nr / 2 )*( u - nr / 2 )+
60                             ( v - nc / 2 )*( v - nc / 2 ))
61                      H = 1.0 - 1.0 /( 1.0 + pow( dist / D0, 2 * order ))
62                      G[u,v] *= H
63
64          gp = ifft2( G )                      # 反離散傅立葉轉換
65
66          gp2 = np.zeros( [ nr, nc ] )         # 後處理
67          for x in range( nr ):
68              for y in range( nc ):
69                  gp2[x,y] = round( pow( -1, x + y )* np.real( gp[x,y] ), 0 )
70          g = np.uint8( np.clip( gp2, 0, 255 ))
71
72          return g
73
74      def main( ):
```

```
75        print( "Filtering in the Frequency Domain" )
76        print( "(1)Ideal Lowpass Filter" )
77        print( "(2)Ideal Highpass Filter" )
78        print( "(3)Gaussian Lowpass Filter" )
79        print( "(4)Gaussian Highpass Filter" )
80        print( "(5)Butterworth Lowpass Filter" )
81        print( "(6)Butterworth Highpass Filter" )
82        filter = eval( input( "Please enter your choice: " ))
83        cutoff = eval( input( "Please enter cutoff frequency: " ))
84        if filter == 5 or filter == 6:
85            order = eval( input( "Please enter order: " ))
86        else:
87            order = 1
88        img1 = cv2.imread( "Lenna.bmp", -1 )
89        img2 = frequency_filtering( img1, filter, cutoff, order )
90        cv2.imshow( "Original Image", img1 )
91        cv2.imshow( "Filtering in the Frequency Domain", img2 )
92        cv2.waitKey( 0 )
93
94    main( )
```

本程式範例實現頻率域的影像濾波，總共包含六種濾波器：**理想** (Ideal)、**高斯** (Gaussian) 與**巴特沃斯** (Butterworth) 的低通與高通濾波器，截止頻率爲 cutoff，階數爲 order(僅供巴特沃斯濾波器使用)。目前，本程式範例僅適合用來處理灰階影像。

CHAPTER 07

影像還原

本章的目的是介紹**影像還原** (Image Restoration) 技術，包含：**影像失真** (Image Degradation) 與**影像還原** (Image Restoration) 兩大部分。影像失真或還原技術，牽涉空間域或頻率域的數位影像處理。

學習單元

- 基本概念
- 影像雜訊
- 週期性雜訊
- 影像雜訊分析
- 反濾波
- 維納濾波
- 影像補繪

7-1 基本概念

定義　影像還原

影像還原 (Image Restoration) 可以定義爲：「基於事先已知的失眞現象對數位影像進行還原的技術」。

影像失眞與還原模型，如圖 7-1。**影像還原**技術，通常須事先了解造成影像失眞的原因，才可能對症下藥，進而還原成原始的數位影像。因此，在討論影像還原技術時，將分別包含**影像失真** (Image Degradation) 與**影像還原** (Image Restoration) 兩部分。

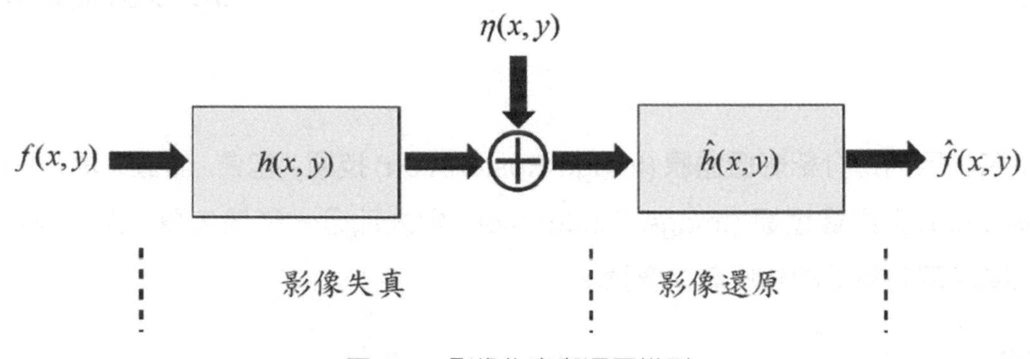

圖 7-1　影像失真與還原模型

定義　影像失真模型

影像失真 (Image Degradation) 模型可以定義爲：

$$g(x,y)=h(x,y)*f(x,y)+\eta(x,y)$$

其中，$h(x,y)$ 稱爲**失真函數**；$\eta(x,y)$ 爲**雜訊**；* 爲卷積運算。若以頻率域表示，則可定義爲：

$$G(u,v)=H(u,v)\cdot F(u,v)+N(u,v)$$

影像失眞模型牽涉**卷積定理**：

$$\mathcal{F}\{ h(x,y) * f(x,y) \} = \mathcal{F}\{ h(x,y) \} \cdot \mathcal{F}\{ f(x,y) \} = H(u,v) \cdot F(u,v)$$

影像還原的目的則是期望輸入失眞的數位影像 $g(x,y)$，經過逆過程產生輸出數位影像 $\hat{f}(x,y)$，可以還原原始的數位影像，即 $\hat{f}(x,y) \approx f(x,y)$。

7-2 影像雜訊

本節討論最簡單的影像失眞模型，即是在數位影像中加入**雜訊** (Noise)，稱爲**影像雜訊模型**。

定義 影像雜訊模型

影像雜訊模型 (Image Noise Model) 可以定義爲：

$$g(x,y) = f(x,y) + \eta(x,y)$$

其中，$f(x,y)$ 與 $g(x,y)$ 分別爲輸入與輸出的數位影像；$\eta(x,y)$ 爲**雜訊** (Noise)。

雜訊可以採用數學模型的方式定義，主要是根據**機率密度函數** (Probability Density Function, PDF) 而定。假設機率密度函數是定義爲 $p(z)$，則必須滿足下列條件：

$$\int_{-\infty}^{\infty} p(z)\, dz = 1$$

即機率積分 (總和) 爲 1(或 100%)。

典型的**雜訊模型** (Noise Models) 如下：

- **均勻雜訊** (Uniform Noise)：均勻雜訊的 PDF 可以定義爲：

$$p(z) = \begin{cases} \dfrac{1}{b-a} & \text{if } a \le z \le b \\ 0 & \text{otherwise} \end{cases}$$

因此，PDF 曲線下的面積爲 1(積分後的總機率爲 100%)。實際應用時，假設 $a = 0$，$b = Scale$，參數 $Scale$ 可以用來決定均勻雜訊的強度。

- **高斯雜訊** (Gaussian Noise)：**高斯雜訊**又稱爲**常態分佈雜訊** (Normal Distribution Noise)，其 PDF 即是高斯函數：

$$p(z) = \frac{1}{\sqrt{2\pi\sigma^2}} e^{-\frac{z^2}{2\sigma^2}}$$

其中，σ 爲**標準差** (Standard Deviation)。實際應用時，假設 $\sigma = Scale$，參數 $Scale$ 可以用來決定高斯雜訊的強度。

- **指數雜訊** (Exponential Noise)：**指數雜訊**的分布呈指數衰減，其 PDF 是根據指數函數的定義：

$$p(z) = \frac{1}{\beta} e^{-\frac{z}{\beta}}$$

其中，β 可以決定分布的範圍。實際應用時，假設 $\beta = Scale$，參數 $Scale$ 可以用來決定指數雜訊的強度。

- **瑞雷雜訊** (Rayleigh Noise)：**瑞雷雜訊**的分布與高斯分布相似，但略向右偏移，其 PDF 是定義爲：

$$p(z) = \frac{z}{\sigma^2} e^{-\frac{z^2}{2\sigma^2}}$$

其中，σ 爲**標準差** (Standard Deviation)。實際應用時，假設 $\sigma = Scale$，參數 $Scale$ 可以用來決定瑞雷雜訊的強度。

- **脈衝雜訊** (Impulse Noise)：脈衝雜訊又稱爲**鹽與胡椒** (Salt and Pepper) 雜訊，分別表示白色與黑色的雜訊點，其 PDF 是定義爲：

$$p(z) = \begin{cases} P_p & for\ z = 0 \\ P_s & for\ z = L-1 \\ 1-(P_p+P_s) & otherwise \end{cases}$$

其中，P_s **與** P_p 分別爲鹽與胡椒雜訊點的機率。實際應用時，假設 $P = P_s + P_p$ ，且 $P_s = P_p$ ，機率值 P 可以用來決定雜訊的強度。

爲了方便說明上述各種雜訊的特性，我們先建立一張數位影像，稱爲**單純影像** (Pure Image) 或**無雜訊影像** (Noise-Free Image)，如圖 7-2。這張數位影像僅包含 3 種不同的灰階，分別爲 30、125 與 220。

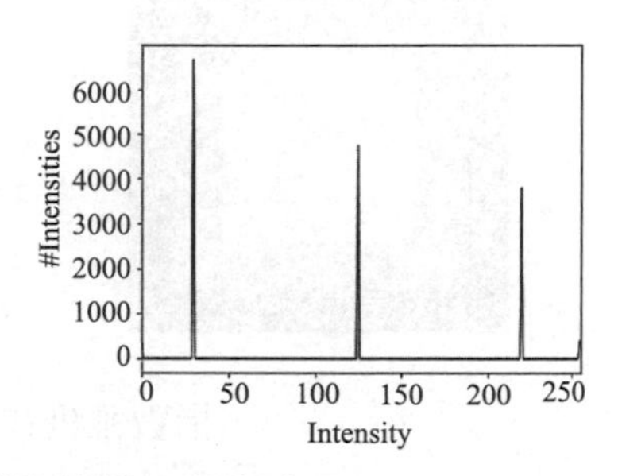

圖 7-2 單純影像 (無雜訊影像) 與直方圖

我們在這張**無雜訊影像**分別加入上述各種雜訊後，結果影像與直方圖，如圖 7-3，其中參數 *Scale* 均設爲 20，脈衝雜訊的機率則設爲 0.05(5%)。

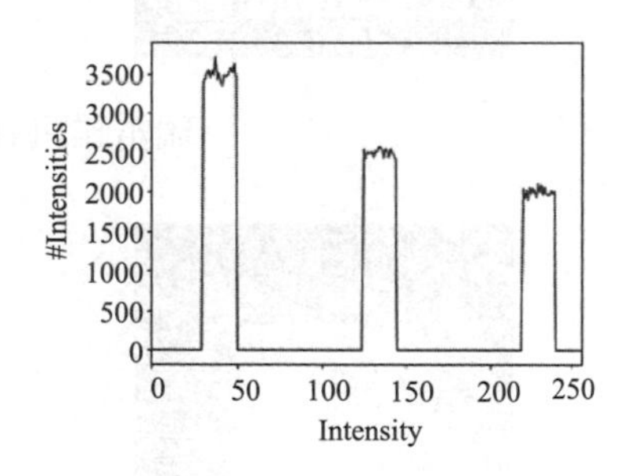

均勻雜訊 (Uniform Noise)

圖 7-3 使用不同雜訊模型的數位影像

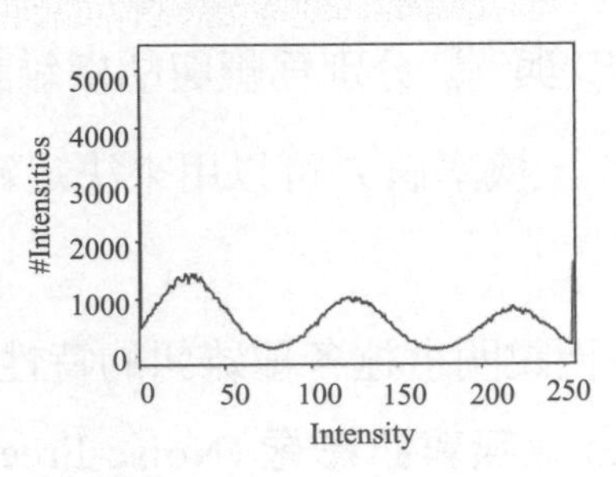

高斯雜訊 (Gaussian Noise)

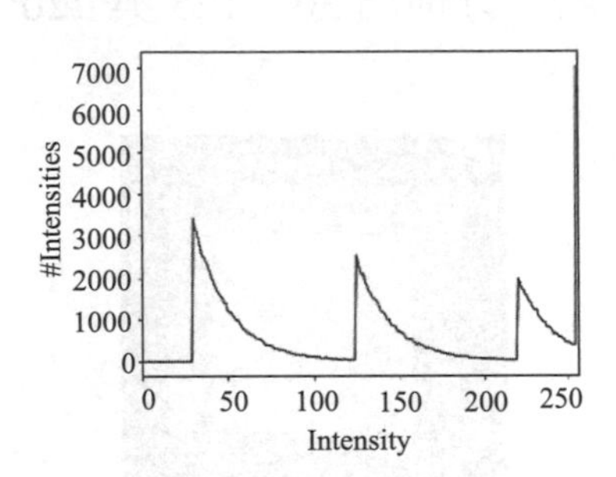

指數雜訊 (Exponential Noise)

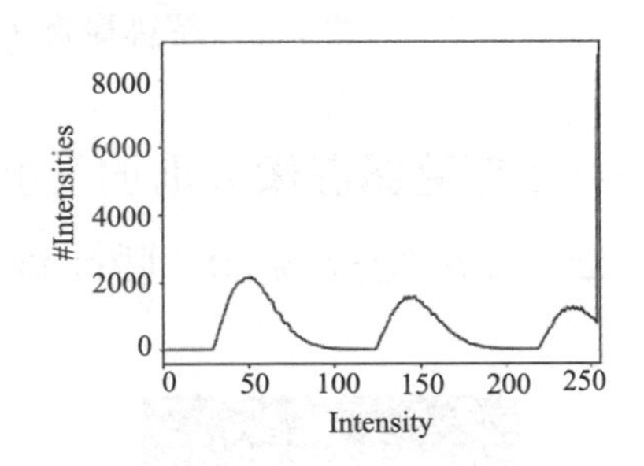

瑞雷雜訊 (Rayleigh Noise)

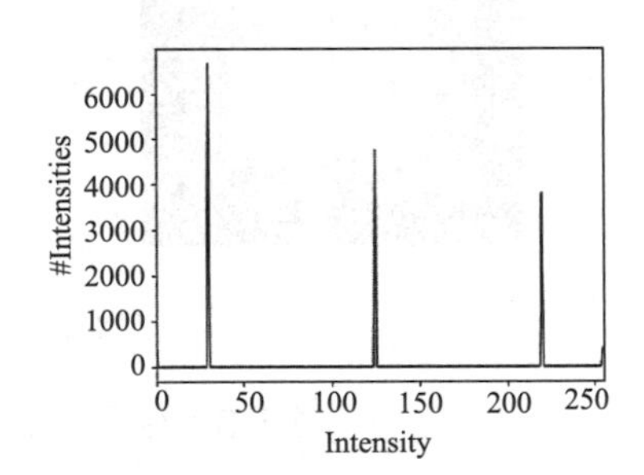

鹽與胡椒雜訊 (Salt and Pepper Noise)

圖 7-3 使用不同雜訊模型的數位影像 (續)

若直接觀察雜訊影像，其實不易分辨雜訊的本質；但是透過直方圖，可以發現雜訊在單純背景下的分布情形，與該雜訊模型是吻合的。例如：均勻雜訊呈矩形分布、高斯雜訊呈常態分布、指數雜訊呈指數衰減分布等。

Python 程式碼如下：

image_noise.py

```
1   import numpy as np
2   import cv2
3   from numpy.random import uniform, normal, exponential, rayleigh
4   import matplotlib.pyplot as plt
5
6   def uniform_noise( f, scale ):              # 均勻雜訊
7       g = f.copy( )
8       nr, nc = f.shape[:2]
9       for x in range( nr ):
10          for y in range( nc ):
11              value = f[x,y] + uniform( 0, 1 )* scale
12              g[x,y] = np.uint8( np.clip( value, 0, 255 ))
13      return g
14
15  def gaussian_noise( f, scale ):             # 高斯雜訊
16      g = f.copy( )
17      nr, nc = f.shape[:2]
18      for x in range( nr ):
19          for y in range( nc ):
20              value = f[x,y] + normal( 0, scale )
21              g[x,y] = np.uint8( np.clip( value, 0, 255 ))
22      return g
23
```

```
24  def exponential_noise( f, scale ):      # 指數雜訊
25      g = f.copy( )
26      nr, nc = f.shape[:2]
27      for x in range( nr ):
28          for y in range( nc ):
29              value = f[x,y] + exponential( scale )
30              g[x,y] = np.uint8( np.clip( value, 0, 255 ))
31      return g
32
33  def rayleigh_noise( f, scale ):          # 瑞雷雜訊
34      g = f.copy( )
35      nr, nc = f.shape[:2]
36      for x in range( nr ):
37          for y in range( nc ):
38              value = f[x,y] + rayleigh( scale )
39              g[x,y] = np.uint8( np.clip( value, 0, 255 ))
40      return g
41
42  def salt_pepper_noise( f, probability ): # 鹽與胡椒雜訊
43      g = f.copy( )
44      nr, nc = f.shape[:2]
45      for x in range( nr ):
46          for y in range( nc ):
47              value = uniform( 0, 1 )
48              if value > 0 and value <= probability / 2:
49                  g[x,y] = 0
50              elif value > probability / 2 and value <= probability:
51                  g[x,y] = 255
52              else:
53                  g[x,y] = f[x,y]
54      return g
```

```
55
56  def histogram( f ):
57      if f.ndim != 3:
58          hist = cv2.calcHist( [f], [0], None, [256], [0,256] )
59          plt.plot( hist )
60      else:
61          color =( 'b', 'g', 'r' )
62          for i, col in enumerate( color ):
63              hist = cv2.calcHist( f, [i], None, [256], [0,256] )
64              plt.plot( hist, color = col )
65      plt.xlim( [0,256] )
66      plt.xlabel( "Intensity" )
67      plt.ylabel( "#Intensities" )
68      plt.show( )
69
70  def main( ):
71      print( "Image Degradation with Noise Model" )
72      print( "(1)Uniform Noise" )
73      print( "(2)Gaussian Noise" )
74      print( "(3)Exponential Noise" )
75      print( "(4)Rayleigh Noise" )
76      print( "(5)Salt and Pepper Noise" )
77      method = eval( input( "Please enter your choice: " ))
78      if method >= 1 and method <= 4:
79          scale = eval( input( "Please enter scale(e.g., 20): " ))
80      elif method == 5:
81          probability = eval( input( "Please enter probability(e.g., 0.05): " ))
82      else:
```

```
83              print( "Noise model not supported!" )
84              exit( )
85          img1 = cv2.imread( "Pattern.bmp", -1 )
86          if method == 1:
87              img2 = uniform_noise( img1, scale )
88          elif method == 2:
89              img2 = gaussian_noise( img1, scale )
90          elif method == 3:
91              img2 = exponential_noise( img1, scale )
92          elif method == 4:
93              img2 = rayleigh_noise( img1, scale )
94          else:
95              img2 = salt_pepper_noise( img1, probability )
96          cv2.imshow( "Original Image", img1 )
97          cv2.imshow( "Noisy Image", img2 )
98          histogram( img2 )
99
100     main( )
```

本程式範例中，分別根據不同的雜訊模型，建立副程式 (函式)，藉以在原始的數位影像中，加入不同的雜訊，同時允許改變參數 Scale 或 Probability，調整雜訊的強度與影響範圍。在此，同時呼叫之前介紹過的直方圖函式，方便我們觀察雜訊的分布情形。

7-3 週期性雜訊

以上介紹的影像雜訊，主要是在空間域中加入雜訊。在此，我們介紹另一種加入雜訊的方法，主要是在頻率域加入雜訊，這樣的雜訊稱為**週期性雜訊** (Periodic Noise)。

週期性雜訊的處理步驟說明，其實與頻率域濾波相似，說明如下：

(1) **前處理**：首先，假設輸入的數位影像 $f(x,y)$，套用**前處理** (Preprocessing) 步驟，即計算：

$$(-1)^{x+y} \cdot f(x,y)$$

(2) DFT：套用 2D 離散傅立葉轉換 (DFT)，結果為：

$$\mathcal{F}\left\{(-1)^{x+y} \cdot f(x,y)\right\} = F(u - M/2, v - N/2)$$

因此，前處理的目的是在 DFT 後，將直流分量移到影像中心。

(3) **頻率域處理**：在頻率域中加入週期性雜訊，運用的方法是修改頻率域，定義如下：

$$G(u,v) = \begin{cases} magnitude & if\ (u,v) \in S \\ F(u,v) & otherwise \end{cases}$$

其中，加入的**大小** (Magnitude) 是根據頻率域的總大小調整：

$$magnitude = \sum_u \sum_v |\ F(u,v)\ | \cdot Scale$$

在此，選取固定頻率的集合 S，定義為：

$$u = freq \cdot \cos\theta + M/2$$
$$v = freq \cdot \sin\theta + N/2$$

其中，$freq$ 為頻率，θ 為**角度** (Angle)，單位為**徑度** (Radian)，其值介於 $0 \sim 2\pi$ 之間。

(4) DFT^{-1}：套用 2D 的反離散傅立葉轉換，結果為：

$$g(x,y) = \mathcal{F}^{-1}\{\ G(u,v)\ \}$$

(5) **後處理**：最後，再透過後處理產生輸出影像：

$$(-1)^{x+y} \cdot g(x,y)$$

由於反離散傅立葉轉換的結果為複數，通常是直接取實部，作為輸出影像結果。

週期性雜訊的結果影像與頻率頻譜，如圖 7-4。本範例中，選取的參數分別爲 *Scale* = 0.05、頻率 *freq* =100、角度 q = 45° 等。爲了清楚顯示週期性雜訊的頻譜，在此並未套用 Log，僅單純放大頻譜的大小，忽略直流分量過大的現象。週期性雜訊的影像特徵，由於選取的頻率固定，在影像中形成具有規律性的雜訊。

原始影像

週期性雜訊

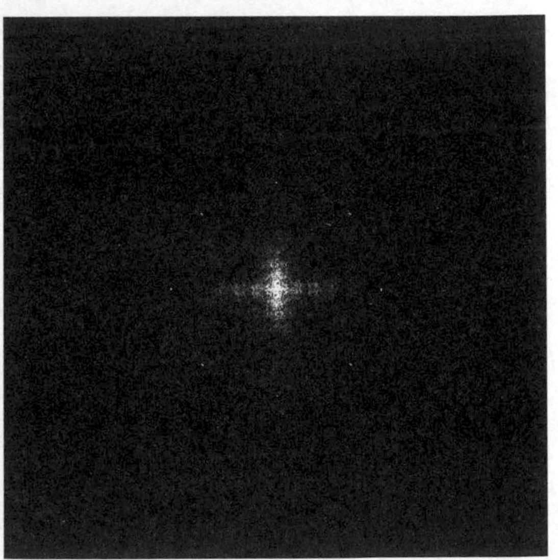

頻率頻譜

圖 7-4　週期性雜訊

Python 程式碼如下：

periodic_noise.py

```
1	import numpy as np
2	import cv2
3	from numpy.fft import fft2, ifft2, fftshift
4	
5	def fourier_spectrum( f ):
6	    F = fft2( f )
7	    Fshift = fftshift( F )
8	    mag = np.abs( Fshift )
9	    mag = mag / mag.max( )* 255.0 * 100.0
10	    g = np.uint8( np.clip( mag, 0, 255 ))
11	    return g
12	
13	def periodic_noise( f, scale, frequency, angle ):
14	    g = f.copy( )
15	    nr, nc = f.shape[:2]
16	
17	    fp = np.zeros( [ nr, nc ] )                    # 前處理
18	    for x in range( nr ):
19	        for y in range( nc ):
20	            fp[x,y] = pow( -1, x + y )* f[x,y]
21	
22	    F = fft2( fp )                                 # 離散傅立葉轉換
23	    G = F.copy( )
24	
25	    magnitude = np.sum( F )* scale                # 週期性雜訊
26	    for theta in range( 0, 360, angle ):
27	        u = int( frequency * np.cos( theta * np.pi / 180 )+ nr / 2 )
28	        v = int( frequency * np.sin( theta * np.pi / 180 )+ nc / 2 )
29	        G[u,v] = magnitude
30	
```

```
31          gp = ifft2( G )                                     # 反離散傅立葉轉換
32
33          gp2 = np.zeros( [ nr, nc ] )                        # 後處理
34          for x in range( nr ):
35                for y in range( nc ):
36                      gp2[x,y] = round( pow( -1, x + y )* np.real( gp[x,y] ), 0 )
37          g = np.uint8( np.clip( gp2, 0, 255 ))
38
39          return g
40
41    def main( ):
42          f = cv2.imread( "Brunch.bmp", 0 )
43          g = periodic_noise( f, 0.05, 100, 45 )
44          g_spectrum = fourier_spectrum( g )
45          cv2.imshow( "Original Image", f )
46          cv2.imshow( "Periodic Noise", g )
47          cv2.imshow( "Spectrum", g_spectrum )
48          cv2.waitKey( 0 )
49
50    main( )
```

7-4 影像雜訊分析

現實生活空間中，通常存在某種程度的雜訊。影像處理系統在擷取或傳輸數位影像的過程中，通常會受到雜訊的干擾，因此可以對影像雜訊進行分析，並採取對應的措施，以改善影像處理系統的效能。

7-4-1 訊號雜訊比

影像雜訊分析，最典型的方法稱為**訊號雜訊比** (Signal-to-Noise Ratio)，源自數位訊號處理技術。

假設無雜訊的數位影像為 $f(x, y)$，失眞的數位影像為 $\hat{f}(x, y)$，可定義下列的量化評估依據：

- **總誤差** (Total Error) 為誤差的總和，可以定義為：

$$\sum_{x=0}^{M-1}\sum_{y=0}^{N-1}\left[f(x,y)-\hat{f}(x,y)\right]$$

由於誤差分成正誤差與負誤差兩種，上述的評估方式可能會產生互相抵消的現象，因此較不常用。

- **均方誤差** (Mean-Square Error, MSE) 可以定義為：

$$\text{MSE}=\frac{1}{MN}\sum_{x=0}^{M-1}\sum_{y=0}^{N-1}\left[f(x,y)-\hat{f}(x,y)\right]^2$$

- **均方根誤差** (Root-Mean-Square Error, RMSE) 可以定義為：

$$\begin{aligned}\text{RMSE}&=\sqrt{\text{MSE}}\\&=\sqrt{\frac{1}{MN}\sum_{x=0}^{M-1}\sum_{y=0}^{N-1}\left[f(x,y)-\hat{f}(x,y)\right]^2}\end{aligned}$$

- **峰值雜訊比** (Peak Signal-to-Noise Ratio, PSNR) 可以定義為：

$$\text{PSNR}=10\log_{10}\left(\frac{\text{MAX}^2}{\text{MSE}}\right)\ (\text{dB})$$

其中，MAX 為最大值 (以數位影像而言，取 255 為最大值)，MSE 即是上述定義的**均方誤差**。

數位影像處理領域中，PSNR 是雜訊分析時理想的量化評估工具，因此經常被應用在數位影像處理或傳輸系統的效能評估。通常 PSNR 值愈高，表示失眞的數位影像品質愈接近原始的數位影像。若 PSNR 高於 30 dB，普遍被認為是理想的影像品質；若低於 20 dB，則被認為是影像品質較差的失眞影像。

假設在原始的數位影像加入高斯雜訊，標準差分別爲 10、20 與 50，結果影像如圖 7-5。若分別計算 PSNR 值，結果如表 7-1。請注意：由於使用亂數產生器，您所計算而得的 PSNR 值可能不盡相同。

原始影像

高斯雜訊 ($\sigma = 10$)

高斯雜訊 ($\sigma = 20$)

高斯雜訊 ($\sigma = 50$)

圖 7-5　加入高斯雜訊的數位影像

表 7-1　數位影像 (含高斯雜訊) 的 PSNR 值

標準差 σ	10	20	50
PSNR(dB)	28.149	22.211	14.87

Python 程式碼如下：

PSNR_example.py

```
1   import numpy as np
2   import cv2
3   from numpy.random import normal
4
5   def gaussian_noise( f, scale ):          # 高斯雜訊
6       g = f.copy( )
7       nr, nc = f.shape[:2]
8       for x in range( nr ):
9           for y in range( nc ):
10              value = f[x,y] + normal( 0, scale )
11              g[x,y] = np.uint8( np.clip( value, 0, 255 ))
12      return g
13
14  def PSNR( f, g ):                        # PSNR
15      nr, nc = f.shape[:2]
16      MSE = 0.0
17      for x in range( nr ):
18          for y in range( nc ):
19              MSE +=( float( f[x,y] )- float( g[x,y] ))** 2
20      MSE /=( nr * nc )
21      PSNR = 10 * np.log10(( 255 * 255 )/ MSE )
22      return PSNR
23
24  def main( ):
25      f = cv2.imread( "Brunch.bmp", 0 )
26      g = gaussian_noise( f, 20 )
27      print( "PSNR =", PSNR( f, g ))
28      cv2.imshow( 'Original Image', f )
29      cv2.imshow( 'Gaussian Noise', g )
30      cv2.waitKey( 0 )
31
32  main( )
```

7-4-2 影像雜訊分析

假設我們取得一張含有雜訊的數位影像，可以透過簡易的雜訊分析，理解影像雜訊的特性與本質。以圖 7-6 爲例，雜訊具有隨機性，因此可以考慮使用雜訊模型進行模擬分析。

首先，擷取數位影像中較爲平坦的局部影像區域 (ROI)，並顯示其直方圖。藉由觀察其分布的形狀，可以判斷選用那種雜訊模型會比較適合。接著，可以計算標準差，藉以評估雜訊的強度。本範例根據直方圖判斷爲高斯雜訊，計算而得的標準差 $\sigma \approx 20.26$，與雜訊在加入時的參數條件非常接近。

同理，若想知道影像處理設備，例如：數位相機等的雜訊相關參數，可對單色且打光均勻的背景拍攝照片，在取得數位影像後擷取 ROI，進行上述的分析工作。

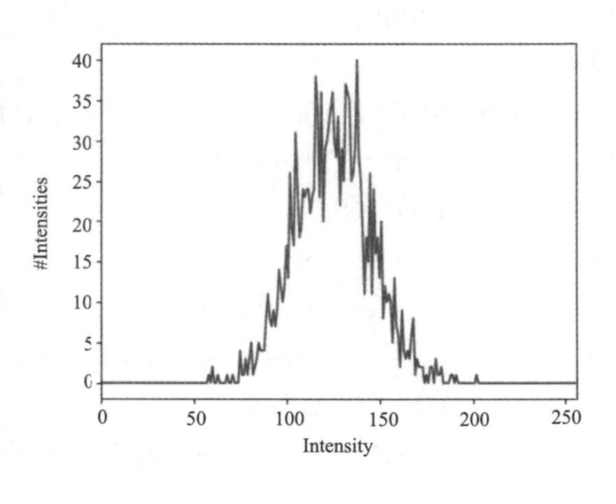

圖 7-6 影像雜訊分析法

Python 程式碼如下：

noise_analysis.py

```
1   import numpy as np
2   import cv2
3   import matplotlib.pyplot as plt
4
5   def histogram( f ):
```

```
6           if f.ndim != 3:
7               hist = cv2.calcHist( [f], [0], None, [256], [0,256] )
8               plt.plot( hist )
9           else:
10              color =( 'b', 'g', 'r' )
11              for i, col in enumerate( color ):
12                  hist = cv2.calcHist( f, [i], None, [256], [0,256] )
13                  plt.plot( hist, color = col )
14          plt.xlim( [0,256] )
15          plt.xlabel( "Intensity" )
16          plt.ylabel( "#Intensities" )
17          plt.show( )
18
19      f = cv2.imread( "Noisy_Pattern.bmp", 0 )
20      ROI = f[55:95, 55:95]
21      histogram( ROI )
22      print( "Sigma =", np.std( ROI ))
```

本程式範例中，首先擷取數位影像中的 ROI(平坦區域)，並呼叫函式顯示直方圖。Python 的 NumPy 套件提供 std 函式，可以用來計算 ROI 內像素的標準差。

相對而言，若取得局部區域的雜訊具有規律性，則應判斷爲週期性雜訊，此時可透過頻譜分析，並評估雜訊在頻譜中與中心的距離，藉此判斷雜訊的相關參數，例如：頻率等。

7-5 影像還原

影像還原技術大致可以分成兩種，分別爲**空間域** (Spatial Domain) 與**頻率域** (Frequency Domain)。

7-5-1 空間域影像還原

若數位影像中的雜訊具有隨機性，則雜訊比較不容易完全去除。空間域的影像還原技術，可以使用空間域的影像濾波技術，例如：平均濾波、高斯濾波、雙邊濾波等。

以圖 7-7 爲例，原始影像的雜訊爲高斯雜訊，屬於常見的雜訊，平均濾波雖然可以有效去除雜訊，但同時會使得影像模糊化；高斯濾波則適合移除高斯雜訊，同時保留影像細節。相對來說，雙邊濾波則可用來保留影像的邊緣與細節，同時去除平坦區域的部分雜訊。

原始影像

平均濾波 (5 × 5)

高斯濾波 (5 × 5)

雙邊濾波

圖 7-7 空間域影像還原

7-5-2 頻率域影像還原

若雜訊具有規律性，屬於週期性雜訊，則可透過頻率域的影像還原技術去除。在此，採用的濾波器稱爲**帶阻濾波器** (Bandreject Filter)，可以濾除某特定頻率的週期性雜訊。

以下介紹幾種典型的頻率域濾波器，包含**理想** (Ideal)、**高斯** (Gaussian) 與**巴特沃斯** (Butterworth) 的**帶阻** (Bandreject) 與**帶通** (Bandpass) 濾波器。

定義 理想帶阻濾波器

理想帶阻濾波器 (Ideal Bandreject Filter, IBRF) 可以定義爲：

$$H(u,v)=\begin{cases}0 & if\ D_0-\dfrac{W}{2}\le D(u,v)\le D_0+\dfrac{W}{2}\\ 1 & otherwise\end{cases}$$

其中，$D(u,v)$ 爲距離頻率域中心點的距離，D_0 稱爲**截止頻率** (Cutoff Frequency)，W 爲寬度。

理想帶通濾波器 (Ideal Bandpass Filter, IBPF) 可以根據下列公式計算而得：

$$H_{IBPF}(u,v)=1-H_{IBRF}(u,v)$$

定義 高斯帶阻濾波器

高斯帶阻濾波器 (Gaussian Bandreject Filter, GBRF) 可以定義爲：

$$H(u,v)=1-e^{-\left[\frac{D(u,v)^2-D_0^2}{D(u,v)\cdot W}\right]^2}$$

其中，$D(u,v)$ 爲距離頻率域中心點的距離，σ 爲**標準差**。

高斯帶通濾波器 (Gaussian Bandpass Filter, GBPF) 可以根據下列公式計算而得：

$$H_{GBPF}(u,v) = 1 - H_{GBRF}(u,v)$$

定義　巴特沃斯帶阻濾波器

巴特沃斯帶阻濾波器 (Butterworth Bandreject Filter, BBRF) 可以定義為：

$$H(u,v) = \frac{1}{1 + \left[\dfrac{D(u,v) \cdot W}{D(u,v)^2 - D_0^2}\right]^{2n}}$$

其中，$D(u,v)$ 為距離頻率域中心點的距離，D_0 稱為**截止頻率** (Cutoff Frequency)，n 稱為**階數** (Order)。

巴特沃斯帶通濾波器 (Butterworth Bandpass Filter, BBPF) 可以根據下列公式計算而得：

$$H_{BBPF}(u,v) = 1 - H_{BBRF}(u,v)$$

使用頻率域的影像還原，如圖 7-8。輸入的原始影像包含週期性訊號，在此使用理想帶阻濾波器，其中截止頻率 $D_0 = 100$，寬度 $W = 10$。由圖上可以發現，我們可以有效去除週期性雜訊。然而，理想帶阻濾波器同時產生所謂的**漣漪效應** (Ripple Effect)，因此也可以考慮改用高斯或巴特沃斯帶阻濾波器，藉以改善這個現象。

原始影像

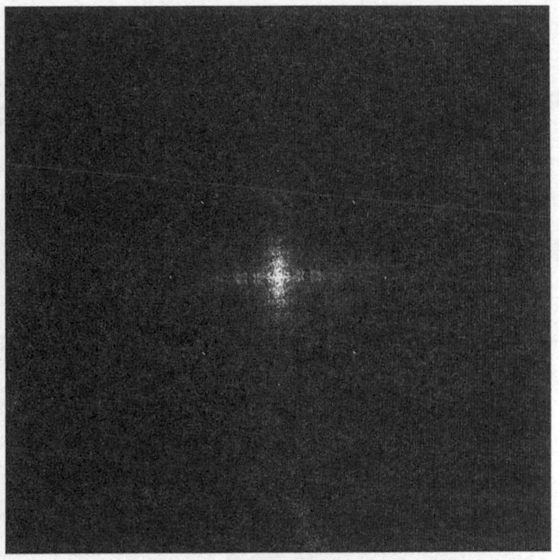

頻率頻譜

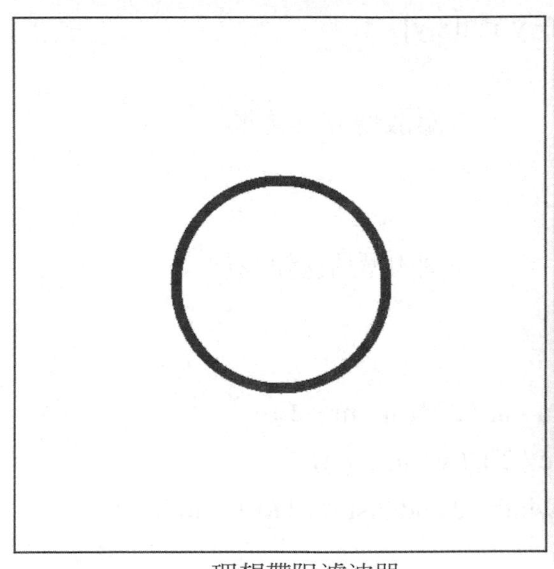

理想帶阻濾波器

還原影像

圖 7-8　頻率域影像還原

Python 程式碼如下：

band_filtering.py

```
1   import numpy as np
2   import cv2
3   from numpy.fft import fft2, ifft2
4
5   def band_filtering( f, filter, D0, width, order ):
6       nr, nc = f.shape[:2]
7
8       fp = np.zeros( [ nr, nc ] )                 # 前處理
9       for x in range( nr ):
10          for y in range( nc ):
11              fp[x,y] = pow( -1, x + y )* f[x,y]
12
13      F = fft2( fp )                              # 離散傅立葉轉換
14      G = F.copy( )
15
16      if filter == 1:                             # 理想帶阻濾波器
17          for u in range( nr ):
18              for v in range( nc ):
19                  dist = np.sqrt(( u - nr / 2 )*( u - nr / 2 )+
20                                 ( v - nc / 2 )*( v - nc / 2 ))
21                  if dist >= D0 - width / 2 and dist <= D0 + width / 2:
22                      G[u,v] = 0
23
24      elif filter == 2:                           # 理想帶通濾波器
25          for u in range( nr ):
26              for v in range( nc ):
27                  dist = np.sqrt(( u - nr / 2 )*( u - nr / 2 )+
28                                 ( v - nc / 2 )*( v - nc / 2 ))
29                  if dist < D0 - width / 2 or dist > D0 + width / 2:
30                      G[u,v] = 0
```

```
31          elif filter == 3:                       # 高斯帶阻濾波器
32              for u in range( nr ):
33                  for v in range( nc ):
34                      dist = np.sqrt(( u - nr / 2 )*( u - nr / 2 )+
35                                  ( v - nc / 2 )*( v - nc / 2 ))
36                      if dist != 0 and width != 0:
37                          H = 1.0 - np.exp( -pow(( dist * dist - D0 * D0 )/
38                                  ( dist * width ), 2 ))
39                          G[u,v] *= H
40
41          elif filter == 4:                       # 高斯帶通濾波器
42              for u in range( nr ):
43                  for v in range( nc ):
44                      dist = np.sqrt(( u - nr / 2 )*( u - nr / 2 )+
45                                  ( v - nc / 2 )*( v - nc / 2 ))
46                      if dist != 0 and width != 0:
47                          H = np.exp( -pow(( dist * dist - D0 * D0 )/
48                          ( dist * width ), 2 ))
49                          G[u,v] *= H
50
51          elif filter == 5:                       # 巴特沃斯帶阻濾波器
52              for u in range( nr ):
53                  for v in range( nc ):
54                      dist = np.sqrt(( u - nr / 2 )*( u - nr / 2 )+
55                                  ( v - nc / 2 )*( v - nc / 2 ))
56                      if dist != D0:
57                          H = 1.0 /( 1.0 + pow(( dist * width )/
58                  ( dist * dist - D0 * D0 ), 2 * order ))
59                          G[u,v] *= H
60                      else:
61                          G[u,v] = 0
```

```
62          elif filter == 6:                                  # 巴特沃斯帶通濾波器
63                for u in range( nr ):
64                      for v in range( nc ):
65                            dist = np.sqrt(( u - nr / 2 )*( u - nr / 2 )+
66                                  ( v - nc / 2 )*( v - nc / 2 ))
67                            if dist != D0:
68                                  H = 1.0 - 1.0 /( 1.0 + pow(( dist * width )/
69                                        ( dist * dist - D0 * D0 ), 2 * order ))
70                                  G[u,v] *= H
71
72          gp = ifft2( G )                                    # 反離散傅立葉轉換
73
74          gp2 = np.zeros( [ nr, nc ] )                       # 後處理
75          for x in range( nr ):
76                for y in range( nc ):
77                      gp2[x,y] = round( pow( -1, x + y )* np.real( gp[x,y] ), 0 )
78          g = np.uint8( np.clip( gp2, 0, 255 ))
79
80          return g
81
82    def main( ):
83          img1 = cv2.imread( "Brunch_Periodic_Noise.bmp", -1 )
84          img2 = band_filtering( img1, 1, 100, 20.0, 1 )
85          cv2.imshow( "Original Image", img1 )
86          cv2.imshow( "Bandreject Filtering", img2 )
87          cv2.waitKey( 0 )
88
89    main( )
90
91
```

7-6 反濾波

根據影像失真模型的頻率域定義：

$$G(u,v) = H(u,v) \cdot F(u,v) + N(u,v)$$

假設先暫時忽略雜訊，即 $N(u,v) = 0$ ，則可得下列公式：

$$\hat{F}(u,v) = \frac{G(u,v)}{H(u,v)}$$

因此，若事先已知失真函數的頻率域函數 $H(u,v)$ ，則有可能透過頻率域的除法運算，藉以還原原始的數位影像。這樣的技術，稱爲**反濾波** (Inverse Filtering) 技術。

上述的敘述其實過於樂觀，**反濾波**技術存在下列技術挑戰：

- 現實世界拍攝而得的數位影像通常包含一定程度的雜訊，因此，若直接套用除法運算，則：

$$\hat{F}(u,v) = F(u,v) + \frac{N(u,v)}{H(u,v)}$$

  但是由於 $N(u,v)$ 無法事先得知，因此會直接影響影像還原的可行性。

- 若 $H(u,v)$ 的數値太小，則在除法運算時，可能造成計算後 $\frac{N(u,v)}{H(u,v)}$ 的數値過大，直接主導輸出數値，從而干擾原始的影像資訊 $F(u,v)$ ，影響影像還原的可行性。

針對第一個挑戰，技術上其實無法克服。然而，針對第二個挑戰，可以將 $H(u,v)$ 數値較小的區域設定處理範圍。例如：$H(u,v)$ 通常在原點附近 (低頻範圍) 的數値較大，距離原點較遠 (高頻範圍) 的數値較小，因此可以設定**半徑** (Radius) 的參數，若超過這個半徑，則不進行除法運算，藉以減輕雜訊的干擾。

首先，假設數位影像的失真函數，可以用高斯函數模擬，使得影像變得模糊，例如：使用半自動相機拍照時造成的失焦現象等，則失真函數可以定義爲：

$$H(u,v) = e^{-D^2(u,v)/2\sigma^2}$$

其中，$D(u,v)$ 爲距離頻率域中心點的距離，σ 爲**標準差**。由於 $H(u,v)$ 在原點附近 (低頻範圍) 的數值較大，距離原點較遠 (高頻範圍) 的數值較小，因此可以設定半徑 R，藉以控制除法運算的範圍。

反濾波 (Inverse Filtering) 的範例，如圖 7-9。原始影像大小爲 512 × 512，在高斯低通濾波 (截止頻率爲 50) 後，可得失眞影像，用來模擬相機拍照時造成的失焦現象。接著，根據反濾波進行除法運算，選取的半徑分別爲 200 與 150。由圖上可以發現，當半徑過大時，雜訊的干擾現象非常明顯，影像品質比失眞影像還要差。然而，當選取的半徑 $R = 150$，則可得到相當不錯的影像還原效果。

原始影像

失眞影像

反濾波 (半徑 $R = 200$)

反濾波 (半徑 $R = 150$)

圖 7-9　反濾波 (Inverse Filtering)

Python 程式碼如下：

inverse_filtering.py

```
1   import numpy as np
2   import cv2
3   from numpy.fft import fft2, ifft2
4
5   def gaussian_lowpass( f, cutoff ):
6       nr, nc = f.shape[:2]
7
8       fp = np.zeros( [ nr, nc ] )                          # 前處理
9       for x in range( nr ):
10          for y in range( nc ):
11              fp[x,y] = pow( -1, x + y )* f[x,y]
12
13      F = fft2( fp )                                       # 離散傅立葉轉換
14      G = F.copy( )
15
16      for u in range( nr ):
17          for v in range( nc ):
18              dist = np.sqrt(( u - nr / 2 )*( u - nr / 2 )+
19                             ( v - nc / 2 )*( v - nc / 2 ))
20              H = np.exp( -( dist * dist )/( 2 * cutoff * cutoff ))
21              G[u,v] *= H
22
23      gp = ifft2( G )                                      # 反離散傅立葉轉換
24
25      gp2 = np.zeros( [ nr, nc ] )                         # 後處理
26      for x in range( nr ):
```

```
27            for y in range( nc ):
28                  gp2[x,y] = round( pow( -1, x + y )* np.real( gp[x,y] ), 0 )
29      g = np.uint8( np.clip( gp2, 0, 255 ))
30
31      return g
32
33  def inverse_filtering( f, cutoff, radius ):
34      nr, nc = f.shape[:2]
35
36      fp = np.zeros( [ nr, nc ] )                    # 前處理
37      for x in range( nr ):
38            for y in range( nc ):
39                  fp[x,y] = pow( -1, x + y )* f[x,y]
40
41      F = fft2( fp )                                 # 離散傅立葉轉換
42      G = F.copy( )
43
44      for u in range( nr ):                          # 反濾波
45            for v in range( nc ):
46                  dist = np.sqrt(( u - nr / 2 )*( u - nr / 2 )+
47                               ( v - nc / 2 )*( v - nc / 2 ))
48                  H = np.exp( -( dist * dist )/( 2 * cutoff * cutoff ))
49                  if dist <= radius:
50                        G[u,v] /= H
51                  else:
52                        G[u,v] = 0
53
54      gp = ifft2( G )                                  # 反離散傅立葉轉換
55
```

```
56        gp2 = np.zeros( [ nr, nc ] )                        # 後處理
57        for x in range( nr ):
58            for y in range( nc ):
59                gp2[x,y] = round( pow( -1, x + y )* np.real( gp[x,y] ), 0 )
60        g = np.uint8( np.clip( gp2, 0, 255 ))
61
62        return g
63
64    def main( ):
65        img1 = cv2.imread( "Brunch.bmp", 0 )
66        img2 = gaussian_lowpass( img1, 50 )
67        img3 = inverse_filtering( img2, 50, 150 )
68        cv2.imshow( "Original Image", img1 )
69        cv2.imshow( "Lowpass Image", img2 )
70        cv2.imshow( "Inverse Filtering", img3 )
71        cv2.waitKey( 0 )
72
73    main( )
```

7-7 維納濾波

維納濾波 (Wiener Filtering) 是一種影像還原技術，與上述的反濾波技術不同，同時考慮影像與雜訊，目的是求未失真影像的估計值 $\hat{f}$，使得**均方誤差** (Mean Square Error) 最小化。因此，**維納濾波**是一種最佳化的影像還原技術。

上述的**均方誤差**是定義爲：

$$e^2 = E\{(f - \hat{f})^2\}$$

其中，$E\{\bullet\}$ 爲期望值。若假設影像與雜訊是**非相關** (Uncorrelated)、雜訊的平均值爲 0 且估計值與失真影像呈線性關係，則可推導如下：

$$\hat{F}(u,v)=\left[\frac{1}{H(u,v)}\frac{|H(u,v)|^2}{|H(u,v)|^2+S_\eta(u,v)/S_f(u,v)}\right]G(u,v)$$

稱爲**維納濾波器** (Wiener Filter)，其中牽涉的公式項包含：

$|H(u,v)|^2$ ：失眞函數的**功率頻譜** (Power Spectrum)

$S_\eta(u,v)=|N(u,v)|^2$ ：雜訊的**功率頻譜** (Power Spectrum)

$S_f(u,v)=|F(u,v)|^2$ ：無失眞影像的**功率頻譜** (Power Spectrum)

可以注意到，若不考慮雜訊，即 $N(u,v)=0$ ，則**維納濾波器**可以化簡爲前述的**反濾波器**。

通常，我們無法事先得知無失眞影像與雜訊的能量頻譜，因此在實際的影像還原過程中，會在**維納濾波器**中導入一個常數 K，即：

$$\hat{F}(u,v)=\left[\frac{1}{H(u,v)}\frac{|H(u,v)|^2}{|H(u,v)|^2+K}\right]G(u,v)$$

維納濾波 (Wiener Filtering) 的範例，如圖 7-10。原始影像大小爲 512 × 512，失眞影像也是透過高斯低通濾波 (截止頻率爲 50)。接著，我們套用維納濾波器，選取的參數 K 分別爲 0.05 與 0.01。維納濾波的 K 值須手動調整，以達到較佳的影像還原效果。若與上述的反濾波技術相比較，維納濾波器的影像還原效果相對較佳。

原始影像

失真影像

維納濾波 ($K = 0.05$)

維納濾波 ($K = 0.01$)

圖 7-10　維納濾波 (Wiener Filtering)

Python 程式碼如下：

wiener_filtering.py

```
1    import numpy as np
2    import cv2
3    from numpy.fft import fft2, ifft2
4
5    def gaussian_lowpass( f, cutoff ):
6        nr, nc = f.shape[:2]
7
8        fp = np.zeros( [ nr, nc ] )                        # 前處理
9        for x in range( nr ):
10           for y in range( nc ):
11               fp[x,y] = pow( -1, x + y )* f[x,y]
12
13       F = fft2( fp )                                     # 離散傅立葉轉換
14       G = F.copy( )
15
16       for u in range( nr ):
17           for v in range( nc ):
18               dist = np.sqrt(( u - nr / 2 )*( u - nr / 2 )+
19                              ( v - nc / 2 )*( v - nc / 2 ))
20               H = np.exp( -( dist * dist )/( 2 * cutoff * cutoff ))
21               G[u,v] *= H
22
23       gp = ifft2( G )                                    # 反離散傅立葉轉換
24
25       gp2 = np.zeros( [ nr, nc ] )                       # 後處理
26       for x in range( nr ):
27           for y in range( nc ):
28               gp2[x,y] = round( pow( -1, x + y )* np.real( gp[x,y] ), 0 )
29       g = np.uint8( np.clip( gp2, 0, 255 ))
30
```

```
31          return g
32
33      def wiener_filtering( f, cutoff, K ):
34          nr, nc = f.shape[:2]
35
36          fp = np.zeros( [ nr, nc ] )                    # 前處理
37          for x in range( nr ):
38              for y in range( nc ):
39                  fp[x,y] = pow( -1, x + y )* f[x,y]
40
41          F = fft2( fp )                                 # 離散傅立葉轉換
42          G = F.copy( )
43
44          for u in range( nr ):                          # 維納濾波
45              for v in range( nc ):
46                  dist = np.sqrt(( u - nr / 2 )*( u - nr / 2 )+
47                                 ( v - nc / 2 )*( v - nc / 2 ))
48                  H = np.exp( -( dist * dist )/( 2 * cutoff * cutoff ))
49                  H = H /( H * H + K )
50                  G[u,v] *= H
51
52          gp = ifft2( G )                                # 反離散傅立葉轉換
53
54          gp2 = np.zeros( [ nr, nc ] )                   # 後處理
55          for x in range( nr ):
56              for y in range( nc ):
57                  gp2[x,y] = round( pow( -1, x + y )* np.real( gp[x,y] ), 0 )
58          g = np.uint8( np.clip( gp2, 0, 255 ))
59
60          return g
```

```
61
62  def main( ):
63      img1 = cv2.imread( "Brunch.bmp", 0 )
64      img2 = gaussian_lowpass( img1, 50 )
65      img3 = wiener_filtering( img2, 50, 0.05 )
66      cv2.imshow( "Original Image", img1 )
67      cv2.imshow( "Lowpass Image", img2 )
68      cv2.imshow( "Wiener Filtering", img3 )
69      cv2.waitKey( 0 )
70
71  main( )
```

7-8 影像補繪

影像補繪 (Image Inpainting) 技術是一種影像還原技術，同時也可以用來修圖，去除數位影像中不想要的區域。實現影像補繪技術時，須先建立一個**遮罩** (Mask)，用來定義不想要的局部區域。

影像補繪的演算法，其實是先從遮罩的邊緣開始，逐漸向遮罩內部進行補繪。欲補繪的像素，是根據目前像素的位置，參考鄰近點的已知像素資訊，進行加權組合，藉以填補目前的像素值。通常，演算法會考慮該像素是否落在影像的細節或邊緣上，若是則權重值較大。

OpenCV 提供**影像補繪**函式，定義如下：

```
cv2.inpaint(src, inpaintMask, inpaintRadius, flags[, dst])
```

牽涉的參數分別為：

- src：原始影像
- inpaintMask：補繪用的遮罩
- inpaintRadius：補繪半徑
- flags：補繪演算法

OpenCV 提供兩種影像補繪演算法，第一種方法稱爲 Navier-Stokes(NS) 法；第二種方法稱爲 Telea 法。OpenCV 的參數定義分別爲：

- INPAINT_NS
- INPAINT_TELEA

影像補繪的範例，如圖 7-11[1]。原始影像爲色彩影像，假設我們不太喜歡上面的電線，希望可以修圖後去除。首先，我們在不想要的部分塡色 (例如：黃色)，接著透過 Python 程式擷取遮罩，作爲影像補繪演算法的參考。最後，只要呼叫 OpenCV 的 inpaint 函式，就可以完成影像補繪。雖然本範例的影像補繪效果不錯，但若想要補繪的局部區域太大，還是會使得影像補繪的效果變差。

原始影像

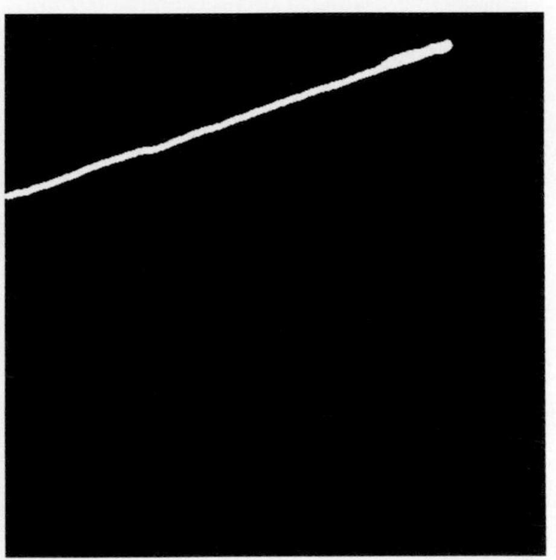
遮罩影像

影像補繪 (Navier-Stokes)

影像補繪 (Telea)

圖 7-11　影像補繪 (Image Inpainting)

1　照片中的市政北七路是真實存在的，地點在台中市。

Python 程式碼如下：

inpainting.py

```
1   import numpy as np
2   import cv2
3
4   def inpainting( f, method = 1 ):
5       nr, nc = f.shape[:2]
6       mask = np.zeros( [ nr, nc ], dtype = 'uint8' ) # 建立遮罩
7       for x in range( nr ):
8           for y in range( nc ):
9               if f[x,y,0] == 0 and f[x,y,1] == 255 and f[x,y,2] == 255:
10                  mask[x,y] = 255
11      if method == 1:
12          g = cv2.inpaint( f, mask, 3, cv2.INPAINT_NS )
13      else:
14          g = cv2.inpaint( f, mask, 3, cv2.INPAINT_TELEA )
15      return g
16
17  def main( ):
18      img1 = cv2.imread( "Shizheng_N7_Mask.bmp", -1 )
19      img2 = inpainting( img1, 1 )
20      cv2.imshow( "Original Image", img1 )
21      cv2.imshow( "Inpainting", img2 )
22      cv2.waitKey( 0 )
23
24  main( )
```

CHAPTER 08

色彩影像處理

本章的目的是介紹**色彩影像處理** (Color Image Processing)。色彩影像是由 R、G、B 三原色所組成，色彩影像處理牽涉色彩理論、色彩模型等。在理解色彩相關基礎理論後，將介紹色彩影像處理技術，例如：灰階與色彩轉換、色彩影像增強、HSI 色彩影像處理與 HSV 色彩分割等。

學習單元

- 色彩理論
- 色彩模型
- 灰階與色彩轉換
- 色彩影像增強
- HSI 色彩影像處理
- HSV 色彩分割

8-1 色彩理論

色彩理論 (Color Theory) 是由科學家 (數學家) 牛頓於 1666 年所發現，當太陽光 (白光) 通過三稜鏡時，會分解成色彩光譜，依序為：紅、橙、黃、綠、藍、靛、紫等顏色。太陽光 (白光) 經過三稜鏡分光後，色彩與色彩之間並無清楚的分界線，例如：紅色與橙色之間並無明顯的分界線，而是從紅色逐漸變成橙色、橙色逐漸變成黃色等。

電磁波頻譜 (Electromagnetic Spectrum) 如圖 8-1。可見光波屬於電磁波，可在真空中傳遞，但範圍相當窄。人類眼睛感知的可見光波，波長約落在 380 ～ 740 nm(奈米)。可見光波若依頻率由低而高排列，依序為：紅、橙、黃、綠、藍、紫等顏色，即是大家熟知的彩虹顏色。若以電磁波頻譜而言，紅色光的頻率 (或能量) 最低；紫色光的頻率 (或能量) 最高。

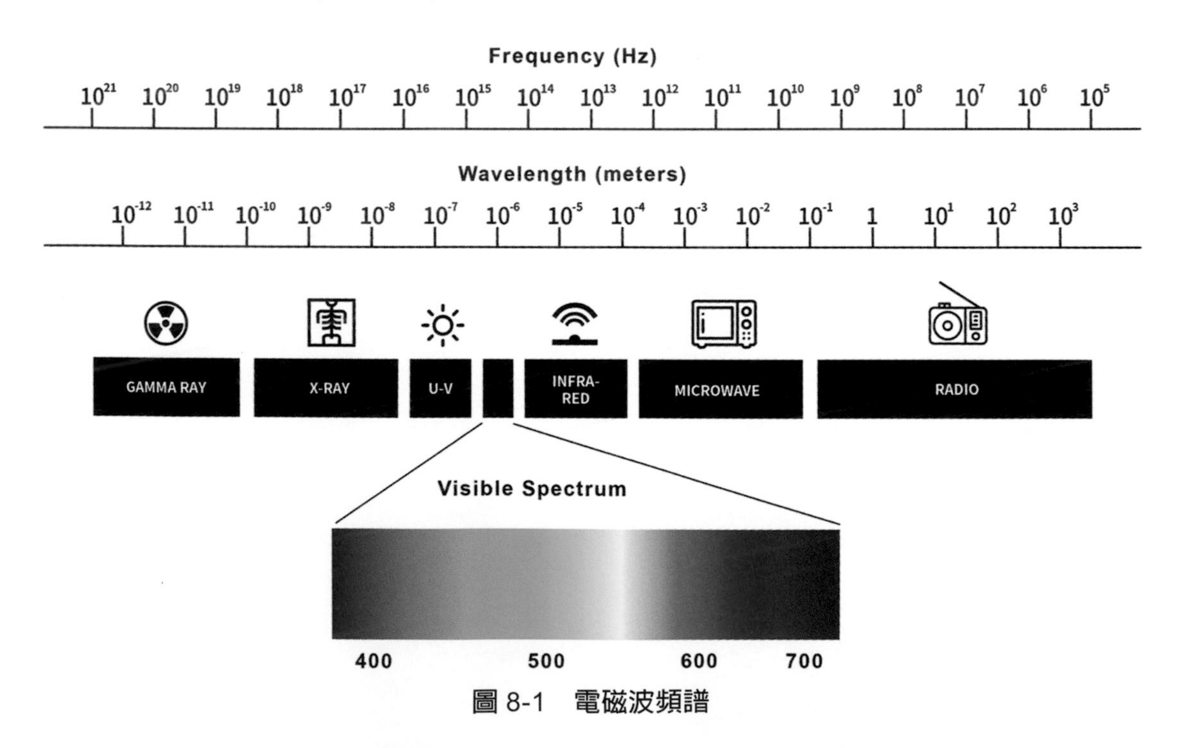

圖 8-1　電磁波頻譜

光的三原色 (Primary Colors of Light) 分別為**紅** (Red)、**綠** (Green)、**藍** (Blue) 等顏色，簡稱 RGB；**顏料的三原色** (Primary Colors of Pigments) 分別為**青** (Cyan)、**紫紅** (Magenta)、**黃** (Yellow) 等顏色，簡稱 CMY。光或顏料的混合，如圖 8-2。

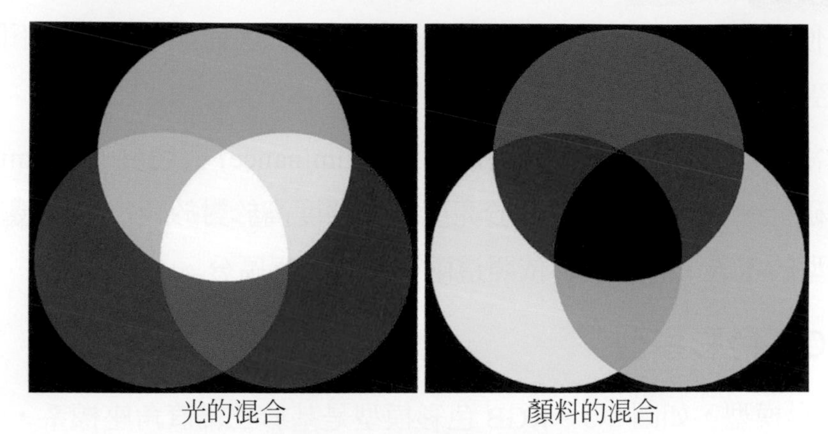

圖 8-2　光或顏料的混合

光的混合符合**加法規則** (Additive Rule)，例如：紅色光與綠色光混合後形成黃色光、綠色光與藍色光混合後形成青色光等。在此，**青色** (Cyan) 也稱為**綠藍色**，介於綠色與藍色之間；**紫紅色** (Magenta) 也稱為**洋紅色**或**品紅色**，介於紫色與紅色之間。

顏料的混合符合**減法規則** (Subtractive Rule)，例如：紅色顏料是吸收綠色光與藍色光，同時反射紅色光所形成；綠色顏料則是吸收紅色光與藍色光，同時反射綠色光所形成。國小上美術課時，您應該體驗過，青色顏料與黃色顏料混合後變成綠色顏料、紫紅色顏料與黃色顏料混合後變成紅色顏料等。若將許多顏料混在一起，則變成黑色。

8-2　色彩模型

色彩模型 (Color Models) 的目的是建立公認且可被廣泛接受的色彩標準，不至於在傳輸或交換的過程中，產生認知上的差異。舉例說明，今天您希望家裡的牆面採用藍色，若只是告訴室內設計師您要藍色的牆面，此時室內設計師心目中的藍色，就可能和您心目中的藍色有很大的差異，因此室內設計師通常會提供**調色版** (Color Palette)，藉以選取共同認定的顏色。

以影像處理領域而言，色彩模型也稱為**色彩空間** (Color Space) 或**色彩系統** (Color System)。換言之，自然界某特定的顏色可以表示成色彩空間中的一個點，因此具有唯一性與獨特性。爲了特定的影像處理應用，因而產生了許多不同的色彩模型 (或色彩空間)。

色彩通常包含兩種屬性，分別稱爲**亮度** (Luminance) 與**色度** (Chrominance)。根據科學家的研究，人類視覺系統對於亮度的敏感度高於對於色度的敏感度。因此，許多色彩模型的定義，會將色彩依照這兩種屬性進行區分。

8-2-1 RGB 色彩模型

RGB 色彩模型，如圖 8-3。RGB 色彩模型是基於三維直角座標系，可以用一個正立方體表示，三個軸分別爲 R、G、B 三原色。原點 (0, 0, 0) 爲黑色，對角線爲灰階，即 R = G = B，延伸至 (1, 1, 1) 的白色。三原色 R、G、B 分別是以正立方體的頂點 (1, 0, 0)、(0, 1, 0) 與 (0, 0, 1) 表示。頂點 (0, 1, 1)、(1, 0, 1)、(1, 1, 0) 則分別爲 C、M、Y。

由於色彩影像中的 R、G、B 色彩值通常是以 24-bits 表示，每個色彩爲 8-bits，因此總共有 $(2^8)^3 = 2^{24} = 16{,}777{,}216$ (16 M) 種顏色，稱爲**全彩** (Full-Color) 或**真實色彩** (True-Color) 的數位影像 [1]。

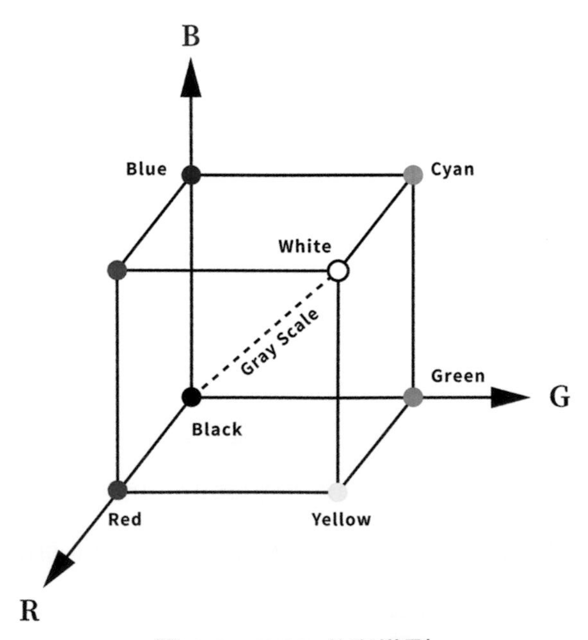

圖 8-3 RGB 色彩模型

1 早期的電腦螢幕只能顯示 8-bits 顏色，因此只能顯示 256 種顏色。現在市面上的電腦螢幕，已經都具備 24-bits 全彩顯示能力。

RGB 色彩模型範例，如圖 8-4。由於數位影像中的玫瑰爲紅色，因此在 R 通道影像中的強度較大；相對而言，由於背景爲藍色，因此在 B 通道影像中的強度較大。

原始影像

R 通道　G 通道　B 通道

圖 8-4　RGB 色彩模型

Python 程式碼如下：

RGB_model.py

```
1   import numpy as np
2   import cv2
3
4   def RGB_model( f, channel ):
5       if channel == 1:        # Red
6           return f[:,:,2]
7       elif channel == 2:      # Green
8           return f[:,:,1]
9       else:                   # Blue
10          return f[:,:,0]
11
```

```
12    def main( ):
13        img = cv2.imread( "Rose.bmp", -1 )
14        R = RGB_model( img, 1 )
15        G = RGB_model( img, 2 )
16        B = RGB_model( img, 3 )
17        cv2.imshow( "Original Image", img )
18        cv2.imshow( "Red", R )
19        cv2.imshow( "Green", G )
20        cv2.imshow( "Blue", B )
21        cv2.waitKey( 0 )
22
23    main( )
```

本程式範例中，請注意 OpenCV 的存取順序爲 B、G、R，並非我們習慣的 R、G、B。

8-2-2　CMY 色彩模型

CMY 色彩模型是由顏料的三原色，即**青色** (Cyan)、**紫紅色** (Magenta) 與**黃色** (Yellow) 所構成，與 RGB 色彩模型的關係爲：

$$\begin{bmatrix} C \\ M \\ Y \end{bmatrix} = \begin{bmatrix} 1 \\ 1 \\ 1 \end{bmatrix} - \begin{bmatrix} R \\ G \\ B \end{bmatrix}$$

換言之，C、M、Y 分別爲 R、G、B 的**補色** (Complement)。

雖然 C、M、Y 混色後可得黑色，但在實際顏料混色時，並無法得到純黑色，最典型的例子如噴墨式印表機或雷射印表機等。以成本而言，純黑色墨水匣或碳粉匣會比 C、M、Y 三色實際混色要低，因此在印表機的設計上，發展了 CMYK 色彩模型，主要是延伸 CMY 色彩模型，計算公式如下：

$$K = \min(C, M, Y)$$

與

$$\begin{bmatrix} C \\ M \\ Y \end{bmatrix} = \begin{bmatrix} C-K \\ M-K \\ Y-K \end{bmatrix}$$

早期的印表機採用 CMY 色彩模型，現代的印表機已普遍採用 CMYK 色彩模型，例如：常見的 CMYK 墨水匣或 CMYK 碳粉匣。

CMY 色彩模型範例，如圖 8-5。若與圖 8-4 比較，由於 CMY 爲 RGB 的補色，因此 CMY 通道影像相當於 RGB 通道影像的**負片** (Negative)。

原始影像

C 通道

M 通道

Y 通道

圖 8-5　CMY 色彩模型

Python 程式碼如下：

CMY_model.py

```
1   import numpy as np
2   import cv2
3
4   def CMY_model( f, channel ):
5       if channel == 1:            # Cyan
6           return 255 - f[:,:,2]
7       elif channel == 2:          # Magenta
8           return 255 - f[:,:,1]
9       else:                       # Yellow
10          return 255 - f[:,:,0]
11
12  def main( ):
13      img = cv2.imread( "Rose.bmp", -1 )
14      C = CMY_model( img, 1 )
15      M = CMY_model( img, 2 )
16      Y = CMY_model( img, 3 )
17      cv2.imshow( "Original Image", img )
18      cv2.imshow( "Cyan", C )
19      cv2.imshow( "Magenta", M )
20      cv2.imshow( "Yellow", Y )
21      cv2.waitKey( 0 )
22
23  main( )
```

8-2-3　HSI 色彩模型

雖然 RGB 色彩模型與人類視覺系統的感知 (R、G、B 錐狀體) 是吻合的，而且可以用來定義標準的色彩值，但描述色彩的方式對於人類而言並不是很直觀。舉例說明，我們或許可以理解 (R, G, B)=(1, 0, 0) 代表紅色、(R, G, B)=(1, 1, 0) 代表黃色等，但對於 (R, G, B)=(0.2, 0.8, 0.1) 的色彩值，或許就無法直接理解是屬於何種色彩。因此，RGB 色彩模型在影像處理的實際應用時，並不是很實用。

HSI 色彩模型，如圖 8-6。HSI 色彩模型比較符合人類描述色彩的方式，因此是影像處理實際應用時的理想工具，其中包含：

- **色調** (Hue)：**色調**是指**純色** (Pure Color)，即是紅、橙、黃、綠、青、藍、紫等顏色，以角度 0° ～ 360° 表示。
- **飽和度** (Saturation)：飽和度是指純色與白色的混合比例，以 [0, 1](或 0 ～ 100%) 的範圍表示。
- **強度** (Intensity)：強度即是**亮度** (Brightness)，以 [0, 1](或 0 ～ 100%) 的範圍表示。

例如：人類的膚色可以描述成：「不飽和的紅色」、暗綠色可以描述成：「低強度的綠色」、淡藍色可以描述成：「不飽和的藍色」等。

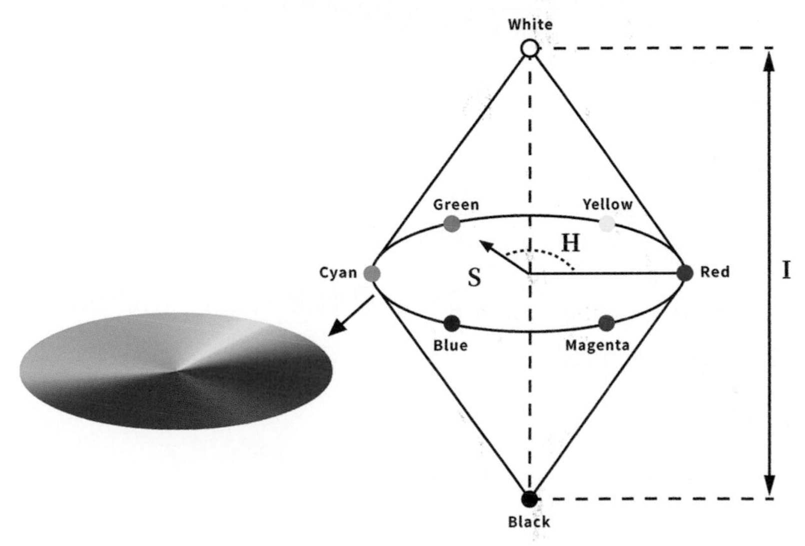

圖 8-6　HSI 色彩模型

RGB 轉換成 HSI 色彩模型的過程，大致描述如下：

- 首先將 RGB 色彩模型的對角線 (灰階值) 豎直，形成 HSI 色彩模型的中心線。RGB 值 (0, 0, 0) ～ (1, 1, 1) 對應 HSI 色彩模型的**強度** (Intensity 或 I)，介於 0 ～ 1(或 0 ～ 100%) 之間。
- RGB 色彩模型的正立方體頂點均爲純色，距離對角線最遠，對應到 HSI 色彩模型的圓周，稱爲**色調** (Hue 或 H)。色調是根據 R、Y、G、C、B、M 的順序，分別以角度 0 ～ 360° 表示之。
- **飽和度** (Saturation 或 S) 爲純色與白色的混和比例，因此可以根據與中心線的距離比例表示之，其值介於 0 ～ 1(或 0 ～ 100%) 之間。

RGB 轉換成 HSI 的公式如下：

1. **色調**的轉換公式爲：

$$H = \begin{cases} \theta & \text{if } B \le G \\ 360 - \theta & \text{if } B > G \end{cases}$$

其中，

$$\theta = \cos^{-1}\left\{ \frac{\frac{1}{2}[(R-G)+(R-B)]}{\left[(R-G)^2+(R-B)(G-B)\right]^{1/2}} \right\}$$

2. **飽和度**的轉換公式爲：

$$S = 1 - \frac{3}{(R+G+B)}\left[\min(R,G,B)\right]$$

3. **強度**的轉換公式爲：

$$I = \frac{1}{3}[R+G+B]$$

RGB 色彩模型在轉換成 HSI 色彩模型時，RGB 色彩值須先正規化至 0 ～ 1 之間。若爲數位色彩影像，可以直接除以 255 計算而得。此外，由於灰階的 R = B = G，因此色調值 θ **無定義** (Undefined)。

HSI 轉換成 RGB 的公式如下：

1. **RG 區域** (0° ≤ H < 120°)：

$$B = I(1-S)\text{ ， }R = I\left[1 + \frac{S\cos H}{\cos(60^\circ - H)}\right]\text{， }G = 3I - (R+B)$$

2. **GB 區域** (120° ≤ H < 240°)：

$$H = H - 120^\circ$$

$$R = I(1-S)\text{ ， }G = I\left[1 + \frac{S\cos H}{\cos(60^\circ - H)}\right]\text{， }B = 3I - (R+G)$$

3. **BR 區域** (120° ≤ H < 240°)：

$$H = H - 240^\circ$$

$$G = I(1-S)\text{ ， }B = I\left[1 + \frac{S\cos H}{\cos(60^\circ - H)}\right]\text{， }R = 3I - (G+B)$$

HSI 色彩模型範例，如圖 8-7。由於 H 值介於 0° ～ 360° 之間，在此正規化爲 [0, 255]，藉以顯示 H 通道的數位影像；S 值與 I 值均介於 0 ～ 1(0 ～ 100%) 之間，也是正規化爲 [0, 255]，藉以顯示 S 通道與 I 通道的數位影像。

原始影像

H 通道

S 通道

I 通道

圖 8-7 HSI 色彩模型

Python 程式碼如下：

HSI_model.py

```
1   import numpy as np
2   import cv2
3
4   def RGB_to_HSI( R, G, B ):
5       r = R / 255
6       g = G / 255
7       b = B / 255
8       if R == G and G == B:
9           H = -1.0
10          S =   0.0
11          I =( r + g + b )/ 3
```

```
12          else:
13                  x =( 0.5 *(( r - g )+( r - b )))/ \
14                  np.sqrt(( r - g )** 2 +( r - b )*( g - b ))
15                  if x < -1.0:    x = -1.0
16                  if x > 1.0:    x = 1.0
17                  theta = np.arccos( x )* 180 / np.pi
18                  if B <= G:
19                          H = theta
20                  else:
21                          H = 360.0 - theta
22                  S = 1.0 - 3.0 /( r + g + b )* min( r, g, b )
23                  I =( r + g + b )/ 3
24          return H, S, I
25
26  def HSI_model( f, channel ):
27          nr, nc = f.shape[:2]
28          g = np.zeros( [nr, nc], dtype = 'uint8' )
29          if channel == 1:            # Hue
30                  for x in range( nr ):
31                          for y in range( nc ):
32                                  H, S, I = RGB_to_HSI( f[x,y,2], f[x,y,1], f[x,y,0] )
33                                  if H == -1:
34                                          k = 0
35                                  else:
36                                          k = round( H * 255 / 360 )
37                                  g[x,y] = np.uint8( k )
```

```
38          elif channel == 2:                    # Saturation
39              for x in range( nr ):
40                  for y in range( nc ):
41                      H, S, I = RGB_to_HSI( f[x,y,2], f[x,y,1], f[x,y,0] )
42                      k = round( S * 255 )
43                      g[x,y] = np.uint8( k )
44          else:                                 # Intensity
45              for x in range( nr ):
46                  for y in range( nc ):
47                      H, S, I = RGB_to_HSI( f[x,y,2], f[x,y,1], f[x,y,0] )
48                      k = round( I * 255 )
49                      g[x,y] = np.uint8( k )
50          return g
51
52      def main( ):
53          img = cv2.imread( "Rose.bmp", -1 )
54          H = HSI_model( img, 1 )
55          S = HSI_model( img, 2 )
56          I = HSI_model( img, 3 )
57          cv2.imshow( "Original Image", img )
58          cv2.imshow( "Hue", H )
59          cv2.imshow( "Saturation", S )
60          cv2.imshow( "Intensity", I )
61          cv2.waitKey( 0 )
62
63      main( )
```

8-2-4 HSV 色彩模型

HSV 色彩模型與上述的 HSI 色彩模型相似，市面上具有代表性的影像處理軟體，例如：PhotoShop、PhotoImpact 等，大多是採用 HSV 色彩模型。此外，OpenCV 程式庫並未提供 HSI 色彩模型，而是提供 HSV 色彩模型的轉換函式，因此在此介紹之。

HSV 色彩模型，如圖 8-8，其中包含：

- **色調** (Hue)：色調是以角度 0° ～ 360° 定義之。OpenCV 是將 Hue 值除以 2，分別以 0 ～ 180 儲存之。
- **飽和度** (Saturation)：飽和度是以 [0, 1](或 0 ～ 100%) 的範圍定義之。OpenCV 是將 Saturation 值正規化爲 [0, 255] 之間。
- **值** (Value)：Value 值即是**強度** (Intensity)，以 [0, 1](或 0 ～ 100%) 的範圍定義之。OpenCV 是將 Value 值正規化爲 [0, 255] 之間。

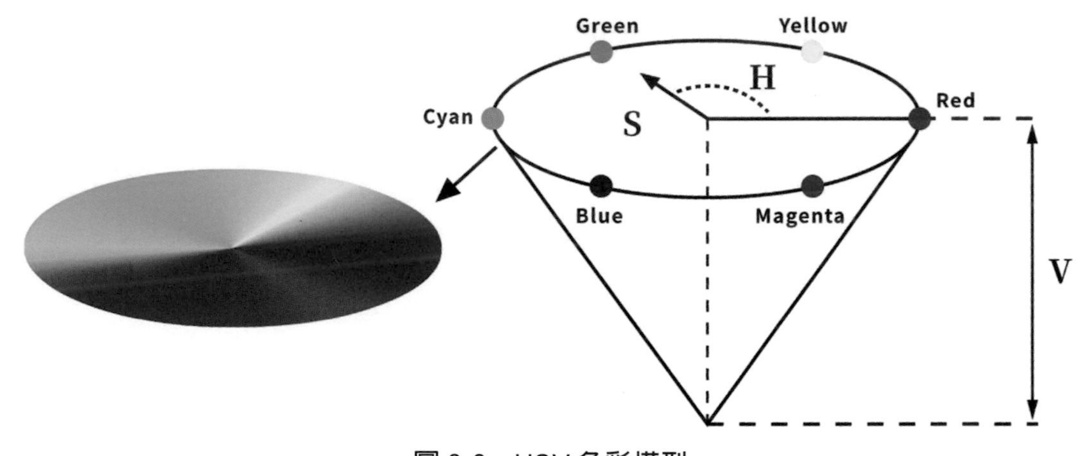

圖 8-8　HSV 色彩模型

HSV 色彩模型範例，如圖 8-9。OpenCV 回傳的色調 (Hue) 值是介於 0 ～ 180 之間，在此並未特別正規化。

原始影像

H 通道

S 通道

V 通道

圖 8-9 HSV 色彩模型

Python 程式碼如下：

HSV_model.py

```
1   import numpy as np
2   import cv2
3
4   def HSV_model( f, channel ):
5       hsv = cv2.cvtColor( f, cv2.COLOR_BGR2HSV )
6       if channel == 1:        # Hue
7           return hsv[:,:,0]
8       elif channel == 2:      # Saturation
9           return hsv[:,:,1]
10      else:                   # Value
11          return hsv[:,:,2]
12
```

```
13  def main( ):
14      img = cv2.imread( "Rose.bmp", -1 )
15      H = HSV_model( img, 1 )
16      S = HSV_model( img, 2 )
17      V = HSV_model( img, 3 )
18      cv2.imshow( "Original Image", img )
19      cv2.imshow( "Hue", H )
20      cv2.imshow( "Saturation", S )
21      cv2.imshow( "Value", V )
22      cv2.waitKey( 0 )
23
24  main( )
```

8-2-5 YCrCb 色彩模型

YCrCb **色彩模型**是一種色彩模型 (色彩空間)，在影像處理領域也相當常見，被廣泛應用於數位影像處理系統中，例如：JPEG 影像壓縮標準、MPEG 視訊壓縮標準等。

YCrCb **色彩模型**包含：

- Y：代表**亮度**。
- Cr：代表紅色的偏移量。
- Cb：代表藍色的偏移量。

YCrCb **色彩模型**是根據色彩的屬性而設計的，其中 Y 為**亮度** (Luminance)，Cr 與 Cb 為**色度** (Chrominance)。

RGB 與 YCrCb 的轉換公式為：

$$Y = 0.299R + 0.587G + 0.114B$$
$$Cr = 0.713 \cdot (R - Y) + 128$$
$$Cb = 0.564 \cdot (B - Y) + 128$$

其反轉換公式為：

$$R = Y + 1.403 \cdot (Cr - 128)$$
$$G = Y - 0.714 \cdot (Cr - 128) - 0.344 \cdot (Cb - 128)$$
$$B = Y + 1.733 \cdot (Cb - 128)$$

YCrCb 色彩模型範例，如圖 8-10。Y 通道影像即是灰階影像；Cr 通道影像為紅色偏移量，在玫瑰花瓣紅色區域的強度較大；Cb 通道影像為藍色偏移量，在背景藍色區域的強度較大。

原始影像

Y 通道

Cr 通道

Cb 通道

圖 8-10　YCrCb 色彩模型

Python 程式碼如下：

YCrCb_model.py

```
1    import numpy as np
2    import cv2
3
4    def YCrCb_model( f, channel ):
5        ycrcb = cv2.cvtColor( f, cv2.COLOR_BGR2YCrCb )
6        if channel == 1:         # Y
7            return ycrcb[:,:,0]
8        elif channel == 2:       # Cr
9            return ycrcb[:,:,1]
10       else:                    # Cb
11           return ycrcb[:,:,2]
12
13   def main( ):
14       img = cv2.imread( "Rose.bmp", -1 )
15       Y   =YCrCb_model( img, 1 )
16       Cr = YCrCb_model( img, 2 )
17       Cb = YCrCb_model( img, 3 )
18       cv2.imshow( "Original Image", img )
19       cv2.imshow( "Y", Y )
20       cv2.imshow( "Cr", Cr )
21       cv2.imshow( "Cb", Cb )
22       cv2.waitKey( 0 )
23
24   main( )
```

8-3 灰階與色彩轉換

本節介紹基礎的灰階與色彩轉換技術，分別爲：(1) **灰階轉換** (Gray-Level Transform) 與 (2) **虛擬色彩轉換** (Pseudocolor Transform)。

8-3-1 灰階轉換

色彩影像經常需要轉換成灰階影像，可以採取灰階影像處理技術，以利進一步的影像處理或分析工作。

OpenCV 提供簡易的色彩灰階轉換函式，例如：

```
gray = cv2.cvtColor( img, cv2.COLOR_BGR2GRAY )
```

其中，img 爲輸入的色彩影像，gray 爲輸出的灰階影像。在此，採用的公式爲：

$$Y = 0.299R + 0.587G + 0.114B$$

本公式其實與 YCrCb 色彩模型的 Y 分量相同，主要是針對人類視覺系統對於色彩的反應而設計。灰階轉換的範例，如圖 8-11。

色彩影像

灰階影像

圖 8-11 灰階轉換

8-3-2 虛擬色彩轉換

虛擬色彩 (Pseudocolor) 轉換是在輸入灰階影像後，根據事先定義的色彩對應表，稱為**色彩表** (Color Map)，藉以給定輸出的像素色彩值。由於給定的色彩值並非原始影像的眞實色彩，因此稱為**虛擬色彩** (Pseudocolor) 或**假色彩** (False-Color)。

OpenCV 提供虛擬色彩轉換，事先定義許多**色彩表** (Color Map)，函式名稱為 applyColorMap( )。色彩表的顏色類別與結果，如圖 8-12。

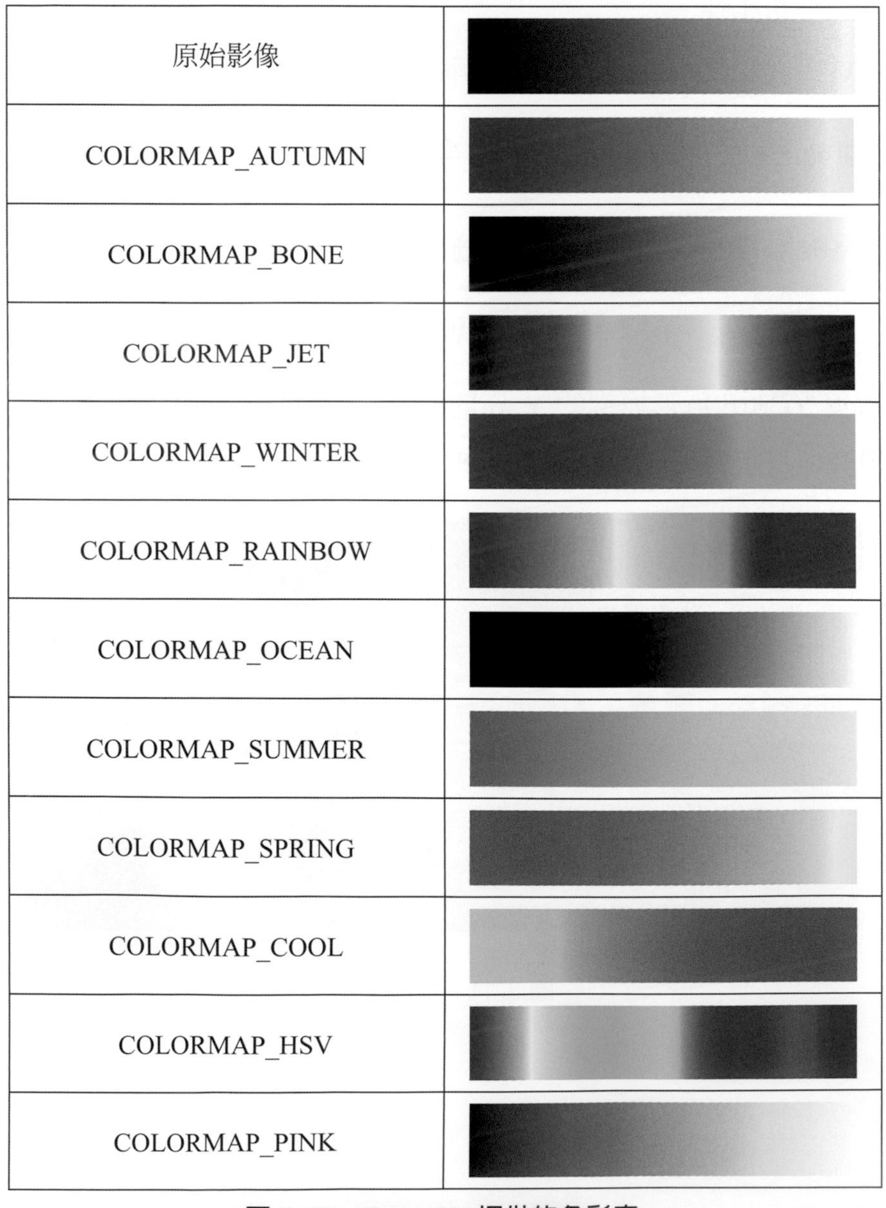

圖 8-12 OpenCV 提供的色彩表

以 OpenCV 版本 4.1 而言，總共提供了 19 種色彩表，在此無法詳盡列舉，僅列舉前 10 種，相信未來還有可能再增加。您可以根據需要選取適合的色彩表，例如：使用 COLORMAP_JET 顯示能量的強弱等。

虛擬色彩影像處理的應用相當多，例如：機場的行李檢查 X 光設備，原始影像爲灰階影像，可以透過上述的影像處理技術給定虛擬的顏色，方便安檢人員檢視行李之用。

Python 程式碼如下：

pseudocolor.py

```
1    import numpy as np
2    import cv2
3
4    print( "Pseudocolor Image Processing:")
5    print( "(0)Autumn" )
6    print( "(1)Bone" )
7    print( "(2)Jet" )
8    print( "(3)Winter" )
9    print( "(4)Rainbow" )
10   print( "(5)Ocean" )
11   print( "(6)Summer" )
12   print( "(7)Spring" )
13   print( "(8)Cool" )
14   print( "(9)HSV" )
15   print( "(10)Pink" )
16   print( "(11)Hot" )
17   print( "(12)Parula" )
18   print( "(13)Magma" )
19   print( "(14)Inferno" )
20   print( "(15)Plasma" )
21   print( "(16)Viridis" )
22   print( "(17)Cividis" )
```

```
23    print( "(18)Twilight" )
24    print( "(19)Twilight Shifted" )
25    colormap = eval( input( "Enter your choice: " ))
26    img1 = cv2.imread( "Gray_Level.bmp", -1 )
27    img2 = cv2.applyColorMap( img1, colormap )
28    cv2.imshow( "Original Image", img1 )
29    cv2.imshow( "Pseudocolor Image", img2 )
30    cv2.waitKey( 0 )
```

8-4　色彩影像增強

我們在第 5 章介紹的**影像增強** (Image Enhancement) 技術，大多也可以用來對色彩影像進行處理。

8-4-1　色彩矯正

若**伽瑪矯正** (Gamma Correction) 技術是同時套用於 R、G、B 色彩影像，則可解決**過度曝光** (Over Exposure) 或**曝光不足** (Under Exposure) 現象。在此，**伽瑪矯正** (Gamma Correction) 技術，當然也可以僅套用於 R、G、B 其中一個通道，此時由於特別針對 R、G、B 的單一色彩進行強化或減弱，稱爲**色彩矯正** (Color Correction)。

原始影像

圖 8-13 爲色彩矯正範例，其中選取的參數 $\gamma = 0.5$，因此可以分別強化 R、G、B 三個通道。

R 通道影像 ($\gamma = 0.5$)

G 通道影像 ($\gamma = 0.5$)

B 通道影像 ($\gamma = 0.5$)

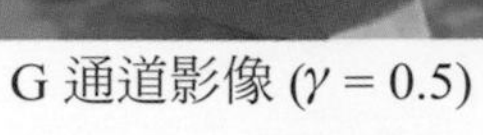
圖 8-13　色彩矯正

Python 程式碼如下：

RGB_gamma_correction.py

```
1   import numpy as np
2   import cv2
3
4   def RGB_gamma_correction( f, channel, gamma ):
5       g = f.copy( )
6       nr, nc = f.shape[:2]
7       c = 255.0 /( 255.0 ** gamma )
8       table = np.zeros( 256 )
9       for i in range( 256 ):
10          table[i] = round( i ** gamma * c, 0 )
11      if channel == 1:      k = 2
12      elif channel == 2:    k = 1
13      else:                 k = 0
14      for x in range( nr ):
15          for y in range( nc ):
16              g[x,y,k] = table[f[x,y,k]]
17      return g
18
19  def main( ):
20      img    = cv2.imread( "Rose.bmp", -1 )
21      gamma = eval( input( "Please enter gamma: " ))
22      img1 = RGB_gamma_correction( img, 1, gamma )
23      img2 = RGB_gamma_correction( img, 2, gamma )
24      img3 = RGB_gamma_correction( img, 3, gamma )
25      cv2.imshow( "Original Image", img )
26      cv2.imshow( "Gamma Correction(R)", img1 )
27      cv2.imshow( "Gamma Correction(G)", img2 )
28      cv2.imshow( "Gamma Correction(B)", img3 )
```

```
29          cv2.waitKey( 0 )
30
31      main( )
```

8-4-2 直方圖等化

若以灰階影像而言，**直方圖等化** (Histogram Equalization) 技術可以用來解決過度曝光、曝光不足或是低對比的問題。然而，若以色彩影像而言，當 R、G、B 三個通道同時套用直方圖等化技術，則產生的結果並不理想。

圖 8-14 爲對色彩影像的 R、G、B 通道分別進行直方圖等化的結果。由圖上可以發現，若對 R、G、B 通道分別進行直方圖等化，則產生明顯的色彩失眞現象，主要的原因是色彩影像在三個通道的直方圖、PDF 或 CDF 不盡相同，使得在三個通道中等化的程度不同。

原始影像

直方圖等化 (RGB)

圖 8-14 色彩影像的直方圖等化

Python 程式碼如下：

RGB_histogram_equalization.py

```
1       import numpy as np
2       import cv2
3
```

```
4    def RGB_histogram_equalization( f ):
5        g = f.copy( )
6        for k in range( 3 ):
7            g[:,:,k] = cv2.equalizeHist( f[:,:,k] )
8        return g
9
10   def main( ):
11       img1 = cv2.imread( "Rose.bmp", -1 )
12       img2 = RGB_histogram_equalization( img1 )
13       cv2.imshow( "Original Image", img1 )
14       cv2.imshow( "Histogram Equalization(RGB)", img2 )
15       cv2.waitKey( 0 )
16
17   main( )
```

爲了解決前述直方圖等化的色彩偏差問題，通常是改採其他的色彩模型，例如：HSI 或 HSV 的色彩模型，僅對 Intensity 或 Value 值進行直方圖等化，而不更改色彩屬性。

圖 8-15 爲對色彩影像 (Rose.bmp) 進行直方圖等化的結果，其中採用 HSV 色彩模型，且僅對 Value 通道進行等化。由圖上可以發現，不僅加強影像的對比，同時保留色彩資訊，結果比較理想。

原始影像　　直方圖等化 (HSV)

圖 8-15　色彩影像的直方圖等化

Python 程式碼如下：

HSV_histogram_equalization.py

```
1   import numpy as np
2   import cv2
3
4   def HSV_histogram_equalization( f ):
5       hsv = cv2.cvtColor( f, cv2.COLOR_BGR2HSV )
6       hsv[:,:,2] = cv2.equalizeHist( hsv[:,:,2] )
7       g = cv2.cvtColor( hsv, cv2.COLOR_HSV2BGR )
8       return g
9
10  def main( ):
11      img1 = cv2.imread( "Rose.bmp", -1 )
12      img2 = HSV_histogram_equalization( img1 )
13      cv2.imshow( "Original Image", img1 )
14      cv2.imshow( "Histogram Equalization(HSV)", img2 )
15      cv2.waitKey( 0 )
16
17  main( )
```

本程式範例是採用 HSV 色彩模型進行直方圖等化。您其實也可以改用 HSI 色彩模型，則輸出的色彩影像會略有差異，但產生的結果也會比 RGB 直方圖等化的結果理想。

8-4-3 色彩影像濾波

影像濾波 (Image Filtering) 技術，同樣可以套用在色彩影像，此時是將 R、G、B 三通道視爲獨立的數位影像，再分別套用影像濾波技術，例如：平均濾波、高斯濾波等。

色彩影像的高斯濾波，如圖 8-16，高斯濾波器的大小為 5 × 5。雖然將 R、G、B 三通道視為獨立的數位影像，經過濾波還是會有些微的色彩偏差，但是由於採用的濾波器是相同的，影響的程度在人類視覺上不易察覺。

原始影像

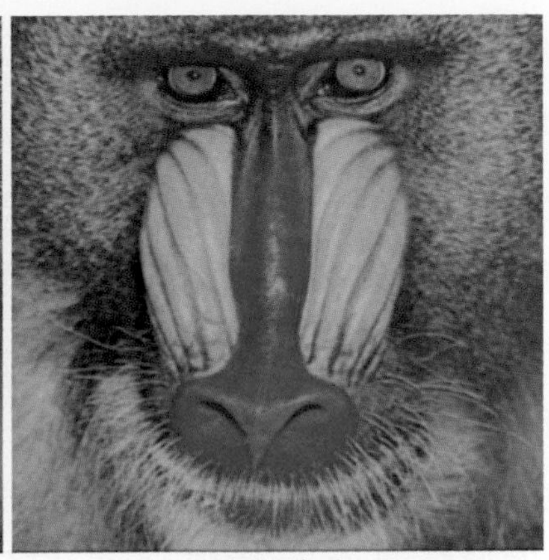
高斯濾波

圖 8-16　色彩影像的影像濾波

Python 程式碼如下：

gaussian_filtering.py

```
1  import numpy as np
2  import cv2
3
4  img1 = cv2.imread( "Baboon.bmp", -1 )
5  img2 = cv2.GaussianBlur( img1,( 5, 5 ), 0 )
6  cv2.imshow( "Original Image", img1 )
7  cv2.imshow( "Gaussian Filtering", img2 )
8  cv2.waitKey( 0 )
```

本程式範例中，OpenCV 提供的高斯濾波函式，同時容許灰階或色彩影像作為輸入影像。

8-5 HSI 色彩影像處理

由於 HSI 色彩模型與人類描述色彩的方式接近，因此適合作爲色彩影像處理的工具。

運用 HSI 色彩模型進行色彩影像處理的演算法，說明如下：

(1) 首先，輸入色彩影像爲 RGB 影像。

(2) 將 RGB 影像轉換成以 HSI 色彩模型表示。

(3) 調整 HSI 值，分別可以調整**色調** (Hue)、**飽和度** (Saturation) 或**強度** (Intensity)。

(4) 將調整後的 HSI 色彩模型，進行逆轉換成 RGB 影像，即是輸出的色彩影像。

HSI 色彩影像處理範例，如圖 8-17，其中，(a) 爲原始的色彩影像，主要色系爲紅色；(b) 是將**色調** (Hue) 旋轉 180°，**紅色** (Red) 經過旋轉是落在**青色** (Cyan) 區域；(c) 是將**飽和度** (Saturation) 調整爲原來的 50%，可以發現紅色變得比較不鮮明；(d) 是將**強度** (Intensity) 調整爲原來的 50%，使得整個場景變暗。

原始影像

色調 (Hue) 旋轉 180°

飽和度 (Saturation) 降爲 50%

強度 (Intensity) 降爲 50%

圖 8-17 HSI 色彩影像處理

Python 程式碼如下：

HSI_processing.py

```
1   import numpy as np
2   import cv2
3
4   def RGB_to_HSI( R, G, B ):
5       r = R / 255
6       g = G / 255
7       b = B / 255
8       if R == G and G == B:
9           H = -1.0
10          S =   0.0
11          I =( r + g + b )/ 3
12      else:
13          x =( 0.5 *(( r - g )+( r - b )))/ \
14          np.sqrt(( r - g )** 2 +( r - b )*( g - b ))
            if x < -1.0:   x = -1.0
15          if x >   1.0:   x =   1.0
16          theta = np.arccos( x )* 180 / np.pi
17          if B <= G:
18              H = theta
19          else:
20              H = 360.0 - theta
21          S = 1.0 - 3.0 /( r + g + b )* min( r, g, b )
22          I =( r + g + b )/ 3
23      return H, S, I
24
25  def HSI_to_RGB( H, S, I ):
26      if H == -1.0:
27          r = I
28          g = I
29          b = I
```

```
30          elif H >= 0 and H < 120:
31                HH = H
32                b = I *( 1 - S )
33                r = I *( 1 +( S * np.cos( HH * np.pi / 180 ))/
34                      np.cos(( 60 - HH )* np.pi / 180 ))
35                g = 3.0 * I -( r + b )
36          elif H >= 120 and H < 240:
37                HH = H - 120.0
38                r = I *( 1 - S )
39                g = I *( 1 +( S * np.cos( HH * np.pi / 180 ))/
40                      np.cos(( 60 - HH )* np.pi / 180 ))
41                b = 3 * I -( r + g )
42          else:
43                HH = H - 240
44                g = I *( 1 - S )
45                b = I *( 1 +( S * np.cos( HH * np.pi / 180 ))/
46                      np.cos(( 60 - HH )* np.pi / 180 ))
47                r = 3 * I -( g + b )
48          rr = round( r * 255 )
49          gg = round( g * 255 )
50          bb = round( b * 255 )
51          R = np.uint8( np.clip( rr, 0, 255 ))
52          G = np.uint8( np.clip( gg, 0, 255 ))
53          B = np.uint8( np.clip( bb, 0, 255 ))
54          return R, G, B
55
56    def HSI_processing( f, angle = 0, saturation = 100, intensity = 100 ):
57          g = f.copy( )
58          nr, nc = f.shape[:2]
59
```

```
60        for x in range( nr ):
61            for y in range( nc ):
62                H, S, I = RGB_to_HSI( f[x,y,2], f[x,y,1], f[x,y,0] )
63                H = H + angle
64                if H > 360:   H = H - 360
65                S = S * saturation / 100
66                I = I * intensity / 100
67                R, G, B = HSI_to_RGB( H, S, I )
68                g[x,y,0] = B
69                g[x,y,1] = G
70                g[x,y,2] = R
71        return g
72
73    def main( ):
74        img = cv2.imread( "Rainbow_Village.bmp", -1 )
75        img1 = HSI_processing( img, 180, 100, 100 )
76        img2 = HSI_processing( img, 0, 50, 100 )
77        img3 = HSI_processing( img, 0, 100, 50 )
78        cv2.imshow( "Original Image", img )
79        cv2.imshow( "Hue(Rotate 180 degrees)", img1 )
80        cv2.imshow( "Saturation by 50%", img2 )
81        cv2.imshow( "Intensity by 50%", img3 )
82        cv2.waitKey( 0 )
83
84    main( )
```

本程式範例中，使用 HSI 色彩模型，作爲色彩影像處理的工具。由於 OpenCV 並未提供 HSI 色彩轉換函式，在此是根據數學定義進行 Python 程式設計。您也可以嘗試使用 HSV 色彩模型，得到的結果相似。

8-6 HSV 色彩分割

HSV 色彩模型與人類描述色彩的方式接近，因此是理想的色彩影像處理工具。在此，我們探討 HSV 色彩模型在**影像分割** (Image Segmentation) 的應用，目的是擷取 (或分割) 具有特定顏色的區域。

運用 HSV 色彩模型進行色彩分割的演算法，說明如下：

(1) 首先，輸入色彩影像爲 RGB 影像。

(2) 將 RGB 影像轉換成以 HSV 色彩模型表示。

(3) 根據 HSV 色彩模型，並設定色彩範圍。

(4) 若 HSV 值落在範圍內，則保留輸入的色彩值；否則輸出 0。

HSV 色彩分割範例，如圖 8-18。在此，色彩分割是以黃色區域爲主要目標，因此選定的 HSV 範圍分別爲：$30° \leq H \leq 70°$、$30\% \leq S \leq 100\%$ 與 $30\% \leq V \leq 100\%$。由圖上可以發現，我們可以成功分割出黃色花朵的區域。

原始影像

色彩分割 (黃色)

圖 8-18　HSV 色彩分割

Python 程式碼如下：

HSV_color_segmentation.py

```
1   import numpy as np
2   import cv2
3
4   def HSV_color_segmentation( f, H1, H2, S1, S2, V1, V2 ):
5       g = f.copy( )
6       nr, nc = f.shape[:2]
7       hsv = cv2.cvtColor( f, cv2.COLOR_BGR2HSV )
8       for x in range( nr ):
9           for y in range( nc ):
10              H = hsv[x,y,0] * 2
11              S = hsv[x,y,1] / 255 * 100
12              V = hsv[x,y,2] / 255 * 100
13              if not( H>= H1 and H <= H2 and S >= S1 and S <= S2
14                 and V >= V1 and V <= V2 ):
15                  g[x,y,0] = g[x,y,1] = g[x,y,2] = 0
16      return g
17
18  def main( ):
19      img1 = cv2.imread( "Flower.bmp", -1 )
20      img2 = HSV_color_segmentation( img1, 30, 70, 30, 100, 30, 100 )
21      cv2.imshow( "Original Image", img1 )
22      cv2.imshow( "HSV Color Segmentation", img2 )
23      cv2.waitKey( 0 )
24
25  main( )
```

因此，HSV 色彩分割技術，可以用來對單純背景的物件影像，進行自動去背。現代電影特效中經常使用綠幕或藍幕作爲背景，以利不同人物或場景的合成技術，稱爲**色度鍵控** (Chroma Keying) 技術，其中**色度鍵** (Chroma Key) 可以是綠幕或藍幕。典型的 Chroma Keying 技術，即是以上述的色彩分割技術爲基礎 [2]。Chroma Keying 範例，如圖 8-19。

圖 8-19　色度鍵控

2　電影特效的 Chroma Key 為何沒有使用紅色？主要原因是人類膚色為不飽和的紅色，在色彩空間中不易被分割，因此未被採用。

CHAPTER 09

影像分割

本章的目的是介紹**影像分割** (Image Segmentation)，主要目的是在數位影像中偵測具有意義的物件，例如：邊緣、直線、圓形、區域等。影像分割的方法其實相當多，在此介紹具有代表性的方法與技術。

學習單元

- 基本概念
- 邊緣偵測
- 直線偵測
- 圓形偵測
- 影像閥值化
- 適應性閥值化
- 分水嶺影像分割
- GrabCut 影像分割

9-1 基本概念

數位影像處理的目的，通常是希望在數位影像中偵測感興趣的目標物件。然而，數位影像是由許多像素所構成，因此須事先定義像素的某些特性，例如：灰階、色彩等的相似性，藉以擷取具有意義的影像物件相關資訊。

定義 影像分割

影像分割 (Image Segmentation) 可以定義爲：「將數位影像分成具有意義的邊緣、直線、圓形或區域等相關資訊，以便更進一步的影像分析與辨識」。

在數位影像處理領域中，影像分割技術是一項重要技術，通常可以根據偵測的目標進行分類，例如：**邊緣偵測** (Edge Detection)、**直線偵測** (Line Detection)、**圓形偵測** (Circle Detection)、**以區域為基礎的分割技術** (Region-based Segmentation) 等。

9-2 邊緣偵測

邊緣偵測 (Edge Detection)，顧名思義，目的是偵測影像中的物件邊緣，採用的方法是基於像素灰階的局部 (或突然) 變化。因此，典型的邊緣偵測技術，通常是使用微積分介紹的**一階導函數** (First-order Derivatives) 進行影像濾波，藉以求**影像梯度** (Image Gradients)，再透過**閥值化** (Thresholding) 的過程，選取影像梯度較大者，形成邊緣偵測的結果。

9-2-1 Sobel 邊緣偵測

最簡單的邊緣偵測技術，即是根據 Sobel 濾波器。Sobel 邊緣偵測的演算法，說明如下：

(1) 首先，輸入灰階影像 $f(x,y)$。

(2) 使用 Sobel 濾波器求**影像梯度** (Image Gradients)：

$$g_x = \frac{\partial f}{\partial x}, g_y = \frac{\partial f}{\partial y}$$

與梯度的**大小** (Magnitude)：

$$M(x,y) \approx |g_x| + |g_y|$$

(3) 選取**閥值** (Threshold)T，則：

$$g(x,y) = \begin{cases} 1 & if\ M(x,y) \geq T \\ 0 & if\ M(x,y) < T \end{cases}$$

Sobel 邊緣偵測的範例，如圖 9-1。邊緣偵測的結果影像僅包含 0 或 1，稱爲**二值影像** (Binary Image)。Sobel 邊緣偵測可以有效偵測影像物件邊緣，缺點是邊緣的寬可能同時牽涉許多像素，形成較厚的邊緣。

原始影像

Sobel 邊緣偵測

圖 9-1　Sobel 邊緣偵測

Python 程式碼如下：

Sobel_edge_detection.py

```
1   import numpy as np
2   import cv2
3
4   def Sobel_edge_detection( f ):
5       grad_x = cv2.Sobel( f, cv2.CV_32F, 1, 0, ksize = 3 )
6       grad_y = cv2.Sobel( f, cv2.CV_32F, 0, 1, ksize = 3 )
7       magnitude = abs( grad_x )+ abs( grad_y )
8       g = np.uint8( np.clip( magnitude, 0, 255 ))
9       ret,g = cv2.threshold( g, 127, 255,
10                 cv2.THRESH_BINARY + cv2.THRESH_OTSU )
11      return g
12
13  def main( ):
14      img1 = cv2.imread( "Osaka.bmp", -1 )
15      img2 = Sobel_edge_detection( img1 )
16      cv2.imshow( "Original Image",   img1 )
17      cv2.imshow( "Sobel Edge Detection", img2 )
18      cv2.waitKey( 0 )
19
20  main( )
```

本程式範例中，輸入的影像爲灰階影像，使用 OpenCV 的 Sobel 函式求影像梯度，並採用 Threshold 函式求邊緣偵測的結果影像，其中套用 Otsu 演算法，可以自動選取最佳的閥值，將在稍後介紹之。

9-2-2 Canny 邊緣偵測

Canny 邊緣偵測技術是由 John F. Canny 於 1986 年提出的邊緣偵測演算法，已成爲具有代表性的 State-of-Art 邊緣偵測技術。Canny 針對邊緣偵測技術，規範最佳化的邊緣偵測演算法，其目標應包含下列幾點：

- **好的偵測** (Good Detection)：演算法應盡可能偵測影像中所有的實際邊緣，產生的錯誤率低。
- **好的定位** (Good Localization)：演算法所偵測的邊緣，應盡可能接近實際的邊緣。
- **單一響應** (Single Edge Response)：演算法在實際的邊緣上，應僅回傳單一的點(或像素)。

Canny 根據以上的設計目標，發現並證明最佳的**步階邊緣偵測器** (Step Edge Detector) 是使用**高斯函數的一階導函數** (First-Derivative of Gaussian Function)。Canny 邊緣偵測演算法，簡述如下：

(1) 使用高斯濾波器進行平滑濾波。

(2) 使用高斯函數的一階導函數計算影像梯度。

(3) 套用**非最大值抑制** (Nonmaxima Suppression) 技術於影像梯度影像，用來選取單一邊緣點。

(4) 使用**磁滯閥值** (Hysteresis Thresholding) 技術，其中牽涉兩個閥值，分別稱爲 Low Threshold 與 High Threshold，用來連接邊緣。

Canny 邊緣偵測的範例，如圖 9-2。若與 Sobel 邊緣偵測的結果比較，可以明顯觀察到 Canny 邊緣偵測的結果，符合上述的設計要求，在單一響應(即邊緣爲一個像素寬)的偵測結果上表現尤其突出，因此成爲具有代表性的邊緣偵測技術。

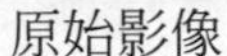

原始影像　　Canny 邊緣偵測

圖 9-2　Canny 邊緣偵測

Python 程式碼如下：

Canny_edge_detection.py

```
1  import numpy as np
2  import cv2
3
4  img1 = cv2.imread( "Osaka.bmp", -1 )
5  img2 = cv2.Canny( img1, 50, 200 )
6  cv2.imshow( "Original Image", img1 )
7  cv2.imshow( "Canny Edge Detection", img2 )
8  cv2.waitKey( 0 )
```

本程式範例中，使用 OpenCV 的 Canny 函式進行邊緣偵測。Canny 函式的輸入參數即是**磁滯閥值** (Hysteresis Thresholding) 中的閥值，分別稱為 Low Threshold 與 High Threshold。您可以自行變更這兩個參數，並觀察其間的差異。

9-3 直線偵測

本節討論**直線偵測** (Line Detection) 技術，目標是數位影像中的直線。典型的直線偵測技術，稱為**霍夫轉換** (Hough Transform)。

定義 霍夫轉換

霍夫轉換 (Hough Transform) 是一種特徵擷取技術，主要是將數位影像的空間座標經過轉換成參數空間，這個參數空間稱為**霍夫域** (Hough Domain)。

霍夫轉換適合用來辨識物件的幾何特徵，例如：直線、圓形等，被廣泛應用於影像處理、影像分析與電腦視覺等應用。

霍夫轉換的直線偵測示意圖，如圖 9-3。以直線偵測而言，我們採用下列直線方程式：

$$x\cos\theta + y\sin\theta = \rho$$

假設數位影像的**空間域** (Spatial Domain) 中，存在兩點座標 (x_1, y_1) 與 (x_2, y_2)，且落在同一條直線上，則其在**霍夫域** (Hough Domain) 中，分別對應兩條曲線；這兩條曲線交點的參數 (ρ, θ)，即是該直線的參數。

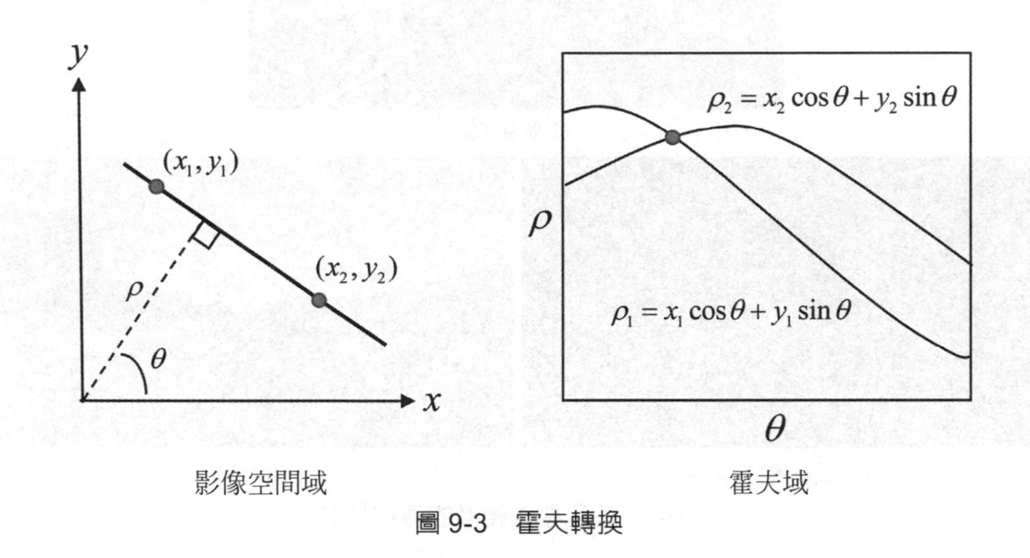

圖 9-3 霍夫轉換

霍夫轉換直線偵測的演算法，主要的步驟說明如下：

(1) 使用邊緣偵測器偵測影像物件的邊緣。

(2) 定義 (ρ, θ) 的參數空間，其中 $-D \le \rho \le D$ 、 $-90^\circ \le \theta \le 90^\circ$，$D$ 爲影像的最大距離。例如：若以 512×512 的影像而言，$D = 512\sqrt{2}$ 。

(3) 建立**累積器** (Accumulator)，用來儲存 (ρ, θ) 參數空間的量化值。

(4) 根據每個邊緣點，計算 (ρ, θ) 值，並於累積器中進行累加。

(5) 累積器的局部最大值，即是對應偵測直線的 (ρ, θ) 值。

使用霍夫轉換的直線偵測範例，如圖 9-4。在此，我們採用 Canny 邊緣偵測，用來偵測可能的邊緣點。霍夫轉換後，須決定局部最大值的門檻值 (本範例設爲 120，表示直線長度須至少超過 120 個像素)。

原始影像

Canny 邊緣偵測　　直線偵測

圖 9-4　使用霍夫轉換的直線偵測

Python 程式碼如下：

Hough_line_detection.py

```
1   import numpy as np
2   import cv2
3   import math
4   
5   img1 = cv2.imread( "Traffic_Lanes.bmp", -1 )
6   img2 = img1.copy( )
7   gray = cv2.cvtColor( img1, cv2.COLOR_BGR2GRAY )
8   edges = cv2.Canny( gray, 50, 200 )
9   lines = cv2.HoughLines( edges, 1, math.pi/180.0, 120 )
```

```
10   if lines is not None:
11       a,b,c = lines.shape
12       for i in range( a ):
13           rho = lines[i][0][0]
14           theta = lines[i][0][1]
15           a = math.cos( theta )
16           b = math.sin( theta )
17           x0, y0 = a*rho, b*rho
18           pt1 =( int(x0+1000*(-b)), int(y0+1000*(a)))
19           pt2 =( int(x0-1000*(-b)), int(y0-1000*(a)))
20           cv2.line( img2, pt1, pt2,( 255, 0, 0 ), 1, cv2.LINE_AA )
21   cv2.imshow( "Original Image", img1 )
22   cv2.imshow( "Canny Edge Detection", edges )
23   cv2.imshow( "Hough Line Detection", img2 )
24   cv2.waitKey( 0 )
```

9-4 圓形偵測

除了直線偵測之外，霍夫轉換可以用來偵測數位影像中的圓形物件，稱爲**圓形偵測** (Circle Detection) 技術。由於圓的幾何公式爲：

$$(x-x_c)^2+(y-y_c)^2=r^2$$

其中，(x_c, y_c) 爲圓心座標，r 爲半徑。因此，我們可以使用這三個參數作爲**霍夫域** (Hough Domain) 建立累積器，原理與以上的直線偵測相似。然而，這樣的累積器需要的記憶體空間較大，而且搜尋的空間相當大，因此並不實用。

OpenCV 程式庫提供圓偵測演算法，在效率上進行改良，稱爲**霍夫梯度法** (Hough Gradient Method)。

使用霍夫轉換的圓形偵測範例，如圖 9-5。

原始影像　　圓形偵測

圖 9-5 使用霍夫轉換的圖形偵測

Python 程式碼如下：

Hough_circle_detection.py

```
1   import numpy as np
2   import cv2
3   import math
4
5   img1 = cv2.imread( "Cans.bmp", -1 )
6   img2 = img1.copy( )
7   gray = cv2.cvtColor( img1, cv2.COLOR_BGR2GRAY )
8   circles = cv2.HoughCircles( gray, cv2.HOUGH_GRADIENT, 1, 150, 200, 50,
9               minRadius = 120, maxRadius = 200 )
10  circles = np.uint16( np.around( circles ))
11  for i in circles[0,:]:
12      cv2.circle( img2,( i[0], i[1] ), i[2],( 0, 255, 0 ), 2 )
13      cv2.circle( img2,( i[0], i[1] ), 2,( 0, 0, 255 ), 3 )
14  cv2.imshow( "Original Image", img1 )
15  cv2.imshow( "Circle Detection", img2 )
16  cv2.waitKey( 0 )
```

本程式範例中，霍夫圓偵測是使用 Canny 邊緣偵測法。在此，根據數位影像設定圓的最小半徑與最大半徑，分別為 120 與 200。

9-5 影像閥值化

影像分割的目的在偵測目標物件。若數位影像的物件與背景，在強度 (或灰階) 的分佈，具有良好的可分離性，則可以使用影像閥值化的技術，藉以分割出目標物件與其背景。

定義 影像閥值化

影像閥值化 (Image Thresholding) 可以定義爲：

$$g(x,y)=\begin{cases}1 & if\ f(x,y)\geq T\\ 0 & if\ f(x,y)<T\end{cases}$$

其中，T 稱爲**閥值** (Threshold)。

由於在此使用的閥值 T，是直接套用於整張影像，因此又稱爲**全域閥值化** (Global Thresholding)。數位影像的閥值化可以被視爲是統計上的分類問題，與機率與統計中的**貝氏定理** (Bayes Rule) 相關聯。如何選取理想的閥值，自然也成爲是否可以成功分割目標物件的主要因素。

爲了自動選取理想的閥值，Otsu 提出了一種方法，目的是根據像素強度 (或灰階) 的分佈，使得**類別間的變異數** (Between-Class Variance) 達到最大值。

影像閥值化的範例，如圖 9-6。由於數位影像中的物件與其背景的強度 (或灰階) 具有可分性，因此可以使用影像閥值化的方法分割。結果影像包含物件與其背景。物件通常是定義爲 Binary-1、背景則是定義爲 Binary-0；分別用 255 與 0 的值儲存。

圖 9-6 影像閥值化

Python 程式碼如下：

thresholding.py

```
1   import numpy as np
2   import cv2
3
4   img1 = cv2.imread( "Bug.bmp", 0 )
5   thresh, img2 = cv2.threshold( img1, 127, 255,
6                       cv2.THRESH_BINARY_INV + cv2.THRESH_OTSU )
7   print( "Threshold =", thresh )
8   cv2.imshow( "Original Image",   img1 )
9   cv2.imshow( "Thresholding", img2 )
10  cv2.waitKey( 0 )
```

9-6 適應性閥值化

前一節介紹的影像閥值化，我們僅使用單一的閥值，稱為**全域閥值** (Global Threshold)。但是，在某些特殊的情況下，例如：打光不均勻等，單一的閥值可能無法成功分割目標物件，此時就可以採用所謂的**適應性閥值** (Adaptive Threshold)。

適應性閥值化 (Adaptive Thresholding) 技術中，每個像素所採用的閥值是根據該像素的局部區域而決定，具有適應性。OpenCV 程式庫提供兩種適應性閥值化的選取方法，分別為：(1) **平均法** (Mean) 與 (2) **高斯法** (Gaussian)。顧名思義，適應性閥值是根據局部區域的平均值或高斯濾波的結果而定，主要的參數為局部區域大小。

適應性閥值化的範例，如圖 9-7。原始影像的打光不均勻，導致中間的區域比較亮，周圍的區域則比較暗。若使用全域閥值 (本範例的閥值為 128)，可以發現周圍區域的分割結果不太理想。相對而言，若改採適應性閥值，中間區域的閥值較高，周圍區域的閥值較低，可以得到比較理想的物件分割結果 (本範例使用 11 × 11 的局部區域)。

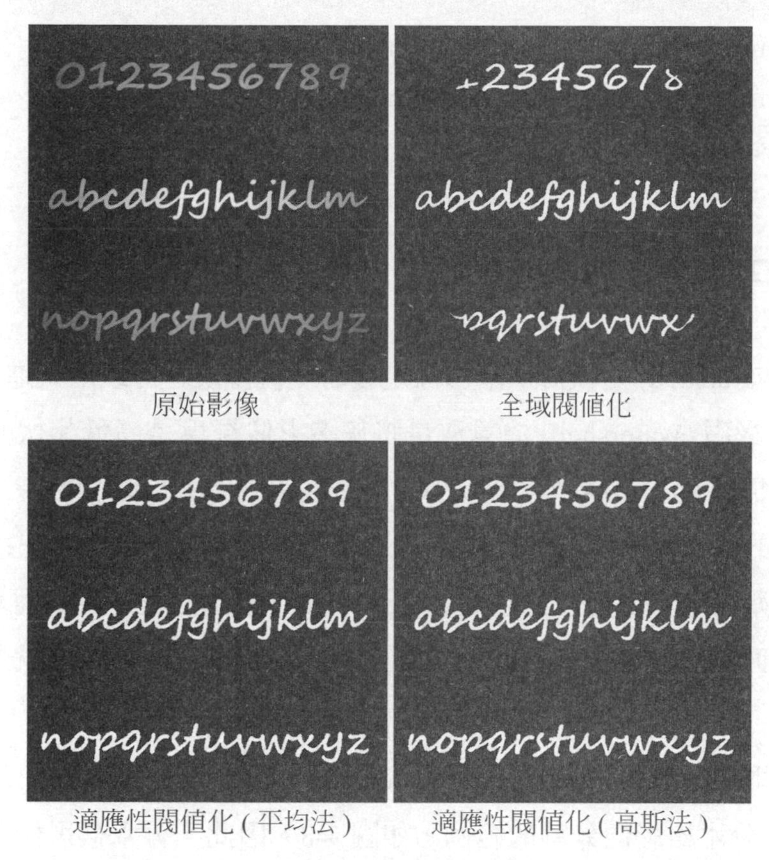

圖 9-7 適應性閥值

Python 程式碼如下：

adaptive_thresholding.py

```
1    import numpy as np
2    import cv2
3
4    img = cv2.imread( "Script.bmp", 0 )
5    thresh, img1 = cv2.threshold( img, 128, 255, cv2.THRESH_BINARY )
6    img2 = cv2.adaptiveThreshold( img, 255,
7        cv2.ADAPTIVE_THRESH_MEAN_C, cv2.THRESH_BINARY, 11, 0 )
8    img3 = cv2.adaptiveThreshold( img, 255,
9        cv2.ADAPTIVE_THRESH_GAUSSIAN_C, cv2.THRESH_BINARY, 11, 0 )
10   cv2.imshow( "Original Image",    img )
11   cv2.imshow( "Global Thresholding", img1 )
```

```
12    cv2.imshow( "Adaptive Thresholding(Mean)", img2 )
13    cv2.imshow( "Adaptive Thresholding(Gaussian)", img3 )
14    cv2.waitKey( 0 )
```

9-7 分水嶺影像分割

分水嶺 (Watershed) 是根據灰階影像定義的一種轉換，可以用來進行影像分割。顧名思義，**分水嶺** (Watershed) 演算法是將灰階影像視爲是高低起伏的地形，灰階較大的區域視爲山丘或山峰，灰階較小的區域則視爲山谷。剛開始時，我們在較低的山谷 (灰階的局部最小値) 開始灌水，兩個相鄰的盆地 (窪地) 在持續灌水到滿溢時，則在相鄰的交界處建立**分水嶺** (Watershed)，整個過程是持續灌水與不斷的將分水嶺築高，直到水位超過最高的山頂爲止。此時，建立的分水嶺就是影像分割區域的邊緣。

OpenCV 提供分水嶺函式，稱爲 Watershed，須事先定義灌水的起點，稱爲**標記** (Markers)。分水嶺影像分割的範例，如圖 9-8。因此，分水嶺影像分割也可以用來進行影像物件的去背，即使在背景較爲複雜的情況下仍然適用，缺點是需要人工方式給予標記。通常標記愈詳細，則影像分割結果愈佳。此外，雖然本範例僅使用兩個標記，但 OpenCV 的分水嶺演算法其實容許多標記的影像分割。

原始影像

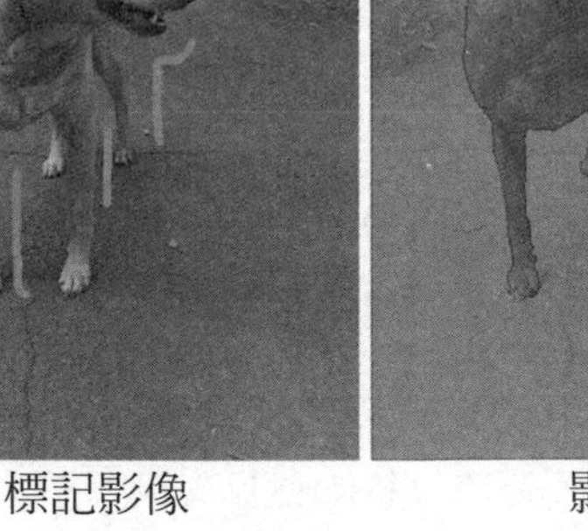
標記影像

影像分割

圖 9-8　分水嶺影像分割

OpenCV 程式庫提供分水嶺影像分割的 Python 程式範例，稱爲 watershed.py，因此不在此贅述。邀請您自行在 OpenCV 目錄下找到這個程式，實際體驗互動過程與觀察分水嶺影像分割的結果。

9-8 GrabCut 影像分割

GrabCut 演算法是另一種影像分割技術，計算方式比分水嶺演算法複雜。若與分水嶺演算法比較，GrabCut 演算法的目的是希望透過少許的使用者互動過程，即可得到不錯的影像分割結果。

GrabCut 演算法是基於**流量網路** (Flow Network)，主要是根據數位影像中的像素建構一個**圖** (Graph)，流量網路同時包含一個 Source 節點與一個 Sink 節點，分別爲流量的起點與終點。前景像素是與 Source 節點相連，背景像素則與 Sink 節點相連，透過流量的**最小切割** (Minimum Cut) 演算法，切割之後，與 Source 節點相連的像素即是前景，與 Sink 節點相連則是背景。

GrabCut 演算法的進行步驟，說明如下：

(1) 首先由使用者定義一個矩形框，大致包含準備分割的前景物件。GrabCut 會根據矩形框進行初步的影像分割，採用的方法是利用**高斯混合模型** (Gaussian Mixture Models)。
(2) 若是矩形框初步分割的結果不理想，可利用人工方式分別標記必然是前景的區域與必然是背景的區域。
(3) GrabCut 演算法容許持續加入標記，直至影像分割的結果令人滿意爲止。

OpenCV 提供 GrabCut 影像分割函式：

```
cv2.grabCut( img, mask, rect, bgdModel, fgdModel, iterCount[, mode] )
```

牽涉的參數分別爲：

- img：輸入的色彩影像
- mask：遮罩影像，會先透過 GC_INIT_WITH_RECT 初始化
- rect：矩形框，包含準備分割的前景物件
- bgdModel：前景模型的暫存陣列
- fgdModel：背景模型的暫存陣列
- iterCount：迭代次數
- mode：處理模式

遮罩影像包含下列四種標記：

- GC_BGD：確定是背景。
- GC_ FGD：確定是前景。
- GC_PR_BGD：可能是背景。
- GC_PR_ FGD：可能是前景。

GrabCut 影像分割的範例，如圖 9-9。

原始影像

標記影像

影像分割

圖 9-9　GrabCut 影像分割

OpenCV 程式庫提供 GrabCut 影像分割的 Python 程式範例，稱爲 grabcut.py，因此不在此贅述。邀請您自行在 OpenCV 目錄下找到這個程式，實際體驗互動過程與產生 GrabCut 影像分割的結果。

CHAPTER 10

二值影像處理

本章的目的是介紹**二值影像處理** (Binary Image Processing)，處理的數位影像是以二值影像為主，通常是經過影像分割後取得。首先，將介紹基本概念，進而介紹典型的二值影像處理技術，例如：形態學影像處理、補洞演算法、骨架化演算法、距離轉換等。

學習單元

- 基本概念
- 基本定義與術語
- 形態學影像處理
- 補洞演算法
- 骨架化演算法
- 距離轉換

10-1 基本概念

定義 二值影像

二值影像 (Binary Image) 是指數位影像中僅包含 0 與 1 的值。

典型的二值影像，如圖 10-1，可以用來定義目標物件的**前景** (Foreground) 與**背景** (Background)。**前景**是以 Binary-1 表示，**背景**則是以 Binary-0 表示。爲了方便顯示二值影像，通常 Binary-1 是使用灰階 255 儲存、Binary-0 則是使用灰階 0 儲存。

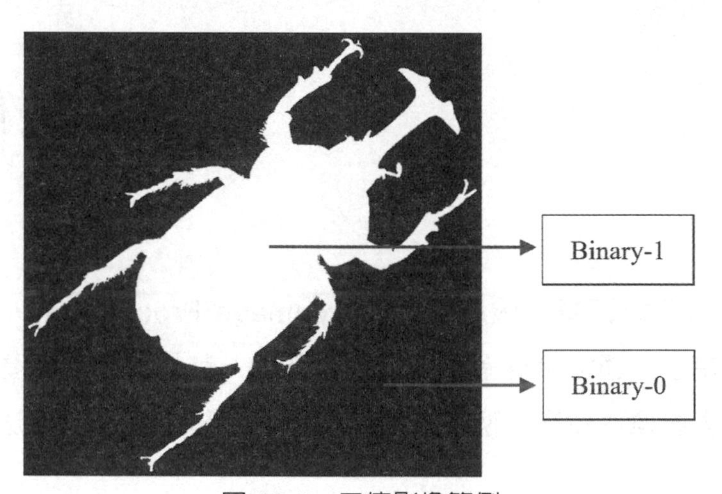

圖 10-1 二值影像範例

二值影像處理 (Binary Image Processing) 的目的，通常是在使用影像分割技術擷取目標物件之後，再對二值影像中的目標物件進行後處理，希望可以進一步達到物件分析與辨識。

10-2 基本定義與術語

像素與鄰近像素的關係，如圖 10-2。以中心像素 p 爲基準，則 **4 相鄰** (4-Adjacent) 的像素集合，包含鄰近的 4 個像素，定義爲 $N_4(p)$；**8 相鄰** (8-Adjacent) 的像素集合，包含鄰近的 8 個像素，定義爲 $N_8(p)$。

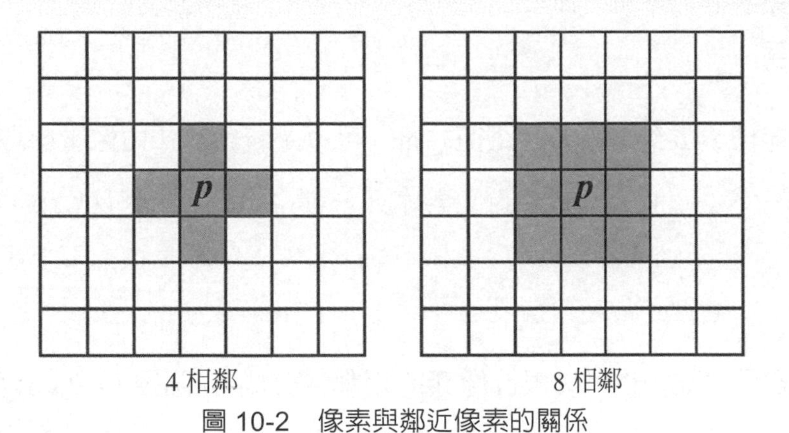

圖 10-2　像素與鄰近像素的關係

定義　相鄰性

像素的**相鄰性** (Adjacency) 可以定義為：

(1) 若 $q \in N_4(p)$，則 p 與 q 為 **4 相鄰** (4-Adjacent)。

(2) 若 $q \in N_8(p)$，則 p 與 q 為 **8 相鄰** (8-Adjacent)。

像素的相鄰性，如圖 10-3。左圖的 p 與 q 為 **4 相鄰** (4-Adjacent)，右圖的 p 與 q 為 **8 相鄰** (8-Adjacent)。

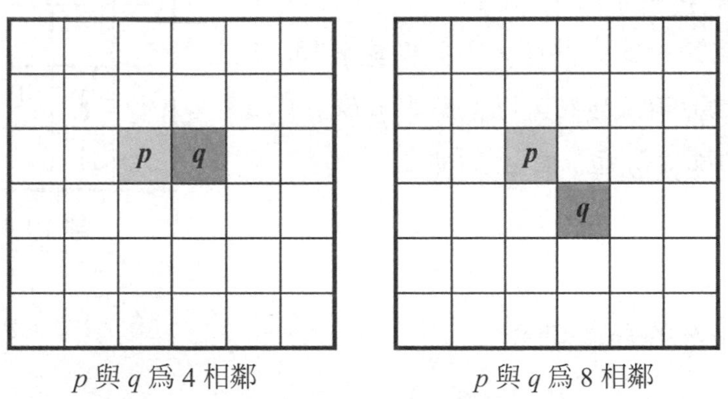

圖 10-3　相鄰性

定義 路徑

二值影像中，像素 p 到像素 q 的**路徑** (Path) 可以定義爲：「由像素座標 (x_0, y_0)、(x_1, y_1)、……、(x_n, y_n) 所構成的像素序列，其中 (x_{i-1}, y_{i-1}) 與 (x_i, y_i) 爲相鄰且 $1 \le i \le n$」。

因此，**路徑** (Path) 也可以根據像素的相鄰性分成 **4- 路徑** (4-Path) 與 **8- 路徑** (8-Path) 兩種。

定義 相連性

像素的**相連性** (Connectivity) 可以定義爲：「給定像素 p 與 q，若其間存在一條路徑，則 p 與 q 爲相連」。

因此，根據路徑的種類，像素的相連性也可以分成 **4- 相連** (4-Connected) 與 **8- 相連** (8-Connected)。以圖 10-4 爲例，由於像素 p 與 q 之間存在一條 4- 路徑，因此像素 p 與 q 爲 4- 相連；相對而言，像素 p 與 r 之間存在一條 8- 路徑，因此像素 p 與 r 爲 8- 相連。進一步說明，我們可以說像素 p 與 q 爲 4- 相連，但不能說像素 p 與 r 爲 4- 相連。

				1	q
				1	1
			1	1	1
			p		
	1	1			
r	1				

圖 10-4 相連性

定義 二值影像的像素空間

二值影像的像素空間可以定義成下列兩種：

(1) **8-4 空間** (8-4 Space)：前景爲 8- 相連、背景爲 4- 相連。

(2) **4-8 空間** (4-8 Space)：前景爲 4- 相連、背景爲 8- 相連。

以圖 10-5 爲例，若是定義 8-4 空間，則二值影像中包含 1 個前景與 2 個背景，中間的背景經常稱爲**洞** (Hole)。相對而言，若是定義 4-8 空間，則二值影像中包含 4 個物件與 1 個背景。因此，不同的像素空間會直接影響到目標物件前景與背景的結果。若未特別說明，通常二值影像處理是以 8-4 空間爲主。

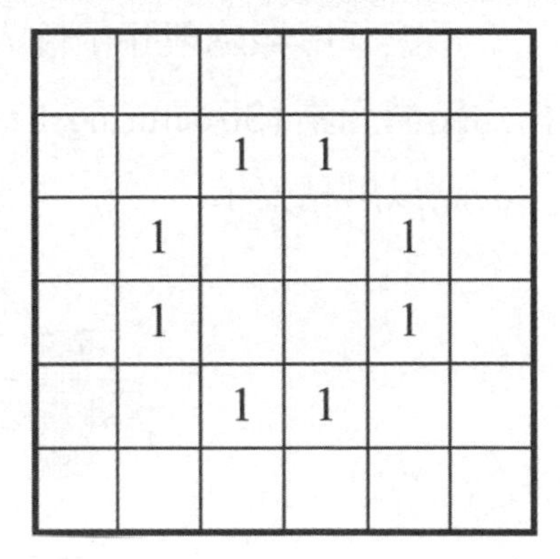

		1	1		
	1			1	
	1			1	
		1	1		

圖 10-5　8-4 空間與 4-8 空間

像素與像素間的**距離** (Distance)，可以分成下列幾種方式定義。假設 p 與 q 的座標分別爲 (x_1, y_1) 與 (x_2, y_2)，典型的距離公式如下：

- **歐氏距離** (Euclidean Distance) 即是幾何學常見的距離公式：

$$\sqrt{(x_1 - x_2)^2 + (y_1 - y_2)^2}$$

- **城市區塊距離** (City Block Distance) 的距離公式爲：

$$|x_1 - x_2| + |y_1 - y_2|$$

- **西洋棋盤距離** (Chess Board Distance) 的距離公式爲：

$$\max(|x_1 - x_2|, |y_1 - y_2|)$$

以圖 10-4 爲例，p 與 q 的歐氏距離爲 $\sqrt{13}$，城市區塊距離爲 5，西洋棋盤距離爲 3。因此，像素與像素間的距離，會因爲採用的定義而有所不同。

10-3 形態學影像處理

形態學影像處理 (Morphological Image Processing) 是基於**集合理論** (Set Theory)，屬於非線性運算，適合用來對數位影像中的物件形狀進行後處理。換言之，形態學處理經常被用來對影像分割後的**二值影像** (Binary Images) 進行處理，影像中僅含 0(背景) 與 1(前景) 的像素值。

形態學影像處理除了輸入的二值影像之外，同時需要定義另一個基本的輸入，稱爲**結構元素** (Structuring Elements, SEs)，典型的範例如圖 10-6，其中結構元素的中心點以黑點表示。

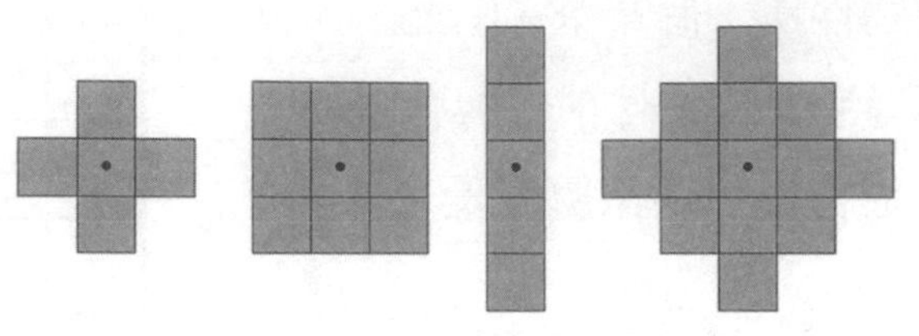

圖 10-6　典型的結構元素

10-3-1　侵蝕與膨脹

定義　侵蝕

二值影像 A 對 B 的**侵蝕** (Erosion) 可以定義爲：

$$A \ominus B = \{ z \mid B_z \subseteq A \}$$

其中，B 爲結構元素；B_z 是對向量 z 平移的結果。

換言之，A 對 B 的侵蝕是指將結構元素 B 做任意平移，平移的結果仍包含於 A 內的所有向量集合。通常**侵蝕**運算會使得二值影像中的物件邊緣產生內縮的現象。

定義　膨脹

二值影像 A 對 B 的**膨脹** (Dilation) 可以定義爲：

$$A \oplus B = \{ z \mid [(\hat{B})_z \cap A] \subseteq \mathrm{A} \}$$

其中，$\hat{B}$ 爲對原點對稱的結構元素。

換言之，A 對 B 的膨脹是指先將結構元素 B 對原點進行對稱，再做任意平移，若平移後與 A 取交集，交集的結果仍包含於 A 內的所有向量集合。通常**膨脹**運算會使得二值影像中的物件邊緣產生外展的現象。

侵蝕與膨脹的範例，如圖 10-7。輸入的數位影像大小為 256 × 256 像素，結構元素的大小為 5 × 5。**侵蝕**運算使得物件邊緣內縮，物件的大小變小；膨脹運算則使得物件邊緣外展，物件的大小變大。

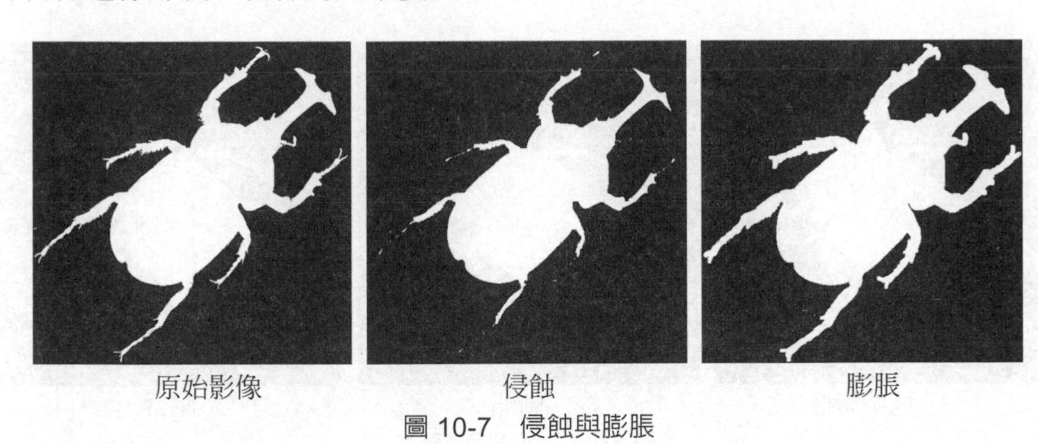

圖 10-7　侵蝕與膨脹

10-3-2　斷開與閉合

定義　斷開

二值影像 A 對 B 的**斷開** (Opening) 可以定義為：

$$A \circ B = (A \ominus B) \oplus B$$

其中，B 為結構元素。

因此，**斷開** (Opening) 運算是先侵蝕後膨脹。斷開運算通常會使得二值影像中的物件邊緣變得比較平滑。此外，**斷開**運算可以使得兩個接近的物件分開。

定義　閉合

二值影像 A 對 B 的閉合 (Closing) 可以定義為：

$$A \bullet B = (A \oplus B) \ominus B$$

其中，B 為結構元素。

因此，**閉合** (Closing) 運算是先膨脹後侵蝕。閉合運算通常會使得二值影像中的物件邊緣變得比較平滑。通常**閉合**運算可以使得兩個接近的物件產生連結。

斷開與閉合的範例，如圖 10-8。輸入的數位影像大小爲 256 × 256 像素，結構元素的大小爲 5 × 5。無論是斷開或閉合的運算，都可以使得影像的物件邊緣，變得比較平滑。

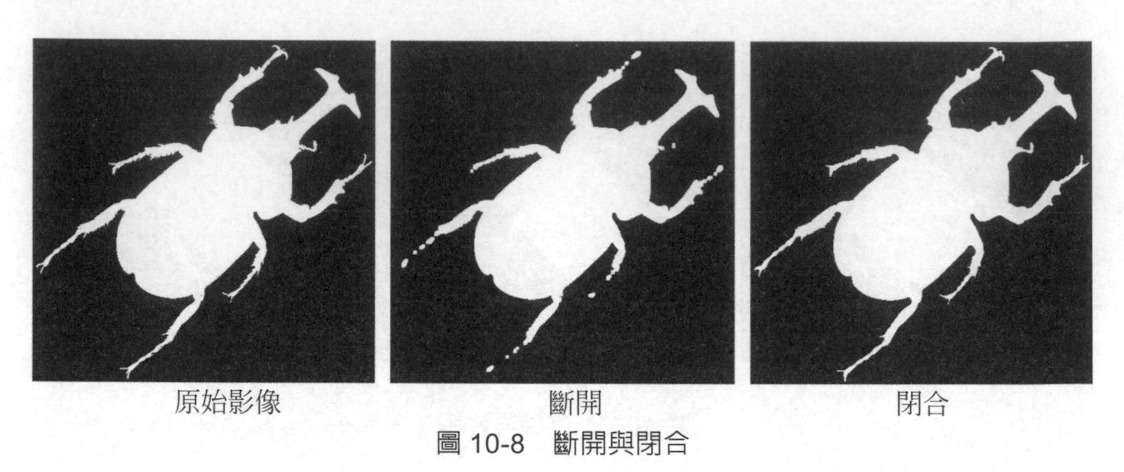

圖 10-8　斷開與閉合

Python 程式碼如下：

morphology.py

```
1   import numpy as np
2   import cv2
3
4   img1 = cv2.imread( "Bug.bmp", -1 )
5   print( "Morphological Image Processing" )
6   print( "(1)Erosion" )
7   print( "(2)Dilation" )
8   print( "(3)Opening" )
9   print( "(4)Closing" )
10  choice = eval( input( "Please enter your choice: " ))
11  size = eval( input( "Size of structuring element: " ))
12  kernel = np.ones(( size, size ), np.uint8 )
13  if choice == 1:
14      img2 = cv2.erode( img1, kernel, iterations = 1 )
15  elif choice == 2:
16      img2 = cv2.dilate( img1, kernel, iterations = 1 )
```

```
17      elif choice == 3:
18          img2 = cv2.morphologyEx( img1, cv2.MORPH_OPEN, kernel )
19      else:
20          img2 = cv2.morphologyEx( img1, cv2.MORPH_CLOSE, kernel )
21      cv2.imshow( "Original Image",   img1 )
22      cv2.imshow( "Morphological Image Processing", img2 )
23      cv2.waitKey( 0 )
```

10-3-3 Hit-or-Miss 轉換

定義 Hit-or-Miss 轉換

Hit-or-Miss 轉換 (Hit-or-Miss Transform) 可以定義爲：

$$A \circledast B = (A \ominus B_1) \cap (A^c \ominus B_2)$$

其中，B_1 與 B_2 爲結構元素。

Hit-or-Miss 轉換的目的，主要是偵測二值影像中某特定的形狀，以結構元素定義之，因此會產生 Hit(擊中) 或 Miss(失誤) 兩種情形。通常，$B_1 \cap B_2 = \phi$。

Hit-or-Miss 轉換範例，如圖 10-9。簡而言之，當原始影像中前景與背景均與結構元素相同，則產生 Hit 狀態，會在輸出影像中顯示一個擊中點 (以結構元素爲中心)；否則爲 Miss。

原始影像A

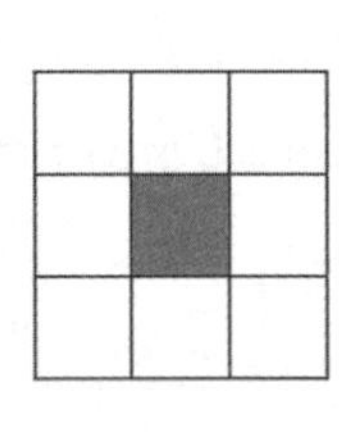

結構元素B

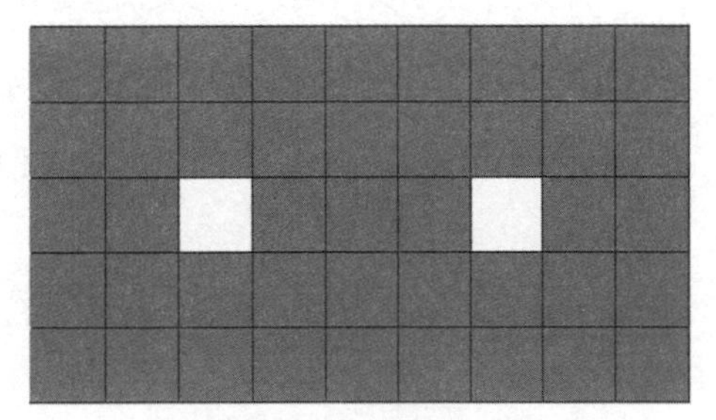

Hit-or-Miss 轉換 $A \circledast B$

圖 10-9 Hit-or-Miss 轉換

10-3-4 細線化

二值影像的**細線化** (Thinning)，目的是擷取物件的骨架資訊，採用前述的 Hit-or-Miss 轉換。

定義 細線化

細線化 (Thinning) 可以定義為：

$$A \otimes B = A - (A \circledast B)$$
$$\{B\} = \{B^1, B^2, \cdots, B^8\}$$

其中，$A \circledast B$ 為 Hit-or-Miss 轉換，$\{B\}$ 包含 8 個結構元素。

$\{B\} = \{B^1, B^2, \cdots, B^8\}$ 包含 8 個結構元素，如圖 10-10，其中 X 代表 Don't Care。

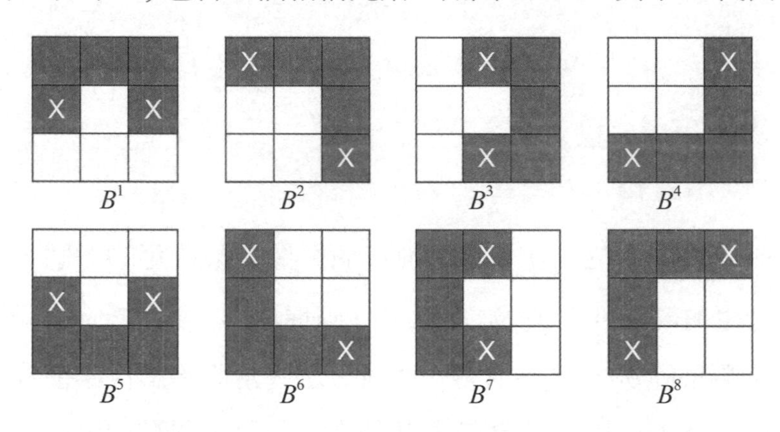

圖 10-10 細線化的結構元素

細線化的演算法，主要是從 8 個方向依序刪去像素，但同時維持物件的相連性。舉例說明，假設輸入的二值影像 A，首先使用第一個結構元素 B^1 進行細線化，即比對前景與背景像素是否相符 (X 為 Don't Care)，若**擊中** (Hit) 則進行刪除 (如下圖)。

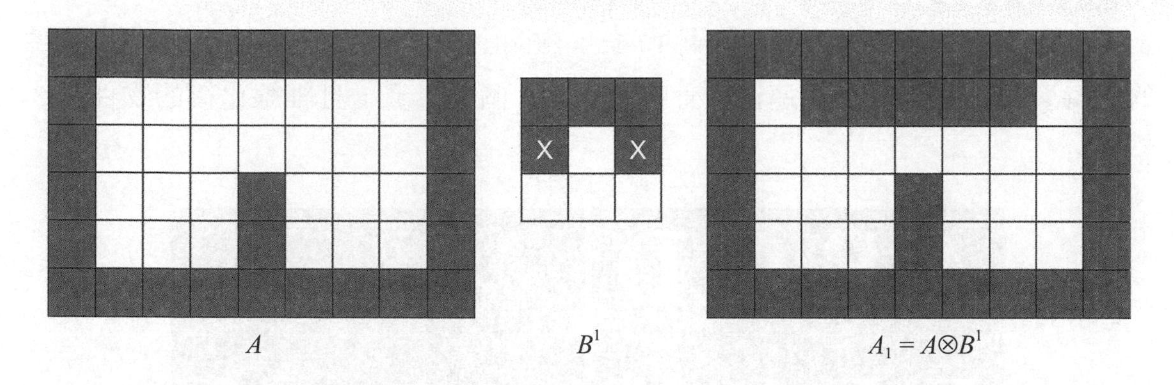

A B^1 $A_1 = A \otimes B^1$

接著，改用第二個結構元素 B^2，可得下列結果 (無變化)：

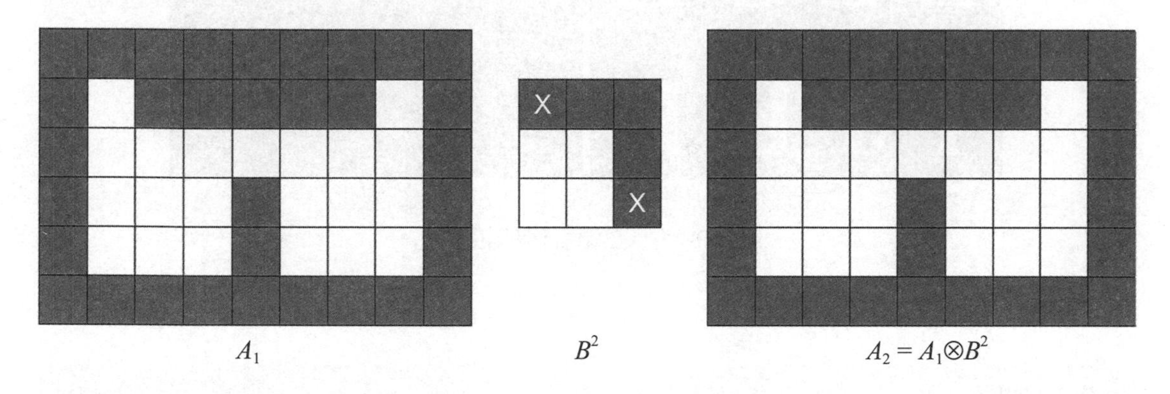

A_1 B^2 $A_2 = A_1 \otimes B^2$

持續上述步驟，改用第三個結構元素 B^3，可得下列結果：

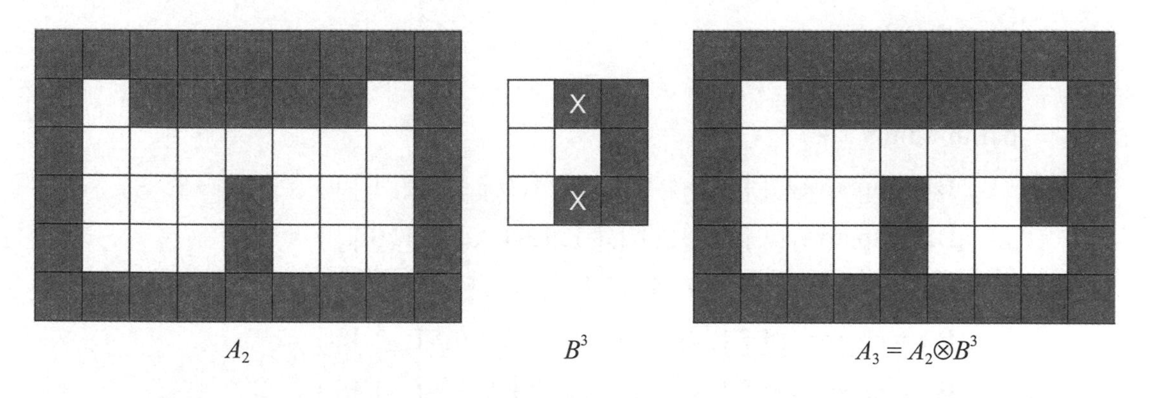

A_2 B^3 $A_3 = A_2 \otimes B^3$

細線化的演算法是依據 $B^1 \sim B^8$ 的順序，分別刪除 8 個方向的像素，重複直至結果影像不再變化為止。

二值影像細線化的範例，如圖 10-11。由圖上可以發現，細線化可以擷取物件的骨幹資訊，同時維持相連性。骨幹資訊爲 1 個像素寬，且細線化後的物件爲 8-相連。

圖 10-11　二值影像的細線化

Python 程式碼如下：

thinning.py

```
1	import numpy as np
2	import cv2
3	
4	def thinning( f ):
5		B1 = np.array( [ [ -1, -1, -1 ], [ 0, 1, 0 ], [ 1, 1, 1 ] ] )
6		B2 = np.array( [ [ 0, -1, -1 ], [ 1, 1, -1 ], [ 1, 1, 0 ] ] )
7		B3 = np.array( [ [ 1, 0, -1 ], [ 1, 1, -1 ], [ 1, 0, -1 ] ] )
8		B4 = np.array( [ [ 1, 1, 0 ], [ 1, 1, -1 ], [ 0, -1, -1 ] ] )
9		B5 = np.array( [ [ 1, 1, 1 ], [ 0, 1, 0 ], [ -1, -1, -1 ] ] )
10		B6 = np.array( [ [ 0, 1, 1 ], [ -1, 1, 1 ], [ -1, -1, 0 ] ] )
11		B7 = np.array( [ [ -1, 0, 1 ], [ -1, 1, 1 ], [ -1, 0, 1 ] ] )
12		B8 = np.array( [ [ -1, -1, 0 ], [ -1, 1, 1 ], [ 0, 1, 1 ] ] )
13		g	=f.copy( )
```

```
14          g2 = f.copy( )
15          change = True
16          while change:
17              temp = cv2.morphologyEx( g, cv2.MORPH_HITMISS, B1 )
18              g = g - temp
19              temp = cv2.morphologyEx( g, cv2.MORPH_HITMISS, B2 )
20              g = g - temp
21              temp = cv2.morphologyEx( g, cv2.MORPH_HITMISS, B3 )
22              g = g - temp
23              temp = cv2.morphologyEx( g, cv2.MORPH_HITMISS, B4 )
24              g = g - temp
25              temp = cv2.morphologyEx( g, cv2.MORPH_HITMISS, B5 )
26              g = g - temp
27              temp = cv2.morphologyEx( g, cv2.MORPH_HITMISS, B6 )
28              g = g - temp
29              temp = cv2.morphologyEx( g, cv2.MORPH_HITMISS, B7 )
30              g = g - temp
31              temp = cv2.morphologyEx( g, cv2.MORPH_HITMISS, B8 )
32              g = g - temp
33              if np.array_equal( g, g2 ):
34                  change = False
35              else:
36                  g2 = g.copy( )
37                  change = True
38              return g
39
40      def main( ):
41          img1 = cv2.imread( "ABC.bmp", -1 )
42          img2 = thinning( img1 )
43          cv2.imshow( "Original Image", img1 )
```

```
44          cv2.imshow( "Thinning", img2 )
45          cv2.waitKey( 0 )
46
47      main( )
```

本程式範例中，我們先定義 8 個結構元素，接著呼叫 OpenCV 提供的型態學影像處理函式進行 Hit-or-Miss 轉換，分別從 8 個方向刪除像素；執行 While 迴圈重複進行細線化，直至結果影像不再改變爲止。

型態學影像處理技術，主要是針對二值影像，提供基於集合理論的運算工具，例如：侵蝕、膨脹、斷開、閉合等。廣義的形態學影像處理技術，其實也可以延伸應用於灰階影像。

10-4 補洞演算法

補洞 (Hole-Filling) 演算法的目的是填補二值影像中的**洞** (Holes)。若影像分割後的結果不理想，可能會產生破洞，此時就可以使用補洞演算法進行修正。

補洞演算法的處理步驟，說明如下：

(1) 首先，根據輸入的二值影像，取其**負片** (Negative)，即將 Binary-1 轉成 Binary-0，Binary-0 轉成 Binary-1。此時，原始影像中的背景或洞變成是前景物件。

(2) 接著，套用**連通元標記** (Connected Component Labeling)。原始影像中的背景將被標記爲 1，其他的洞則被給予 ≥ 2 的標籤。

(3) 根據標記後的影像資訊，填補原始影像中的洞。

補洞演算法的範例，如圖 10-12，其中 A 與 D 各有一個洞，B 則有兩個洞。

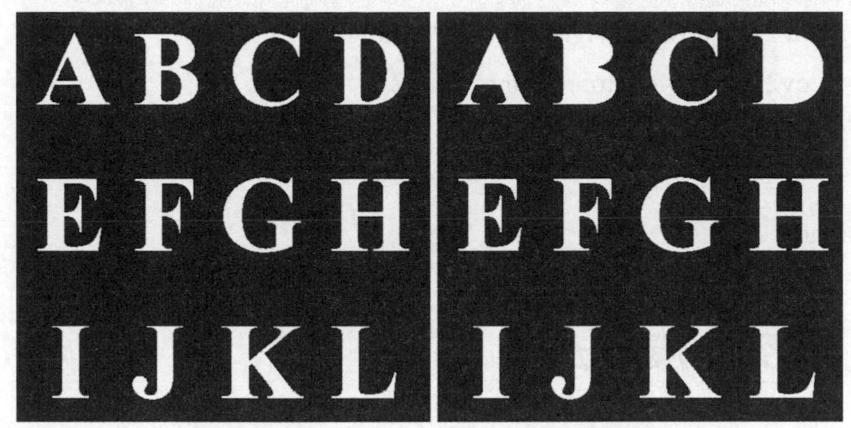

原始影像　　　　　　　補洞結果

圖 10-12　補洞演算法

Python 程式碼如下：

hole_filling.py

```
1	import numpy as np
2	import cv2
3	
4	def hole_filling( f ):
5		g = f.copy( )
6		nr, nc = f.shape[:2]
7		negative = 255 - f
8		n, labels = cv2.connectedComponents( negative )
9		for x in range( nr ):
10			for y in range( nc ):
11				if labels[x,y] > 1:
12					g[x,y] = 255
13		return g
14	
15	def main( ):
16		img1 = cv2.imread( "ABC.bmp", -1 )
17		img2 = hole_filling( img1 )
```

```
18          cv2.imshow( "Original Image",    img1 )
19          cv2.imshow( "Hole Filling", img2 )
20          cv2.waitKey( 0 )
21
22      main( )
```

10-5 骨架化演算法

骨架化 (Skeletonization) 演算法的目的是在二值影像中擷取物件的**骨架** (Skeleton) 資訊，採取的方法是逐漸刪除像素，但維持物件的相連性，直到取出物件的骨架爲止。骨架化演算法的概念與前述**細線化** (Thinning) 技術其實是相似的。

在此介紹具有代表性的骨架化演算法。假設二值影像包含 Binary-1 與 Binary-0，定義相鄰像素的關係，如圖 10-13。以 p_1 爲中心點，相鄰像素 p_2 ～ p_9 是依照順時針的方式安排。若 p_1 爲 Binary-1，且相鄰像素中，至少有一個是 Binary-0，則爲**邊界點** (Border Point)。

p_9	p_2	p_3
p_8	p_1	p_4
p_7	p_6	p_5

圖 10-13　骨架化演算法定義的相鄰像素關係

骨架化演算法分成兩大步驟，說明如下：

- Step 1 若 p_1 滿足下列條件，則標記爲**刪除**：

  (a)　2″ $N(p_1)$″ 6

  (b)　$T(p_1)=1$

  (c)　$p_2 \cdot p_4 \cdot p_6 = 0$

  (d)　$p_4 \cdot p_6 \cdot p_8 = 0$

  其中，$N(p_1)$ 爲非 0 相鄰像素的個數；$T(p_1)$ 爲 $p_2, p_3, \cdots\cdots, p_9, p_2$ 的順序中 0 – 1 的轉換個數。以圖 10-14 爲例，則 $N(p_1)=4$，$T(p_1)=3$。

- Step 2 條件 (a) 與 (b) 與 Step 1 相同，條件 (c) 與 (d) 換成：

  (c')　$p_2 \cdot p_4 \cdot p_8 = 0$

  (d')　$p_2 \cdot p_6 \cdot p_8 = 0$

演算法的迴圈是先執行 Step 1，刪除符合條件的像素；接著，執行 Step 2，刪除符合條件的像素。迴圈再回到 Step 1，以此類推，直到結果不再變化為止。

二值影像骨架化的範例，如圖 10-15。由圖上可以發現，骨架化可以擷取物件的骨幹資訊，同時維持相連性，且骨架為一個像素寬。若與細線化的結果比較，骨架化的結果非常相似，但不完全相同[1]。

0	0	1
1	p_1	0
1	0	1

圖 10-14　骨架化演算法的條件設定

原始影像　　骨架化

圖 10-15　二值影像的骨架化

Python 程式碼如下：

skeletonization.py

```
1    import numpy as np
2    import cv2
3
4    def skeletonization( f ):
5        nr, nc = f.shape[:2]
6        temp = f.copy( )
7        g = f.copy( )
8        change = True
9        step = 1
```

1　若仔細觀察，您應該會覺得骨架化演算法的結果比較理想。

```
10    while change:
11        change = False
12        if step == 1:
13            for x in range( 1, nr ):
14                for y in range( 1, nc ):
15                    p = [ False ] * 10
16                    if temp[x,y] != 0:
17                        if temp[x-1,y]     != 0:   p[2] = True
18                        if temp[x-1,y+1] != 0:   p[3] = True
19                        if temp[x,y+1]     != 0:   p[4] = True
20                        if temp[x+1,y+1] != 0:   p[5] = True
21                        if temp[x+1,y]     != 0:   p[6] = True
22                        if temp[x+1,y-1] != 0:   p[7] = True
23                        if temp[x,y-1]     != 0:   p[8] = True
24                        if temp[x-1,y-1] != 0:   p[9] = True
25                        N = 0
26                        for k in range( 2, 10 ):
27                            if p[k] == True:
28                                N += 1
29                        T = 0
30                        for k in range( 2, 9 ):
31                            if p[k] == False and p[k + 1] == True:
32                                T += 1
33                        if p[9] == False and p[2] == True:
34                            T += 1
35                        if(( N >= 2 and N <= 6 ) and ( T == 1 ) and
36                         (( p[2] and p[4] and p[6] )== False ) and
37                         (( p[4] and p[6] and p[8] )== False )):
38                            g[x,y] = 0
39                            change = True
```

```
40            if step == 2:
41                for x in range( 1, nr ):
42                    for y in range( 1, nc ):
43                        p = [ False ] * 10
44                        if temp[x,y] != 0:
45                            if temp[x-1,y]   != 0:  p[2] = True
46                            if temp[x-1,y+1] != 0:  p[3] = True
47                            if temp[x,y+1]   != 0:  p[4] = True
48                            if temp[x+1,y+1] != 0:  p[5] = True
49                            if temp[x+1,y]   != 0:  p[6] = True
50                            if temp[x+1,y-1] != 0:  p[7] = True
51                            if temp[x,y-1]   != 0:  p[8] = True
52                            if temp[x-1,y-1] != 0:  p[9] = True
53                            N = 0
54                            for k in range( 2, 10 ):
55                                if p[k] == True:
56                                    N += 1
57                            T = 0
58                            for k in range( 2, 9 ):
59                                if p[k] == False and p[k + 1] == True:
60                                    T += 1
61                            if p[9] == False and p[2] == True:
62                                T += 1
63                            if(( N >= 2 and N <= 6 ) and ( T == 1 ) and
64                              (( p[2] and p[4] and p[8] )== False ) and
65                              (( p[2] and p[6] and p[8] )== False )):
66                                g[x,y] = 0
67                                change = True
```

```
68              temp = g.copy( )
69              if step == 1:    step = 2
70              else:            step = 1
71          return g
72
73      def main( ):
74          img1 = cv2.imread( "ABC.bmp", -1 )
75          img2 = skeletonization( img1 )
76          cv2.imshow( "Original Image",    img1 )
77          cv2.imshow( "Skeletonization", img2 )
78          cv2.waitKey( 0 )
79
80      main( )
```

本程式範例實現二值影像的**骨架化** (Skeletonization) 演算法。演算法使用 while 迴圈，依序執行 Step 1 與 2，直至結果不再改變為止。

10-6 距離轉換

距離轉換 (Distance Transform) 通常是應用於二值影像，可以將二值影像轉換成**距離圖** (Distance Map)，在此距離是定義為像素與最近邊緣像素的距離。典型的距離轉換範例，如圖 10-16。

0	0	0	0	0	0	0
0	1	1	1	1	1	0
0	1	1	1	1	1	0
0	1	1	1	1	1	0
0	1	1	1	1	1	0
0	1	1	1	1	1	0
0	0	0	0	0	0	0

二值影像

0	0	0	0	0	0	0
0	1	1	1	1	1	0
0	1	2	2	2	1	0
0	1	2	3	2	1	0
0	1	2	2	2	1	0
0	1	1	1	1	1	0
0	0	0	0	0	0	0

距離轉換

圖 10-16　距離轉換

OpenCV 提供**距離轉換**函式，使用方法為：

```
cv2.distanceTransform( src, distanceType, maskSize )
```

牽涉的參數為：

- src：原始影像
- distanceType：距離的型態，包含：
  CV_DIST_L1 城市區塊距離
  CV_DIST_L2 歐氏距離
  CV_DIST_C 西洋棋盤距離
- maskSize：遮罩大小

二值影像的距離轉換範例，如圖 10-17。為了方便顯示，距離是正規化至 0 ～ 255 之間。可以發現距離轉換的結果，距離邊緣像素較遠的像素，構成形同物件的骨架。

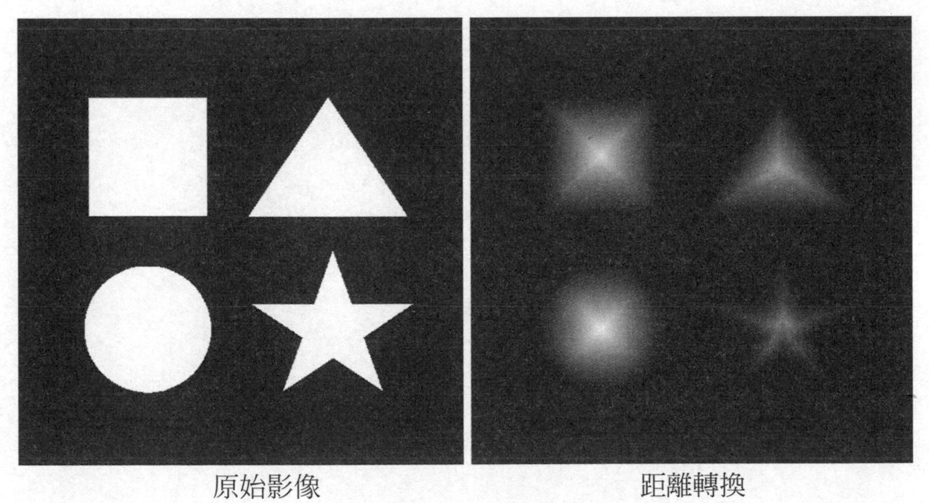

原始影像　　距離轉換

圖 10-17　距離轉換

Python 程式碼如下：

distance_transform.py

```
1   import numpy as np
2   import cv2
3
4   img1 = cv2.imread( "Shapes.bmp", 0 )
5   dist = cv2.distanceTransform( img1, cv2.DIST_L1, 3 )
6   cv2.normalize( dist, dist, 0, 255, cv2.NORM_MINMAX )
7   img2 = np.uint8( dist )
8   cv2.imshow( "Original Image", img1 )
9   cv2.imshow( "Distance Transform", img2 )
10  cv2.waitKey( 0 )
```

CHAPTER 11

小波與正交轉換

本章的目的是介紹**小波轉換** (Wavelet Transforms)。由於小波轉換的數學理論比較艱澀，因此將先介紹簡易的小波轉換，藉以建立基本概念；進而介紹小波轉換的數學定義與運算方法。

小波轉換分成**連續小波轉換** (Continuous Wavelet Transform, CWT) 與**離散小波轉換** (Discrete Wavelet Transform, DWT) 兩種。本章是以離散小波轉換為主要的討論範圍，同時使用 Python 程式實作，進行離散小波轉換的數位影像處理實作與應用。

除了小波轉換之外，本章同時介紹基於矩陣的正交轉換，被廣泛應用於影像分析、影像壓縮等。

學習單元

- 基本概念
- 簡易的小波轉換
- 小波轉換
- 離散小波轉換 (1D)
- 離散小波轉換 (2D)
- 小波轉換的數位影像處理應用
- 基於矩陣的轉換

11-1 基本概念

傅立葉轉換是頻率分析的重要數學工具，主要的特性是符合**可逆性**。任意的連續時間(或離散時間)訊號在經過傅立葉轉換後，可以使用反轉換(或逆轉換)重建原始的連續時間(或離散時間)訊號。

數學家將具有可逆性的數學轉換，稱爲**正交轉換** (Orthogonal Transform)。因此，傅立葉轉換是典型的正交轉換。由於轉換的可逆性，使得傅立葉轉換從 1950 年代起，成爲訊號(影像)處理主要的基礎理論與數學工具。

小波轉換 (Wavelet Transform) 最早的文獻是由 Alfrd Haar 於 1909 年提出，成爲第一個小波，但在當時並未引起數學家的注意。直到 1980 年代，Jean Morlet 再度提出小波的概念，並與 Alex Grossman 共同發明**小波** (Wavelet) 的名稱。小波的正式命名，引起當代數學家的注意，例如：Meyer、Mallat、Daubechies 等[1]，陸續投入研究並召開國際研討會，進而發展出強大的數學理論與工具，典型的應用即是數位訊號(或影像)的處理與分析，被廣泛應用於數位訊號編碼、音樂訊號分析、語音辨識、影像增強、影像(視訊)壓縮等領域。

傅立葉轉換是基於弦波的數學轉換，因此也可稱爲**全波轉換**。小波轉換則是基於有限長度的小波，藉以定義數學轉換。小波轉換同樣具有可逆性，因此是一種正交轉換。小波轉換的發展，承襲 Gabor 轉換的局部化概念，同時克服傅立葉轉換與 Gabor 轉換的缺點，提供可調變的時頻窗口，窗口的寬度會隨著頻率變化。頻率變低時，時間窗口的寬度會變寬，以提高時間域的解析度；頻率變高時，時間窗口的寬度會變窄，以提高頻率域的解析度。

小波轉換分成**連續小波轉換** (Continuous Wavelet Transform, CWT) 與**離散小波轉換** (Discrete Wavelet Transform, DWT)。根據離散小波轉換，同時也產生**快速小波轉換** (Fast Wavelet Transform, FWT) 的演算法，計算複雜度可達到 $O(N)$，若與快速傅立葉轉換的 $O(N \log_2 N)$ 相比較，具有絕對優勢。由於本書是討論數位影像處理，因此將以離散小波轉換爲主。

---

1 小波轉換的數學家，若與牛頓、萊布尼茲、傅立葉等人相比較，其實算是近代數學家。換言之，以數學的發展歷史而言，小波轉換仍是相當新的數學理論與工具。因此，小波轉換其實潛力無窮，還有待現代科學家或工程師進一步研究與發掘其應用。

11-2 簡易的小波轉換

若以數學家的語言介紹小波轉換，將牽涉許多數學定義與公式，對於不是專業數學領域的對象而言，其實會有遙不可及的感覺[2]。因此，筆者嘗試使用較爲淺顯易懂的方式，介紹小波轉換這個強大的數學理論與工具。

我們將先介紹簡易的**離散小波轉換** (Discrete Wavelet Transform, DWT)，藉以理解小波轉換的基本概念；接著，再延伸介紹小波轉換的數學定義與運算方法。

11-2-1 小波轉換的概念

假設給定兩個數值的離散序列：{ 14, 8 }

- 若取**平均值** (Average)，則 $\frac{14+8}{2}=11$
- 若取**差異值** (Difference)，則 $\frac{14-8}{2}=3$
- 將平均值與差異值合併，形成數學轉換後的結果：

  { 11, 3 }
- 原始的離散序列可以用下列反 (逆) 轉換重建：

  { 11 + 3, 11 - 3 } = { 14, 8 }

換言之，在此介紹的數學轉換，具有**可逆性**。數學轉換中，可逆性是一項相當重要的特性。

延伸上述的概念，假設給定下列的離散序列，共有 8 個樣本：

$$\{14, 8, 6, 4, 3, 5, 9, 7\}$$

- 首先，以兩個樣本分組求**平均值** (Average)，形成下列的離散序列：

$$\left\{\frac{14+8}{2}, \frac{6+4}{2}, \frac{3+5}{2}, \frac{9+7}{2}\right\} = \{11, 5, 4, 8\}$$

---

2 筆者為電機 / 電子領域，初次學習小波轉換的概念，其實是在美國大學應用數學系旁聽。當時聽課時，確實覺得數學教授是外星人，使用許多專業的數學語言，讓人有不知所云的深刻印象。

- 接著，求**差異值** (Difference)，形成下列的離散序列：

$$\left\{\frac{14-8}{2}, \frac{6-4}{2}, \frac{3-5}{2}, \frac{9-7}{2}\right\} = \{\ 3, 1, -1, 1\ \}$$

- 將平均值與差異值合併，則形成下列的離散序列，與輸入的離散序列相當，共有 8 個樣本：

$$\{\ 11, 5, 4, 8, 3, 1, -1, 1\ \}$$

稱為 **1-Scale 的離散小波轉換** (Discrete Wavelet Transform at 1-Scale)。

- 若對前 4 個樣本進行同樣的步驟，則形成下列的離散序列：

$$\left\{\frac{11+5}{2}, \frac{4+8}{2}, \frac{11-5}{2}, \frac{4-8}{2}, 3, 1, -1, 1\right\} = \{\ 8, 6, 3, -2, 3, 1, -1, 1\ \}$$

稱為 **2-Scale 的離散小波轉換** (Discrete Wavelet Transform at 2-Scale)。

- 若對前 2 個樣本進行同樣的步驟，則形成下列的離散序列：

$$\left\{\frac{8+6}{2}, \frac{8-6}{2}, 3, -2, 3, 1, -1, 1\right\} = \{\ 7, 1, 3, -2, 3, 1, -1, 1\ \}$$

稱為 **3-Scale 的離散小波轉換** (Discrete Wavelet Transform at 3-Scale)。

因此，可以透過反 (逆) 轉換重建，步驟與上述相反：

- 首先，根據 3-Scale 的離散小波轉換結果進行反 (逆) 轉換：

$$\{\ 7+1, 7-1, 3, -2, 3, 1, -1, 1\ \} = \{\ 8, 6, 3, -2, 3, 1, -1, 1\ \}$$

- 接著，根據 2-Scale 的離散小波轉換結果進行反 (逆) 轉換：

$$\{\ 8+3, 8-3, 6+(-2), 6-(-2), 3, 1, -1, 1\ \} = \{\ 11, 5, 4, 8, 3, 1, -1, 1\ \}$$

- 最後，根據 1-Scale 的離散小波轉換結果進行反 (逆) 轉換：

$$\{\ 11+3, 11-3, 5+1, 5-1, 4+(-1), 4-(-1), 8+1, 8-1\ \}$$

或

$$\{\ 14, 8, 6, 4, 3, 5, 9, 7\ \}$$

即是原始的離散序列。

總結而言，上述的簡易離散小波轉換，符合**可逆性**。請注意：轉換後的離散序列必須使用**浮點數**的資料型態儲存，才能保證原始離散序列的重建。

11-2-2　矩陣表示法

上述範例中，給定的離散序列為：

$$\{14, 8, 6, 4, 3, 5, 9, 7\}$$

則 1-Scale **離散小波轉換**為：

$$\{11, 5, 4, 8, 3, 1, -1, 1\}$$

若以矩陣表示法表示離散小波轉換，則可表示成：

$$\frac{1}{2}\begin{bmatrix} 1 & 1 & 0 & 0 & 0 & 0 & 0 & 0 \\ 0 & 0 & 1 & 1 & 0 & 0 & 0 & 0 \\ 0 & 0 & 0 & 0 & 1 & 1 & 0 & 0 \\ 0 & 0 & 0 & 0 & 0 & 0 & 1 & 1 \\ 1 & -1 & 0 & 0 & 0 & 0 & 0 & 0 \\ 0 & 0 & 1 & -1 & 0 & 0 & 0 & 0 \\ 0 & 0 & 0 & 0 & 1 & -1 & 0 & 0 \\ 0 & 0 & 0 & 0 & 0 & 0 & 1 & -1 \end{bmatrix}\begin{bmatrix} 14 \\ 8 \\ 6 \\ 4 \\ 3 \\ 5 \\ 9 \\ 7 \end{bmatrix} = \begin{bmatrix} 11 \\ 5 \\ 4 \\ 8 \\ 3 \\ 1 \\ -1 \\ 1 \end{bmatrix}$$

上述的 8×8 矩陣，稱為**離散小波轉換矩陣** (DWT Matrix)，以 $\mathbf{W}$ 表示之。

接著，讓我們觀察一下反 (逆) 轉換。1-Scale **離散小波轉換**為：

$$\{11, 5, 4, 8, 3, 1, -1, 1\}$$

其反 (逆) 轉換可以重建原始的離散序列：

$$\{14, 8, 6, 4, 3, 5, 9, 7\}$$

若以矩陣表示法表示反 (逆) 轉換，可得：

$$\begin{bmatrix} 1 & 0 & 0 & 0 & 1 & 0 & 0 & 0 \\ 1 & 0 & 0 & 0 & -1 & 0 & 0 & 0 \\ 0 & 1 & 0 & 0 & 0 & 1 & 0 & 0 \\ 0 & 1 & 0 & 0 & 0 & -1 & 0 & 0 \\ 0 & 0 & 1 & 0 & 0 & 0 & 1 & 0 \\ 0 & 0 & 1 & 0 & 0 & 0 & -1 & 0 \\ 0 & 0 & 0 & 1 & 0 & 0 & 0 & -1 \\ 0 & 0 & 0 & 1 & 0 & 0 & 0 & -1 \end{bmatrix} \begin{bmatrix} 11 \\ 5 \\ 4 \\ 8 \\ 3 \\ 1 \\ -1 \\ 1 \end{bmatrix} = \begin{bmatrix} 14 \\ 8 \\ 6 \\ 4 \\ 3 \\ 5 \\ 9 \\ 7 \end{bmatrix}$$

上述的 8 ×8 矩陣，稱爲**反 (逆) 離散小波轉換矩陣** (Inverse DWT Matrix)，以 $\mathbf{W}^{-1}$ 表示之。

假設我們暫時忽略 1 / 2 的係數，可以發現反 (逆) 轉換矩陣，即是轉置矩陣：

$$\mathbf{W}^{-1} = \mathbf{W}^{T}$$

回顧線性代數，這樣的矩陣稱爲**正交矩陣** (Orthogonal Matrix)。滿足下列條件：

$$\mathbf{W}^{-1}\mathbf{W} = \mathbf{W}^{T}\mathbf{W} = \mathbf{W}\mathbf{W}^{T} = \mathbf{I}$$

若將**離散小波轉換矩陣** (DWT Matrix) 與反矩陣的係數均改爲 $1/\sqrt{2}$ ，即可完全符合正交矩陣 $\mathbf{W}^{-1} = \mathbf{W}^{T}$ 的性質。

進一步說明，若轉換矩陣的係數爲 $1/\sqrt{2}$ ，則轉換矩陣 **W** 爲：

$$\frac{1}{\sqrt{2}} \begin{bmatrix} 1 & 1 & 0 & 0 & 0 & 0 & 0 & 0 \\ 0 & 0 & 1 & 1 & 0 & 0 & 0 & 0 \\ 0 & 0 & 0 & 0 & 1 & 1 & 0 & 0 \\ 0 & 0 & 0 & 0 & 0 & 0 & 1 & 1 \\ 1 & -1 & 0 & 0 & 0 & 0 & 0 & 0 \\ 0 & 0 & 1 & -1 & 0 & 0 & 0 & 0 \\ 0 & 0 & 0 & 0 & 1 & -1 & 0 & 0 \\ 0 & 0 & 0 & 0 & 0 & 0 & 1 & -1 \end{bmatrix}$$

可以發現無論是哪一列 (或行)，Norm 值均爲 1，同時符合正交條件。這樣的矩陣可進一步稱爲**正規化正交** (Orthonormal) 矩陣。

離散小波轉換的運算方式，其實與卷積運算相似，牽涉的濾波器分別爲：

$$\left\{\frac{1}{\sqrt{2}},\frac{1}{\sqrt{2}}\right\}、\left\{\frac{1}{\sqrt{2}},-\frac{1}{\sqrt{2}}\right\}$$

稱爲 **Haar 小波** (Haar Wavelet)。換言之，使用 Haar 小波的離散小波轉換，形成最具代表性的**正交轉換**。

11-2-3 小波轉換與頻率域

讓我們回顧上述簡易的離散小波轉換，給定的離散序列爲：

$$\{14, 8, 6, 4, 3, 5, 9, 7\}$$

共 1-Scale **離散小波轉換**爲：

$$\{11, 5, 4, 8, 3, 1, -1, 1\}$$

由於前半部是取平均值，因此是取離散序列的低頻分量；後半部則是取差異值，與一階導函數的差分運算相似，因此是取離散序列的高頻分量。換言之，上述的轉換結果，可以區分爲：

$$\underbrace{\{11, 5, 4, 8\}}_{\text{低頻}}\quad\underbrace{\{3, 1, -1, 1\}}_{\text{高頻}}$$

若輸入數位影像，即強度 (灰階) 是介於 0 ～ 255 之間的正整數，則低頻分量的值會維持正值 (浮點數)，但高頻分量則可能包含負值。

以 Haar 小波爲例，則 $\left\{\frac{1}{\sqrt{2}},\frac{1}{\sqrt{2}}\right\}$、$\left\{\frac{1}{\sqrt{2}},-\frac{1}{\sqrt{2}}\right\}$ 分別爲**低通** (Lowpass) 與**高通** (Highpass) 濾波器。

11-3 小波轉換

小波轉換 (Wavelet Transform)，也經常稱爲**小波分析** (Wavelet Analysis)，主要是基於有限長度的小波而定義。數學家 Mallat 於 1987 年，提出**多解析度理論** (Multiresolution Theory)，證明小波是一項強大的數學工具，可以用來進行多解析度分析，在訊號處理與分析領域尤其有用。

11-3-1 縮放函數

定義　縮放函數

縮放函數 (Scaling Functions) 可以定義爲：

$$\varphi_{j,k} = 2^{j/2}\varphi(2^j x - k)$$

其中 j 與 k 均爲整數，分別稱爲**尺度** (Scale) 與**平移** (Translation)。縮放函數也稱爲**父小波** (Father Wavelets)。

縮放函數 (Scaling Functions) 可以用來將某函數表示成一系列的**近似函數** (Approximation Functions)，相鄰的函數是以 2 的比例區隔。

舉例說明，考慮以下的函數：

$$\varphi(x) = \begin{cases} 1 & 0 \le x < 1 \\ 0 & otherwise \end{cases}$$

在訊號處理領域中，稱爲**脈衝函數** (Pulse Function)。若假設 $j = 0$ 與 $k = 0$，即 $\varphi_{0,0}(x) = \varphi(x)$，稱爲 Haar 小波的**父小波** (Father Wavelet)。

根據**縮放函數** (Scaling Functions) 的定義，若改變 k 值，則：

$$\varphi_{0,1}(x) = 2^0\varphi(2^0 x - 1) = \varphi(x-1)$$

代表函數的位移。若改變 j 值，則：

$$\varphi_{1,0}(x) = 2^{1/2}\varphi(2^1 x - 0) = \sqrt{2}\,\varphi(2x)$$

$$\varphi_{1,1}(x) = 2^{1/2}\varphi(2^1 x - 1) = \sqrt{2}\,\varphi(2x-1)$$

代表該函數在不同 (或相鄰) 解析度下的**近似函數** (Approximation Functions)，如圖 11-1。

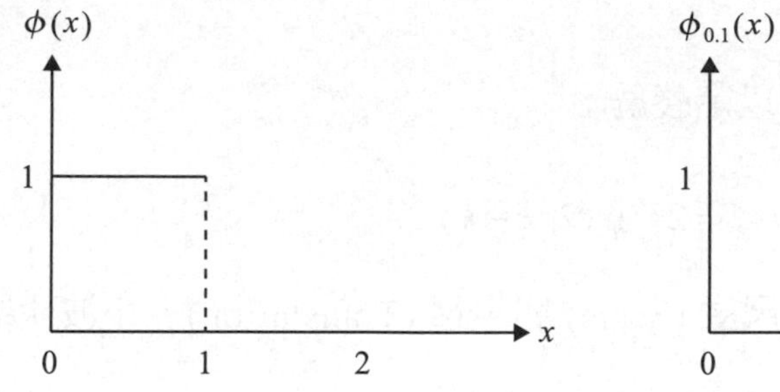

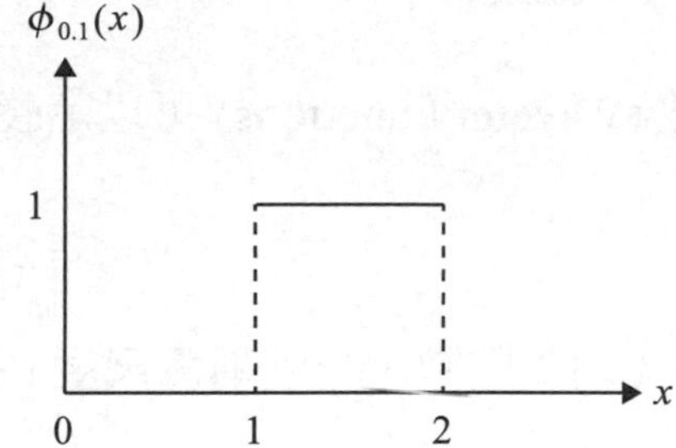

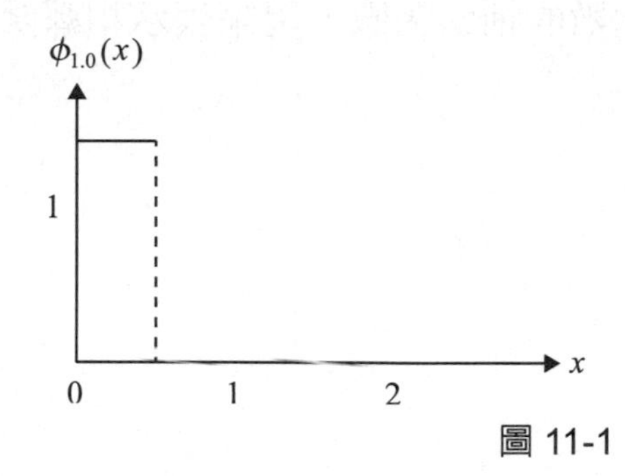

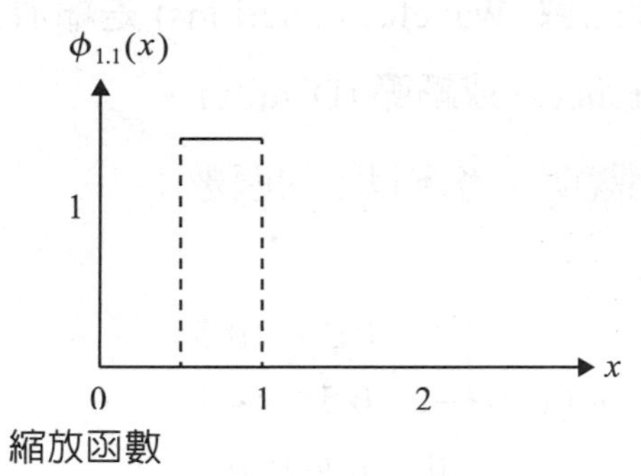

圖 11-1　縮放函數

因此，原始的函數可以使用縮放函數，分解成不同解析度的近似函數。相反的，近似函數則可透過線性組合，重建原始的函數：

$$\varphi_{0,0}(x)=\frac{1}{\sqrt{2}}\varphi_{1,0}(x)+\frac{1}{\sqrt{2}}\varphi_{1,1}(x)$$

同時也可以表示成：

$$\varphi(x)=\frac{1}{\sqrt{2}}\left[\sqrt{2}\,\varphi(2x)\right]+\frac{1}{\sqrt{2}}\left[\sqrt{2}\,\varphi(2x-1)\right]$$

或

$$\varphi(x)=\varphi(2x)+\varphi(2x-1)$$

11-3-2 小波函數

定義 小波函數

小波函數 (Wavelet Functions) 可以定義爲：

$$\psi_{j,k} = 2^{j/2}\psi(2^j x - k)$$

其中 j 與 k 均爲整數，分別稱爲**尺度** (Scale) 與**平移** (Translation)。小波函數也稱爲**母小波** (Mother Wavelets)。

小波函數 (Wavelet Functions) 是縮放函數的輔助函數，用來表示相鄰函數的**差異** (Differences) 或**細節** (Details)。

舉例說明，考慮以下的函數：

$$\psi(x) = \begin{cases} 1 & 0 \le x < 0.5 \\ -1 & 0.5 \le x < 1 \\ 0 & otherwise \end{cases}$$

即是 Haar 小波的**小波函數** (Wavelet Function)，也稱爲 Haar 小波的**母小波** (Mother Wavelet)。同理，透過小波函數，也可以分解成不同解析度的**差異函數** (Difference Functions)，或稱爲**細節函數** (Detail Functions)。例如：

$$\psi_{0,1}(x) = 2^0\psi(2^0 x - 1) = \psi(x-1)$$

$$\psi_{1,0}(x) = \sqrt{2}\,\psi(2x)$$

$$\psi_{1,1}(x) = \sqrt{2}\,\psi(2x-1)$$

如圖 11-2。

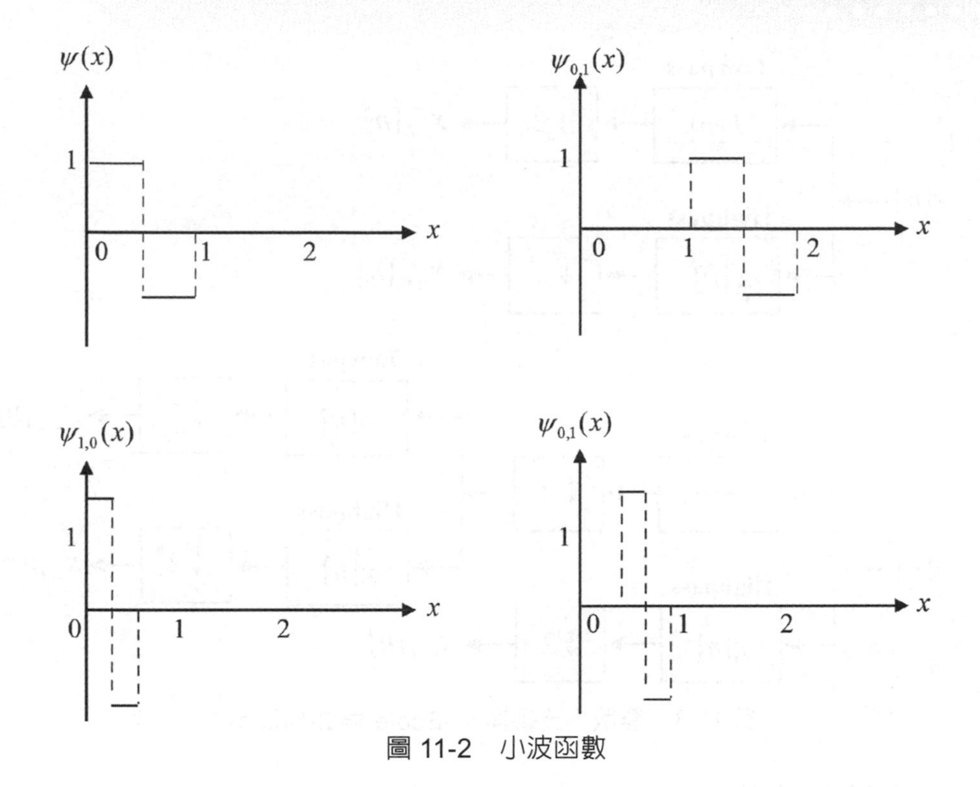

圖 11-2 小波函數

離散小波轉換，即是基於**縮放函數** (Scaling Functions) 與**小波函數** (Wavelet Functions)，可以將原始的函數 (訊號)，經過轉換後，以離散小波轉換係數表示。反 (逆) 轉換即是根據這些係數，進行線性組合，可以重建原始的函數 (訊號)。

離散小波轉換，若以數學公式表示，則變得比較艱澀難懂。因此，在此以系統方塊圖架構呈現，如圖 11-3，其中包含 1-Scale 與 2-Scale 的離散小波轉換。數學定義分別爲：

$x[n]$ ：輸入的離散序列 (或數位訊號)

$h[n]$ ：**低通濾波器** (Lowpass Filter)

$g[n]$ ：**高通濾波器** (Highpass Filter)

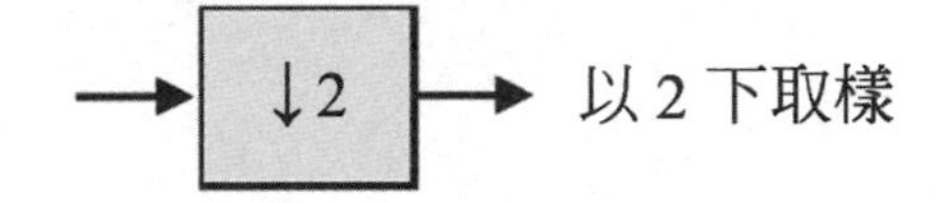

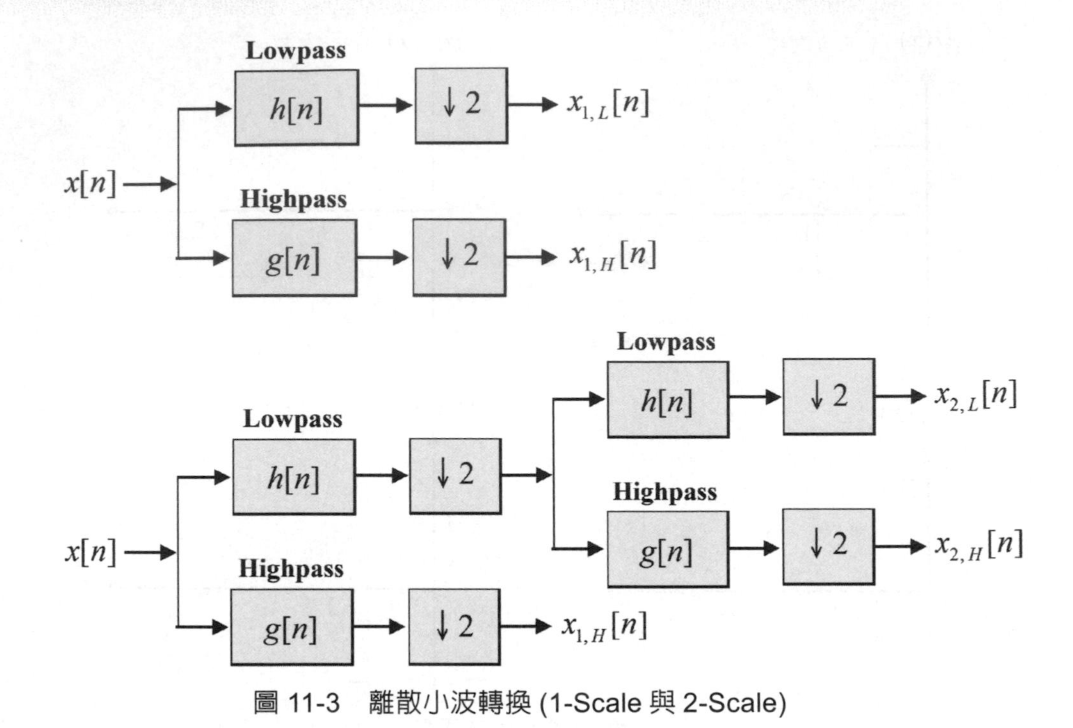

圖 11-3　離散小波轉換 (1-Scale 與 2-Scale)

11-3-3　小波的家族

小波轉換受到近代數學家的注意，分別進行深入研究，因而發展出許多**小波** (Wavelets)，稱爲**小波的家族** (Family of Wavelets)，均具有正交轉換的可逆性。典型的小波，包含：

- Haar
- Daubechies
- Symlets
- Coiflets
- Biorthogonal
- Meyer
- Gaussian
- Mexican Hat
- Morlet
- ……

小波爲有限長度的波，其長度 (或大小) 稱爲 Tap。例如：Haar 小波爲：

$$\left\{ \frac{1}{\sqrt{2}}, \frac{1}{\sqrt{2}} \right\}$$

包含兩個係數，因此也稱爲 2-Tap Haar Wavelet。**多貝西小波** (Daubechies Wavelet) 包含 4-Tap、8-Tap 等[3]。例如：4-Tap 的**多貝西小波**爲：

$$\left\{ \frac{1+\sqrt{3}}{4\sqrt{2}}, \frac{3+\sqrt{3}}{4\sqrt{2}}, \frac{3-\sqrt{3}}{4\sqrt{2}}, \frac{1-\sqrt{3}}{4\sqrt{2}} \right\}$$

約等於：

$$\{ 0.482963, 0.836516, 0.224144, -0.129410 \}$$

11-4 離散小波轉換 (1D)

假設給定下列離散序列：

$$\{ 1, 2, 4, 3 \}$$

若是採用 Haar 小波，則離散小波轉換爲：

$$\left\{ \frac{1}{\sqrt{2}}(1+2), \frac{1}{\sqrt{2}}(4+3), \frac{1}{\sqrt{2}}(1-2), \frac{1}{\sqrt{2}}(4-3) \right\}$$

或約等於：

$$\{ 2.121, 4.949, -0.707, 0.707 \}$$

OpenCV 程式庫並未提供小波轉換的函式，無法直接用來進行數位訊號 (影像) 處理。所幸目前已有第三方軟體開發者，針對 Python 程式語言，開發了一套小波轉換的程式庫，稱爲 PyWavelets – Wavelet Transforms in Python，不僅爲開源軟體程式庫，提供的功能也相當完整，方便使用者運用小波轉換，進行數位訊號 (或影像) 的處理與分析。

3 多貝西小波 (Daubechies Wavelet) 是以 Ingrid Daubechies 的名字命名。Ingrid Daubechies 是比利時物理學家與數學家，在小波轉換研究的貢獻相當卓越。

因此，在 Python 程式實作前，請您先安裝 PyWavelets 的軟體套件：

```
pip install PyWavelets
```

若是使用 Anaconda 安裝 Python 的開發環境，可以直接檢視是否已安裝 PyWavelets 的軟體套件：

```
>>> import pywt
```

目前，PyWavelets 提供的小波家族相當完整，列舉部分如下：

- Haar(haar)
- Daubechies(db)
- Symlets(sym)
- Coiflets(coif)
- Biorthogonal(bior)
- ……

您可以使用下列指令檢視 PyWavelets 提供的小波家族：

```
>>> import pywt
>>> pywt.families( )
```

或列出小波家族的完整小波名稱：

```
>>> import pywt
>>> pywt.families( short = False )
```

在此，使用 PyWavelets 檢驗上述離散小波轉換的結果：

```
>>> import numpy as np
>>> import pywt
>>> x = np.array( [ 1, 2, 4, 3 ] )
>>> cA, cD = pywt.dwt( x, 'db1' )
>>> print( cA )
[2.12132034 4.94974747]
>>> print( cD)
[-0.70710678   0.70710678]
```

本程式範例定義離散序列，使用 PyWavelets 提供的離散小波轉換函式 dwt，轉換的結果包含 cA 與 cD 兩部分，其中 cA 表示**近似函數的係數** (Coefficients of Approximation Functions)，cD 表示**細節函數的係數** (Coefficients of Detail Functions)。小波 (db1) 其實就是 Haar 小波。因此，透過 PyWavelets 軟體套件，離散小波轉換的實作與應用，變得相當容易。

假設輸入的離散序列爲：

$$\{\,14, 8, 6, 4, 3, 5, 9, 7\,\}$$

在此使用 PyWavelets 套件實作下列的離散小波轉換：

- Haar 小波
- Daubechies 小波 (4-Tap)
- Daubechies 小波 (8-Tap)

Python 程式碼如下：

DWT_example.py

```
1   import numpy as np
2   import pywt
3
4   f = np.array( [ 14, 8, 6, 4, 3, 5, 9, 7 ] )
5
6   # Haar Wavelet
7   print( "Haar Wavelet" )
8   cA, cD = pywt.dwt( f, 'db1' )
9   print( "DWT Coefficients: ", cA, cD )
10  fp = pywt.idwt( cA, cD, 'db1' )
11  print( "Reconstruction: ", fp )
12
```

```
13    # Daubechies Wavelet(4-Tap)
14    print( "Daubechies Wavelet(4-Tap)" )
15    cA, cD = pywt.dwt( f, 'db2' )
16    print( "DWT Coefficients: ", cA, cD )
17    fp = pywt.idwt( cA, cD, 'db4' )
18    print( "Reconstruction: ", fp )
19
20    # Daubechies Wavelet(8-Tap)
21    print( "Daubechies Wavelet(8-Tap)" )
22    cA, cD = pywt.dwt( f, 'db4' )
23    print( "DWT Coefficients: ", cA, cD )
24    fp = pywt.idwt( cA, cD, 'db8' )
25    print( "Reconstruction: ", fp )
```

本程式範例實作離散小波轉換，可以發現原始的離散序列，經過轉換構成離散小波轉換係數；若再進行反 (逆) 轉換，則可重建原始的離散序列。

由於離散小波轉換牽涉卷積運算，因此離散小波轉換係數，將會依小波的長度而有所變化 。換言之，在此須使用**全卷積** (Full Convolution) 運算，才能確保原始離散序列的完全重建。

11-5 離散小波轉換 (2D)

數學家 Mallat 於 1987 年提出，小波是一種強大的數學工具，可以用來進行**多解析度分析** (Multiresolution Analysis)，對於數位訊號的處理與分析方面的應用，具有實際意義。

多解析度 (Multiresolution) 分析，是根據數位影像在不同的解析度下，建構成**影像金字塔** (Image Pyramids)，如圖 11-4。多解析度影像處理，可以協助我們觀察影像中巨觀或微觀的資訊。

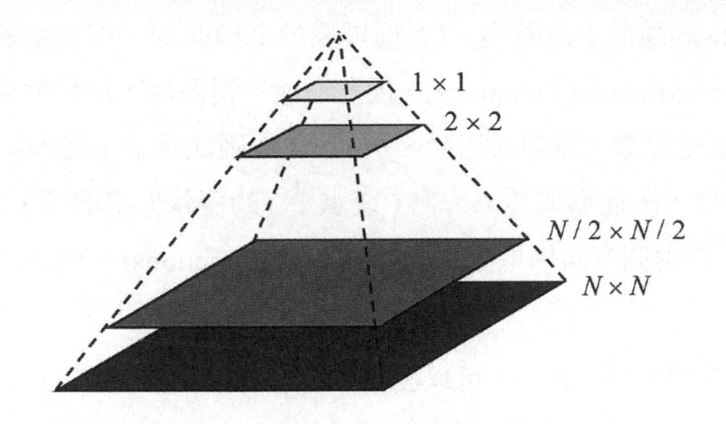

圖 11-4　數位影像的多解析度分析

原始的數位影像爲金字塔的最底層；1-Scale、2-Scale 等的離散小波轉換，可以用來建構金字塔的上層結構，進而提供多解析度分析。在此，可以根據不同**尺度** (Scale) 的離散小波轉換，依序取前半部的離散序列建構而成。

離散小波轉換可以延伸應用於二維空間函數，因此適合用來對數位影像進行處理與分析。離散小波轉換 (2D) 的示意圖，如圖 11-5。以 1-Scale 的離散小波轉換爲例，經過轉換後可以分爲 LL、LH、HL 與 HH 等頻率區域，其中 L 代表低頻，H 代表高頻。

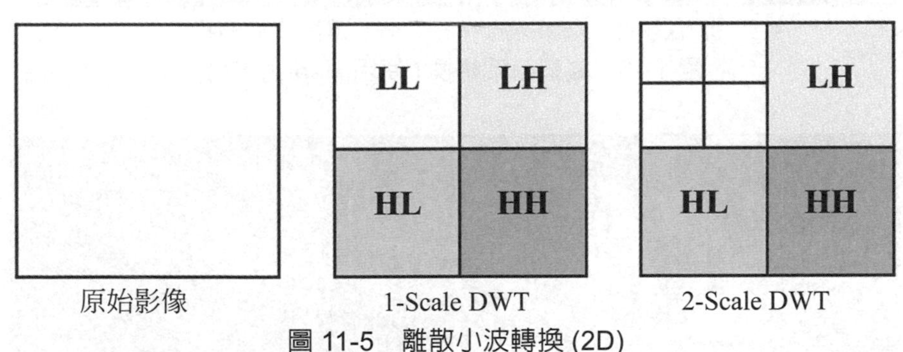

圖 11-5　離散小波轉換 (2D)

數位影像的離散小波轉換範例，如圖 11-6 與圖 11-7，分別採用 Haar 小波與 Daubechies 小波。爲了方便顯示離散小波轉換的結果，須對離散小波轉換的數值進行前處理。LL 區域是採用**正規化** (Normalization) 處理，將 DWT 係數調整到 0 ～ 255 之間；LH、HL 與 HH 區域則加上 128 的數值，同時截去過大(或過小)的差異值。

根據 1-Scale 的離散小波轉換，LL 區域屬於低頻區域，根據離散小波轉換，擷取**近似函數** (Approximation Functions)，因此形成平滑區域，解析度爲原來的一半。LH 與 HL 區域則是低頻 / 高頻的組合，例如：LH 區域是在 x 方向取低頻分量，在 y 方向取高頻分量，因此形成是 y 方向 (或水平) 的邊緣 (或細節) 資訊。HH 區域屬於高頻區域，在兩個方向擷取**細節函數** (Detail Functions)，結果其實與頻率域的高通濾波器相似。

若仔細觀察圖 11-6 與 11-7，可以發現 Daubechies 小波比 Haar 小波的近似結果較佳，產生的差異 (誤差) 相對比較小。

原始影像　　　　　　　　離散小波轉換

圖 11-6　離散小波轉換 (使用 Haar 小波)

原始影像　　　　　　　　離散小波轉換

圖 11-7　離散小波轉換 (使用 Daubechies 小波)

Python 程式碼如下：

DWT_image.py

```
1   import numpy as np
2   import cv2
3   import pywt
4
5   def DWT_image( f, wavelet ):
6       nr, nc = f.shape[:2]
7       coeffs = pywt.dwt2( f, wavelet )
8       LL,(LH, HL, HH)= coeffs
9
10      nr1, nc1 = LL.shape[:2]
11      g = np.zeros( [nr1 * 2, nc1 * 2], dtype = 'uint8' )
12
13      # LL(Normalized for Display)
14      LL_normalized = np.zeros( [nr1, nc1] )
15      cv2.normalize( LL, LL_normalized, 0, 255, cv2.NORM_MINMAX )
16      g[0:nr1,0:nc1] = np.uint8( LL_normalized[:,:] )
17
18      # LH, HL, HH(Add 128 for Display)
19      g[0:nr1,nc1:2*nc1] = np.uint8( np.clip( LH + 128, 0, 255 ))
20      g[nr1:2*nr1,0:nc1] = np.uint8( np.clip( HL + 128, 0, 255 ))
21      g[nr1:2*nr1,nc1:nc1*2] = np.uint8( np.clip( HH + 128, 0, 255 ))
22
23      return g
24
25  def main( ):
26      img1 = cv2.imread( "House.bmp", -1 )
```

```
27          img2 = DWT_image( img1, 'db1' )
28          cv2.imshow( "Original Image", img1 )
29          cv2.imshow( "Discrete Wavelet Transform", img2 )
30          cv2.waitKey( 0 )
31
32      main( )
```

11-6 小波轉換的數位影像處理應用

小波轉換是一種強大的數學工具，具有紮實的理論基礎與運算可逆性，因此被廣泛用來進行數位影像處理的應用，例如：影像增強、影像分割、影像分析、影像壓縮等。

11-6-1 影像增強

離散小波轉換可以擷取數位影像中的低頻與高頻分量，因此也可以用來進行影像增強。演算法的步驟如下：

(1) 首先，輸入的數位影像為 $f(x,y)$，目前先以灰階影像為主。原則上，數位影像大小以 2 的冪次方為原則。

(2) 選取小波，例如：Haar 小波、Daubechies 小波等，對數位影像進行離散小波轉換，擷取 DWT 係數。

(3) 根據 LL、LH、HL 或 HH 區域對 DWT 係數進行處理，例如：**取 LL 區域** (LL only)、**取 LH 區域** (LH only)、**取 HL 區域** (HL only)、**取 HH 區域** (HH only) 等。

(4) 對處理後的 DWT 係數進行反 (逆) 轉換。

(5) 進行後處理，例如：正規化等，藉以產生輸出影像。

使用 DWT 的影像增強範例，如圖 11-8。採用的方法分別為 LL only、LH only、HL only 與 HH only 等，使用的小波為 Haar 小波。

原始影像

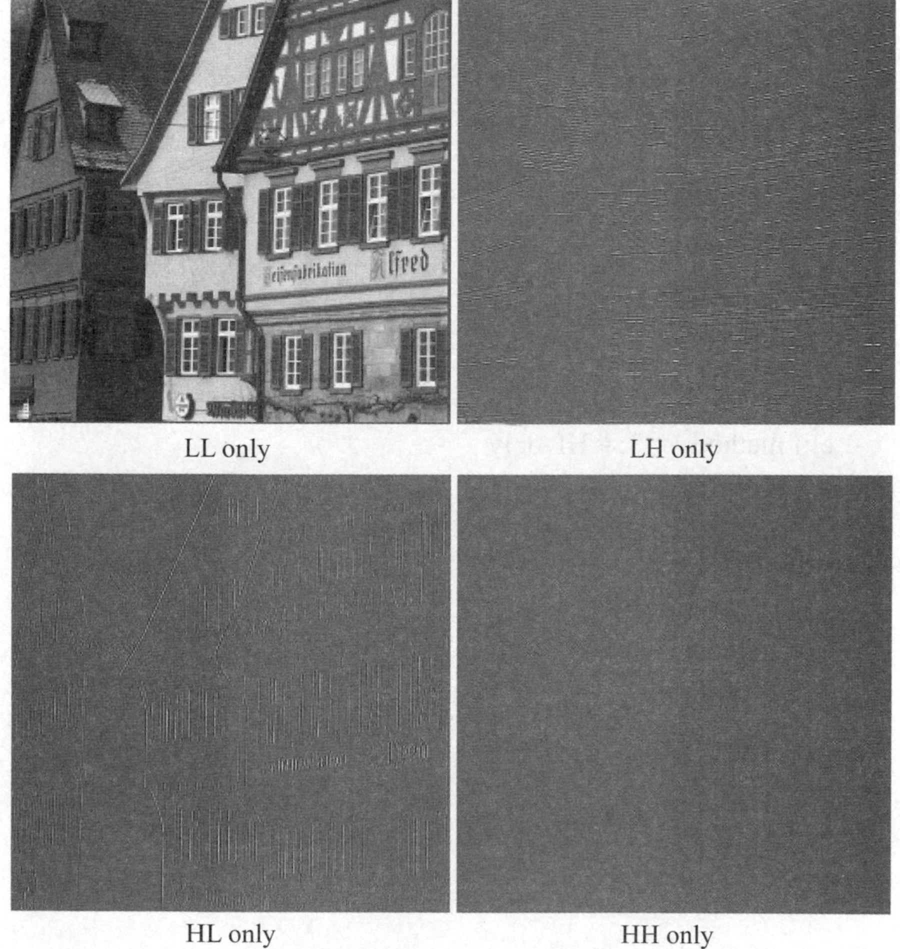

LL only LH only

HL only HH only

圖 11-8 使用離散小波轉換的影像增強

Python 程式碼如下：

DWT_enhancement.py

```
1   import numpy as np
2   import cv2
3   import pywt
4   
5   def DWT_enhancement( f, method, wavelet ):
6       nr, nc = f.shape[:2]
7       coeffs = pywt.dwt2( f, wavelet )
8       LL,(LH, HL, HH)= coeffs
9       if method == 1:   # LL only
10          LH.fill( 0 )
11          HL.fill( 0 )
12          HH.fill( 0 )
13      elif method == 2: # LH only
14          LL.fill( 0 )
15          HL.fill( 0 )
16          HH.fill( 0 )
17      elif method == 3: # HL only
18          LL.fill( 0 )
19          LH.fill( 0 )
20          HH.fill( 0 )
21      elif method == 4: # HH only
22          LL.fill( 0 )
23          LH.fill( 0 )
24          HL.fill( 0 )
25      coeffs = LL,(LH, HL, HH)
26      output = pywt.idwt2( coeffs, wavelet )
27      g = f.copy( )
```

```
28          if method == 1:
29                g = np.uint8( np.clip( output, 0, 255 ))
30          else:
31                temp = np.zeros( [ nr, nc ] )
32                cv2.normalize( output, temp, 0, 255, cv2.NORM_MINMAX )
33                g = np.uint8( temp )
34          return g
35
36    def main( ):
37          print( "Image Enhancement using DWT:" )
38          print( "(1)LL only" )
39          print( "(2)LH only" )
40          print( "(3)HL only" )
41          print( "(4)HH only" )
42          method = eval( input( "Please enter your choice: " ))
43          img1 = cv2.imread( "House.bmp", -1 )
44          img2 = DWT_enhancement( img1, method, 'db1' )
45          cv2.imshow( "Original Image", img1 )
46          cv2.imshow( "Image Enhancement using DWT", img2 )
47          cv2.waitKey( 0 )
48
49    main( )
```

11-6-2 影像分割

離散小波轉換可以用來進行**影像分割** (Image Segmentation)，最典型的應用為**邊緣偵測** (Edge Detection)。演算法的步驟如下：

(1) 首先，輸入的數位影像為 $f(x,y)$，數位影像大小以 2 的冪次方為原則。

(2) 選取小波，例如：Haar 小波、Daubechies 小波等，對數位影像進行離散小波轉換，擷取 DWT 係數。

(3) 將 LL 區域設為 0，目的是濾除低頻區域，僅保留 LH、HL 與 HH 的 DWT 係數。

(4) 對處理後的 DWT 係數進行反 (逆) 轉換。

(5) 對反 (逆) 轉換的結果取絕對值，並調整介於 0 ～ 255 之間。

(6) 使用 Otsu 演算法自動選閥值，進行閥值化處理。

使用離散小波轉換的邊緣偵測範例，如圖 11-9。在此使用的小波為 Haar 小波。同理，您可嘗試使用其他的小波，觀察邊緣偵測的結果。

原始影像　　　　邊緣偵測

圖 11-9 使用離散小波轉換的邊緣偵測

Python 程式碼如下：

DWT_edge_detection.py

```
1   import numpy as np
2   import cv2
3   import pywt
4
5   def DWT_edge_detection( f, wavelet ):
6       g = f.copy( )
7       nr, nc = f.shape[:2]
8       coeffs = pywt.dwt2( f, wavelet )
9       LL,(LH, HL, HH)= coeffs
10      LL.fill( 0 )
11      coeffs = LL,(LH, HL, HH)
12      output = pywt.idwt2( coeffs, wavelet )
13      gradients = np.uint8( np.clip( abs( output ), 0, 255 ))
14      thresh, g = cv2.threshold( gradients, 127, 255, cv2.THRESH_OTSU )
15      return g
16
17  def main( ):
18      img1 = cv2.imread( "House.bmp", -1 )
19      img2 = DWT_edge_detection( img1, 'db8' )
20      cv2.imshow( "Original Image", img1 )
21      cv2.imshow( "Edge Detection using DWT", img2 )
22      cv2.waitKey( 0 )
23
24  main( )
```

11-7 基於矩陣的轉換

本節介紹基於矩陣的轉換，具有可逆性，屬於正交轉換，被廣泛應用於許多領域，例如：資料處理與分析、影像特徵分析、影像壓縮等。

定義　基於矩陣的轉換

基於矩陣的轉換 (Matrix-based Transform) 可以定義為：

$$T(u,v)=\sum_{x=0}^{N-1}\sum_{y=0}^{N-1} f(x,y)\, r(x,y,u,v)$$

其**反 (逆) 轉換** (Inverse Transform) 為：

$$f(x,y)=\sum_{x=0}^{N-1}\sum_{y=0}^{N-1} T(u,v)\, s(x,y,u,v)$$

其中，$r(x,y,u,v)$ 與 $s(x,y,u,v)$ 分別稱為**正轉換** (Forward Transform) 與**反 (逆) 轉換** (Inverse Transform) 的**核函數** (Kernel Functions)。

上述定義具有可逆性，因此是一種**正交轉換** (Orthogonal Transform)。**核函數**也經常稱為**基底** (Basis)。輸入的數位影像 $f(x,y)$，通常強度 (灰階) 介於 0 ～ 255 之間；$T(u,v)$ 則稱為**轉換係數** (Transform Coefficients)，數值範圍則是依核函數 (或基底) 而定。

若核函數滿足下列條件：

$$r(x,y,u,v)=r_1(x,u)\, r_2(y,v)$$

則核函數具有**可分性** (Separable)。

若核函數可以分解成相同的函數：

$$r(x,y,u,v)=r(x,u)\, r(y,v)$$

則核函數具有**對稱性** (Symmetric)。

典型的**基於矩陣的轉換**，列舉如下：

- **離散傅立葉轉換** (Discrete Fourier Transform, DFT)
- **離散餘弦轉換** (Discrete Cosine Transform, DCT)
- **沃爾什 - 阿達瑪轉換** (Walsh-Haramard Transform, WHT)
- **Karhunen-Loève 轉換** (Karhunen-Loève Transform)

其中，Karhunen-Loève 轉換也簡稱為 K-L 轉換，以數學理論而言，是一種最佳化的正交轉換技術。以下介紹這些典型正交轉換，其中 K-L 轉換的計算複雜度較高，且在影像壓縮技術中的使用率不高，因此不做詳盡介紹。

11-7-1 離散傅立葉轉換

回顧**離散傅立葉轉換** (Discrete Fourier Transform, DFT)：

$$F(u,v)=\sum_{x=0}^{M-1}\sum_{y=0}^{N-1} f(x,y)\, e^{-j2\pi(ux/M+vy/N)}$$

因此，根據上述定義，傅立葉轉換的核函數為：

$$r(x,y,u,v)=e^{-j2\pi(ux/M+vy/N)}$$

可以證明這個核函數具有**可分性**與**對稱性**。

同理，傅立葉反 (逆) 轉換為：

$$f(x,y)=\frac{1}{MN}\sum_{u=0}^{M-1}\sum_{v=0}^{N-1} F(u,v)\, e^{j2\pi(ux/M+vy/N)}$$

因此，反 (逆) 轉換的核函數為：

$$s(x,y,u,v)=e^{j2\pi(ux/M+vy/N)}$$

可以證明反 (逆) 轉換的核函數也具有**可分性**與**對稱性**。

傅立葉轉換的核函數牽涉複數運算，使得傅立葉轉換的計算複雜度相對較高。因此，許多數學家 (科學家) 持續投入研究，發展出以實數為基礎的核函數，同時也具有正交的可逆性。

以 Python 程式設計而言，目前 NumPy 或 SciPy 其實都提供 DFT 的轉換函式，演算法都是採用**快速傅立葉轉換** (Fast Fourier Transform, FFT)。

傅立葉轉換的基底，分成**實部** (Real) 與**虛部** (Imaginary)，如圖 11-10。在此，基底的大小爲 8×8。

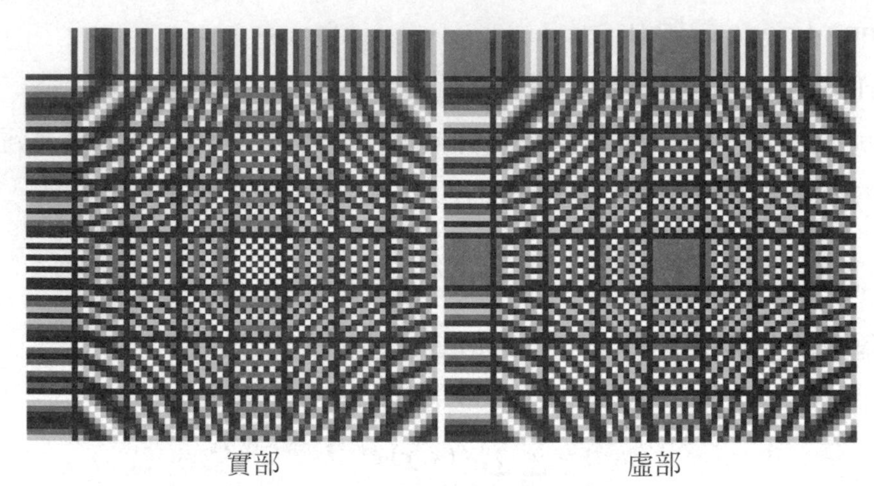

圖 11-10　傅立葉轉換的基底

11-7-2　離散餘弦轉換

離散餘弦轉換 (Discrete Cosine Transform, DCT) 其實是取離散傅立葉轉換的實部所發展而得。

定義　離散餘弦轉換

離散餘弦轉換 (Discrete Cosine Transform, DCT) 的核函數可以定義爲：

$$r(x,y,u,v) = s(x,y,u,v) = \alpha(u)\alpha(v)\cos\left[\frac{(2x+1)u\pi}{2N}\right]\cos\left[\frac{(2y+1)v\pi}{2N}\right]$$

其中：

$$\alpha(u) = \begin{cases} \sqrt{\frac{1}{N}} & for\ u = 0 \\ \sqrt{\frac{2}{N}} & for\ u = 1, 2, ..., N-1 \end{cases}$$

離散餘弦轉換的優點，在於其正(逆)轉換所牽涉的數學運算均為實數運算，且轉換前(後)的結果也均為實數。因此，離散餘弦轉換，其計算複雜度會比離散傅立葉轉換來得低，用來記錄轉換結果所需的記憶體空間也比較小。此外，由於正(逆)轉換的核函數相同，因此在實現離散餘弦函式時，只要完成正轉換的函式，就同時完成反(逆)轉換的函式。

以 Python 程式設計而言，目前 OpenCV 或 SciPy 都有提供 DCT 的轉換函式，在實作與應用上相當方便。

離散餘弦轉換的基底，如圖 11-11。基底的大小為 8×8。

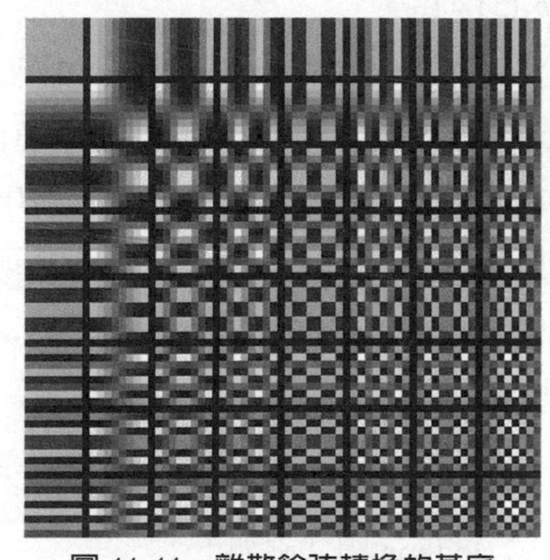

圖 11-11 離散餘弦轉換的基底

11-7-3 沃爾什 - 阿達瑪轉換

沃爾什 - 阿達瑪轉換 (Walsh-Hadamard Transform, WHT) 可以用來將函數分解成基底函數，稱為**沃爾什函數** (Walsh Function) 的線性組合。WHT 的特點是**沃爾什函數**僅包含 +1 或 –1 的值。

定義 沃爾什 - 阿達瑪轉換

沃爾什 - 阿達瑪轉換 (Walsh-Hadamard Transform, WHT) 的核函數可以定義為：

$$r(x,y,u,v) = s(x,y,u,v) = \frac{1}{N}(-1)^{\sum_{i=1}^{n-1}[b_i(x)p_i(u)+b_i(y)p_i(v)]}$$

其中，$N = 2^n$，$b_k(z)$ 為 z 的二元表示法中第 k 個位元，且：

$$\begin{aligned}
&p_0(u) = b_{n-1}(u)\\
&p_1(u) = b_{n-1}(u) + b_{n-2}(u)\\
&p_2(u) = b_{n-2}(u) + b_{n-3}(u)\\
&\cdots\\
&p_{n-1}(u) = b_1(u) + b_0(u)
\end{aligned}$$

舉例說明，若 $n = 3$ 且 $z = 6$。則 z 的二元表示法爲 110，代表 $b_0(z) = 0$, $b_1(z) = 1$, and $b_2(z) = 1$ 。

離散餘弦轉換的基底，如圖 11-12。基底的大小爲 8 × 8。由於基底的值僅包含 +1 或 –1 的值，因此在此分別用白色與黑色表示。

在此，我們進行 Python 程式設計，用來產生 DFT、DCT 與 WHT 的基底，原則上，基底的大小可以是 4、8、16 等值。

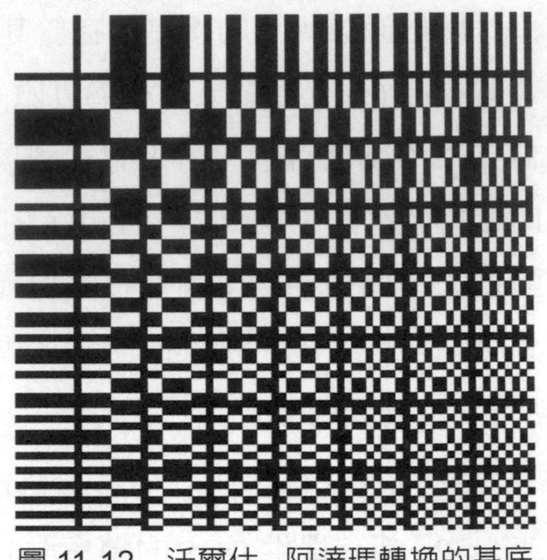

圖 11-12　沃爾什 - 阿達瑪轉換的基底

Python 程式碼如下：

basis.py

```
1    import numpy as np
2    import cv2
3
4    def DFT_basis( n, method ):
5        basis = np.zeros( [ n * n + n - 1, n * n + n - 1 ] )
6        img = np.zeros( [ n * n + n - 1, n * n + n - 1 ], dtype = 'uint8' )
7        for u in range( n ):
8            for v in range( n ):
9                for x in range( n ):
10                   for y in range( n ):
11                       if method == 1:
12                           value = np.cos( 2 * np.pi *( u * x + v * y )/ n )
13                       else:
14                           value = -np.sin( 2 * np.pi *( u * x + v * y )/ n )
15                       basis[ u *( n + 1 )+ x, v *( n + 1 )+ y ] = value
16       cv2.normalize( basis, basis, 0, 255, cv2.NORM_MINMAX )
```

```
17        img = np.uint8( basis )
18        return img
19
20    def DCT_basis( n ):
21        basis = np.zeros( [ n * n + n - 1, n * n + n - 1 ] )
22        img = np.zeros( [ n * n + n - 1, n * n + n - 1 ], dtype = 'uint8' )
23        for u in range( n ):
24            for v in range( n ):
25                for x in range( n ):
26                    for y in range( n ):
27                        if u == 0:
28                            alpha_u = np.sqrt( 1.0 / n )
29                        else:
30                            alpha_u = np.sqrt( 2.0 / n )
31                        if v == 0:
32                            alpha_v = np.sqrt( 1.0 / n )
33                        else:
34                            alpha_v = np.sqrt( 2.0 / n )
35                        value = alpha_u * alpha_v * \
36                        np.cos((( 2 * x + 1 )* u * np.pi )/( 2 * n ))*    \
37                        np.cos((( 2 * y + 1 )* v * np.pi )/( 2 * n ))
38                        basis[ u *( n + 1 )+ x, v *( n + 1 )+ y ] = value
39        cv2.normalize( basis, basis, 0, 255, cv2.NORM_MINMAX )
40        img = np.uint8( basis )
41        return img
42
43    def b_i( x, i ):
44        j = 1
45        return j &( x>>i )
46
```

```
47  def p_i( x, i, m ):
48      if i == 0:
49          return b_i( x, m - 1 )
50      else:
51          return b_i( x, m - 1 )+ b_i( x, m - i - 1 )
52
53  def WHT_basis( n ):
54      basis = np.zeros( [ n * n + n - 1, n * n + n - 1 ] )
55      img = np.zeros( [ n * n + n - 1, n * n + n - 1 ], dtype = 'uint8' )
56      m = int( np.log( n )/ np.log( 2.0 ))
57      for u in range( n ):
58          for v in range( n ):
59              for x in range( n ):
60                  for y in range( n ):
61                      sum = 0
62                      for i in range( m ):
63                          sum +=( b_i( x, i )* p_i( u, i, m )+    \
64                              b_i( y, i )* p_i( v, i, m ))
65                      value =( 1 / n )* pow( -1.0, sum )
66                      if value > 0:
67                          img[ u *( n + 1 )+ x, v *( n + 1 )+ y ] = 255
68                      else:
69                          img[ u *( n + 1 )+ x, v *( n + 1 )+ y ] = 0
70      return img
71
72  def main( ):
73      print( "Matrix-based Transform Basis" )
74      print( "(1)Discrete Fourier Transform(DFT)Real" )
75      print( "(2)Discrete Fourier Transform(DFT)Imaginary" )
```

```
76          print( "(3)Discrete Cosine Transform(DCT)")
77          print( "(4)Walsh-Hadamard Transform(WHT)" )
78          method = eval( input( "Please select your choice: " ))
79          n = eval( input( "Please select n: " ))
80          if method == 1:
81              img = DFT_basis( n, 1 )
82          if method == 2:
83              img = DFT_basis( n, 2 )
84          if method == 3:
85              img = DCT_basis( n )
86          if method == 4:
87              img = WHT_basis( n )
88          cv2.imshow( "Basis", img )
89          cv2.waitKey( 0 )
90
91      main( )
```

本程式範例實現**基於矩陣的轉換** (Matrix-based Transforms) 的**基底** (Basis)，並以數位影像的方式呈現，其中包含：DFT、DCT 與 WHT，輸入的基底大小 n 以 4、8、16 或 32 爲原則。以 8×8 的基底 ($n = 8$) 而言，實際的基底大小爲 64×64。在轉換過程中，每個 8×8 子區域是與數位影像中的 8×8 子影像進行線性運算，進而計算轉換後的係數。

爲了方便觀察，本程式範例在 8×8 的子區域之間，加上一個黑邊，寬度爲 1 個像素。因此，以 $n \times n$ 的基底，構成的數位影像，其大小爲 $(n \times n + n - 1) \times (n \times n + n - 1)$ 像素，結果請參照圖 11-10～圖 11-12。您可以嘗試更改基底大小 n，並觀察產生的基底影像結果。

CHAPTER 12

影像壓縮

本章的目的是介紹**影像壓縮** (Image Compression) 技術。首先，將介紹**資料壓縮** (Data Compression) 的基本概念與資訊理論，並介紹常見的資料壓縮技術，例如：**熵編碼** (Entropy Encoding) 等，進而介紹具有代表性的影像壓縮技術，例如：區塊轉換編碼、JPEG 影像壓縮等。

學習單元

- 基本概念
- 資訊理論
- 熵編碼
- 影像壓縮系統
- 區塊轉換編碼
- JPEG 影像壓縮

12-1 基本概念

定義 資料壓縮

資料壓縮 (Data Compression) 可以定義為：「使用較少的資料量 (或位元數)，藉以表示相同資訊的技術」。

現今電腦科技生活中，資料壓縮技術的應用其實隨處可見，大致可以根據多媒體的型態進行分類，如表 12.1。

表 12-1 典型的資料壓縮應用

多媒體	壓縮檔
文字或檔案	ZIP、RAR、PDF 等
聲音、語音或音樂	MP3 等
數位影像	GIF、PNG、JPEG、TIFF 等
數位視訊	H.26X、MPEG 等

資料壓縮技術的目的，是希望用較少的資料量 (或位元數)，藉以表示相同的資訊，不僅可以在傳輸時節省頻寬的需求與傳輸時間，儲存時也可以節省硬體，例如：硬碟等的成本。資料壓縮演算法，被稱為是改變世界的十大演算法，其實是實至名歸。

資料壓縮技術，可以分成兩大類：

- **無失真壓縮** (Lossless Compression) 是指資料經過壓縮後，再經過解壓縮，可以完全重建原始的資料，不會造成任何失真現象。無失真壓縮可以保證資料的完全重建，因此適用於文字檔、可執行檔等，例如：ZIP、RAR 等。通常無失真壓縮的效能比較有限。

- **失真壓縮** (Lossy Compression) 是指資料經過壓縮後，無法完全重建，會造成失眞現象 (或資料誤差)。失眞壓縮的目的是以大幅減少資料量爲主要目標，但希望重建後的資料，可以維持一定的品質，使得一般人不易察覺，因此被廣泛應用於音樂、影像、視訊等，例如：MP3、JPEG、H.26X、MPEG 等。

以資料壓縮領域而言，**資料** (Data) 與**資訊** (Information) 的意涵並不相同。舉例說明：人工智慧是目前資訊科技相當熱門的議題，英文爲 Artificial Intelligence，但可以用更簡單的方式表示，稱爲 AI，這樣的表示法其實就是一種資料壓縮的概念。換言之，Artificial Intelligence 與 AI 是兩種不同的表示法，雖然牽涉的**資料**量不同，但都可以用來表示「人工智慧」這個**資訊**。顯然的，在資料的壓縮、傳輸與交換過程中，傳送端與接收端必須遵守共同的**協定** (Protocols)，認定 AI 是指人工智慧。因此，資料壓縮技術的重點，牽涉共同的壓縮協定與方法[1]。

爲了評估資料壓縮技術的效能，可以定義**壓縮比** (Compression Ratio)，目的是提供量化數據。

定義　壓縮比

壓縮比 (Compression Ratio) 可以定義爲：

$$C = \frac{b}{b'}$$

其中，b 與 b' 爲兩種不同的表示法所須的位元數。

以上述的人工智慧爲例，若以 Artificial Intelligence 表示，總共需要 22 個英文字母 (不含空白)；若以 AI 表示，則總共只需要 2 個英文字母。若英文字母是以 ASCII 碼表示，每個英文字母佔 7 個位元。因此，**壓縮比**爲：

---

1 AI 也可以是**助理智慧** (Assistant Intelligence) 或**人工授精** (Artificial Insemination) 的縮寫，若傳送端與接收端未取得共識，很可能會造成誤解。筆者心目中的 AI，是個人專屬的秘書或助理。此外，數位影像處理的縮寫為 DIP，然而英文的 DIP，其實是「蘸」的意思，希望您在學習數位影像處理技術時，不要只是學到皮毛。

$$C = \frac{22\times 7}{2\times 7} = 11$$

或是說壓縮比爲 1：11。某些文獻則是定義**壓縮比**爲：

$$C = \frac{2\times 7}{22\times 7}\cdot 100\% \approx 9.1\%$$

由於兩種定義都很容易理解，本書將交替使用，不刻意排除哪一種定義方式。

12-2 資訊理論

資訊理論 (Information Theory) 是應用數學、電腦科學的分支，牽涉資料的量化、儲存與通訊等。資訊理論主要是由**克勞德・夏農** (Claude Shannon) 發展，用來找出訊號處理與通訊的基本限制，例如：資料壓縮、資料傳輸等。

資訊理論是將**資訊** (Information) 模型化成一種**機率處理**的過程。

定義　自我資訊

假設現有任意事件 x，發生機率爲 $P(x)$，則該事件所包含的資訊可以模型化爲：

$$I(x) = \log_2 \frac{1}{P(x)} = -\log_2 P(x)$$

稱爲事件 x 的**自我資訊** (Self-Information)。

以下舉例說明：

- 假設事件 x 是指「太陽從東邊出來」，由於這件事的發生機率爲 100%，因此：

  $$P(x) = 1 \ (100\%)$$

  若計算**自我資訊** (Self-Information)，則：

  $$I(E) = \log_2 \frac{1}{P(x)} = \log_2 1 = 0$$

  因此，以資訊理論而言，「太陽從東邊出來」事件不含任何資訊[2]。

2 以網路術語而言，比較像是「廢文」，不含任何有用的資訊。

- 假設事件 x 是指「獎卷中獎」，由於這件事通常機率不高，例如：

$$P(x) = 2^{-20} \approx 10^{-6}$$

若計算**自我資訊** (Self-Information)，則：

$$I(x) = \log_2 \frac{1}{2^{-20}} = \log_2 2^{20} = 20$$

因此，以資訊理論而言，「獎卷中獎」事件所包含的資訊相當豐富。

自我資訊的定義，對於單一事件所包含的資訊量，提供了一個可測量的運算方式。**自我資訊**的定義，可以延伸用來測量多個相關事件的總資訊量，稱為**熵** (Entropy)。

定義 熵

熵 (Entropy) 可以定義為：

$$H = \sum_x P(x) \log_2 \frac{1}{P(x)} = -\sum_x P(x) \log_2 P(x)$$

熵 (Entropy) 在化學或熱力學中，是一種**能量**的測量值。在此，**熵**是指**資訊熵** (Information Entropy)，可以用來測量總資訊量。若觀察**熵**的公式，即是根據許多相關事件 x 的自我資訊，先乘上該事件的發生機率，再加總所計算而得。

若以投擲錢幣為例，錢幣分成正、反兩面，投擲後的機率均為 1 / 2，則計算而得的**熵** (Entropy) 為：

$$H = -\sum_x P(x) \log_2 P(x) = -\left(\frac{1}{2} \log_2 \frac{1}{2} + \frac{1}{2} \log_2 \frac{1}{2} \right) = -\log_2 2^{-1} = 1$$

熵的計算結果代表投擲錢幣的總資訊量 $H = 1$。投擲錢幣的結果可能是正面或反面，分別以邏輯 1 或 0 表示，因此可以用一個位元儲存。

若以投擲骰子爲例，同時假設 6 個面的機率相同 (沒有灌鉛)，均爲 1 / 6，則計算而得的**熵** (Entropy) 爲：

$$H = -\sum_{x} P(x)\log_2 P(x) = -6 \cdot \left(\frac{1}{6}\log_2 \frac{1}{6}\right) = \log_2(6) \approx 2.5849$$

熵的計算結果代表投擲錢幣的總資訊量 $H \approx 2.5849$。投擲骰子的可能性有 6 種，約佔 2.5849 個位元。因此，至少需要使用 3 個位元，才能充分表示投擲骰子的結果，例如：001、010、…、110 等，分別代表 1 ～ 6。

定義　數位影像的熵

數位影像的**熵** (Entropy) 可以定義爲：

$$H = -\sum_{k=0}^{L-1} p_r(r_k)\log_2 p_r(r_k)$$

因此，數位影像的熵，可以使用**機率密度函數** (Probability Density Function,PDF) 計算而得。在此，**熵**是根據每個強度 (灰階) 的發生機率而定。

數位影像的**熵**，範例如圖 12-1。熵的單位可以用**位元數 / 像素** (Bits / Pixel) 表示。由圖上可以觀察到，熵與像素的機率分佈相關，代表數位影像的總資訊量。一般來說，若像素的機率分佈愈均勻，則熵愈大。當數位影像的熵愈大時，表示每個像素所需的位元數愈多，使得資料壓縮變得更困難。

$H = 1.546$

$H = 6.795$

$H = 7.867$

圖 12-1　數位影像的熵 (Entropy)

Python 程式碼如下：

entropy.py

```
1	import numpy as np
2	import cv2
3	
4	def entropy( f ):
5		nr, nc = f.shape[:2]
6		pdf = np.zeros( 256 )
7		for x in range( nr ):
8			for y in range( nc ):
9				pdf[f[x,y]] += 1
10		pdf /= ( nr * nc )
11		H = 0
12		for k in range( 256 ):
13			if pdf[k] != 0:
14				H + = ( -pdf[k] * np.log2( pdf[k] ))
15		return H
16	
17	def main( ):
18		img = cv2.imread( "Lenna.bmp", -1 )
19		H = entropy( img )
20		print( "Entropy =", H )
21	
22	main( )
```

資訊理論 (Information Theory) 其實與**編碼理論** (Coding Theory) 具有密切的關係。在資訊理論中，**夏農源編碼定理** (Shannon's Source Coding Theorem)，或稱爲**無雜訊編碼定理** (Noiseless Coding Theorem)，目的是用來建立資料壓縮的極限，可以根據熵的值決定。

假設某序列是由**獨立且等量分布** (Independent and Identically-Distributed, i.i.d.) 的**隨機變數** (Random Variables) 所構成，則夏農的源編碼理論可以用來決定無失真壓縮的極限。

定義　夏農源編碼定理

夏農源編碼定理 (Shannon's Source Coding Theorem) 如下：給定 N 個獨立且等量分布的隨機變數，每個隨機變數的熵為 $H(X)$，則當 $N \to \infty$ 時，資料可以壓縮為大於 $N \to H(X)$ 的位元數，不會有資訊失真現象。相對而言，若採用小於 $N \to H(X)$ 的位元數進行壓縮，則必然造成資訊失真現象。

以投擲骰子為例，假設共投擲 1,000 次，並紀錄每次投擲的結果，則無壓縮的資料量為：

$$1{,}000 \times 3\,(\text{bits}) = 3{,}000\,(\text{bits})$$

前述計算的熵為：

$$H \oplus 2.5849$$

因此投擲 1,000 次，可得：

$$1{,}000 \times 2.5849\,(\text{bits}) = 2584.9\,(\text{bits})$$

壓縮比的極限為：

$$C = \frac{2584.9}{3{,}000} \cdot 100\% \approx 86.16\%$$

因此，若對這 1,000 筆資料進行壓縮，壓縮比不能低於 86.16%，否則會造成失真現象。

12-3 熵編碼

資訊理論中，**熵編碼** (Entropy Encoding) 是一種無失真壓縮技術，可以用來對不同的多媒體資料進行壓縮，而且在解壓縮時可以保證原始資料的重建，不會造成失真現象。**熵編碼**技術的目的，顧名思義，即是希望可以達到接近**熵**的理想資料壓縮比。

典型的**熵編碼**技術，包含下列兩種：

- **霍夫曼編碼** (Huffman Coding)
- **算術編碼** (Arithmetic Coding)

12-2-1 霍夫曼編碼

霍夫曼編碼 (Huffman Coding) 技術是由美國電腦科學家**大衛・霍夫曼** (David Huffman) 於 1952 年發明的編碼技術，目前已被廣泛應用於許多資料壓縮標準。霍夫曼編碼的原理是對準備壓縮的資料先進行機率分析，對於發生機率較高的資料，以較短的**位元串** (Bit Strings) 表示；對於發生機率較低的資料，則以較長的**位元串** (Bit Strings) 表示。

假設給定一張 500 × 500 的數位影像，如圖 12-2。數位影像中僅包含 4 種強度 (灰階)，分別為：50、100、150 與 200。強度的機率分佈與兩種不同的編碼方式：(1) **固定長度編碼** (Fixed-Length Coding)；與 (2) **可變長度編碼** (Variable-Length Coding)，如表 12-2。

圖 12-2 霍夫曼編碼的範例影像

表 12-2　數位影像的霍夫曼編碼

強度 (灰階)	機率	固定長度編碼	可變長度編碼
50	0.1	0011 0010	110
100	0.2	0110 0100	111
150	0.25	1001 0110	10
200	0.45	1100 1000	0

若採用**固定長度編碼**，原始影像中每個像素是使用 8 位元儲存 (8 bits / pixel)，則無壓縮的數位影像所需的總資料量爲：

$$500 \times 500\,(\text{pixel}) \cdot 8\,(\text{bits / pixel}) = 2{,}000{,}000\,(\text{bits})$$

若採用**可變長度編碼**，或稱爲**霍夫曼碼** (Huffman Codes)，則每個像素平均使用的位元數爲：

$$0.1 \times 3\,(\text{bits}) + 0.2 \times 3\,(\text{bits}) + 0.25 \times 2\,(\text{bits}) + 0.45 \times 1\,(\text{bits}) = 1.85\,(\text{bits / pixel})$$

因此，採用霍夫曼編碼技術，壓縮後的數位影像所需的總資料量爲：

$$500 \times 500\,(\text{pixel}) \cdot 1.85\,(\frac{\text{bits}}{\text{pixel}}) = 462{,}500\,(\text{bits})$$

達到的**壓縮比**爲：

$$\frac{462{,}500}{2{,}000{,}000} \times 100\% = 23.125\%$$

若計算數位影像的**熵**，則：

$$\begin{aligned} H &= -\sum_x P(x)\log_2 P(x) \\ &= -\left(0.1 \cdot \log_2 \frac{1}{0.1} + 0.2 \cdot \log_2 \frac{1}{0.2} + 0.25 \cdot \log_2 \frac{1}{0.25} + 0.45 \cdot \log_2 \frac{1}{0.45}\right) \\ &\approx 1.81498\,(\text{bits / pixel}) \end{aligned}$$

若與以上像素的平均位元數比較，可以發現霍夫曼編碼的結果，非常接近計算的**熵**。換言之，霍夫曼編碼可以提供理想的資料壓縮，相當接近無失真壓縮的極限。

觀察本範例的霍夫曼碼，可以發現任何一個**字碼** (Codeword)，均不是其他字碼的前置碼，因此，霍夫曼碼是典型的**前置碼** (Prefix Codes)。前置碼的優點爲：傳送端可以直接連接與傳遞訊息，接收端也可以即時進行解碼。例如：給定一個編碼後的 0 與 1 序列：

0 1 1 1 1 0 1 1 0

可以即時進行解碼：

	0	111	10	110
強度	**200**	**100**	**150**	**50**

霍夫曼編碼 (Huffman Coding) 技術，使用的演算法設計策略，稱爲**貪婪演算法** (Greedy Algorithms)，是電腦科學中相當重要的演算法。若說資料壓縮演算法是改變世界的十大演算法之一，其實是實至名歸。資料壓縮演算法中，以霍夫曼編碼最具代表性，被廣泛應用於許多壓縮標準，例如：MP3、JPEG、MPEG 等。

霍夫曼編碼的演算法，概略說明如下：

(1) 首先，輸入**源符號** (Source Symbols) 與發生機率。根據輸入的源符號與發生機率，建立**節點** (Node) 的序列。
(2) 取出最小機率與次小機率的節點，藉以建立新的節點，並將兩個機率值相加。原則上，最小機率放左子節點，次小機率放右子節點。
(3) 將新的節點插入原來的序列，並重複步驟 (2)。
(4) 最後，將建立**霍夫曼樹** (Huffman Tree)，節點的走訪順序，即是**霍夫曼碼** (Huffman Codes)。

在此舉例說明霍夫曼編碼的步驟，假設上述數位影像的強度 (灰階)，視爲霍夫曼編碼的**源符號** (Source Symbols)，如表 12-3。

表 12-3　數位影像的強度與機率

強度 (灰階)	50	100	150	200
機率	0.1	0.2	0.25	0.45

首先，建立**節點** (Node) 的序列，如圖 12-3(a)；接著，取出最小機率與次小機率的節點，藉以建立新的節點與插入，如圖 12-3(b)；重複步驟 2，結果如圖 12-3(c)；最後，即可建立**霍夫曼樹** (Huffman Tree)，如圖 12-3(d)。

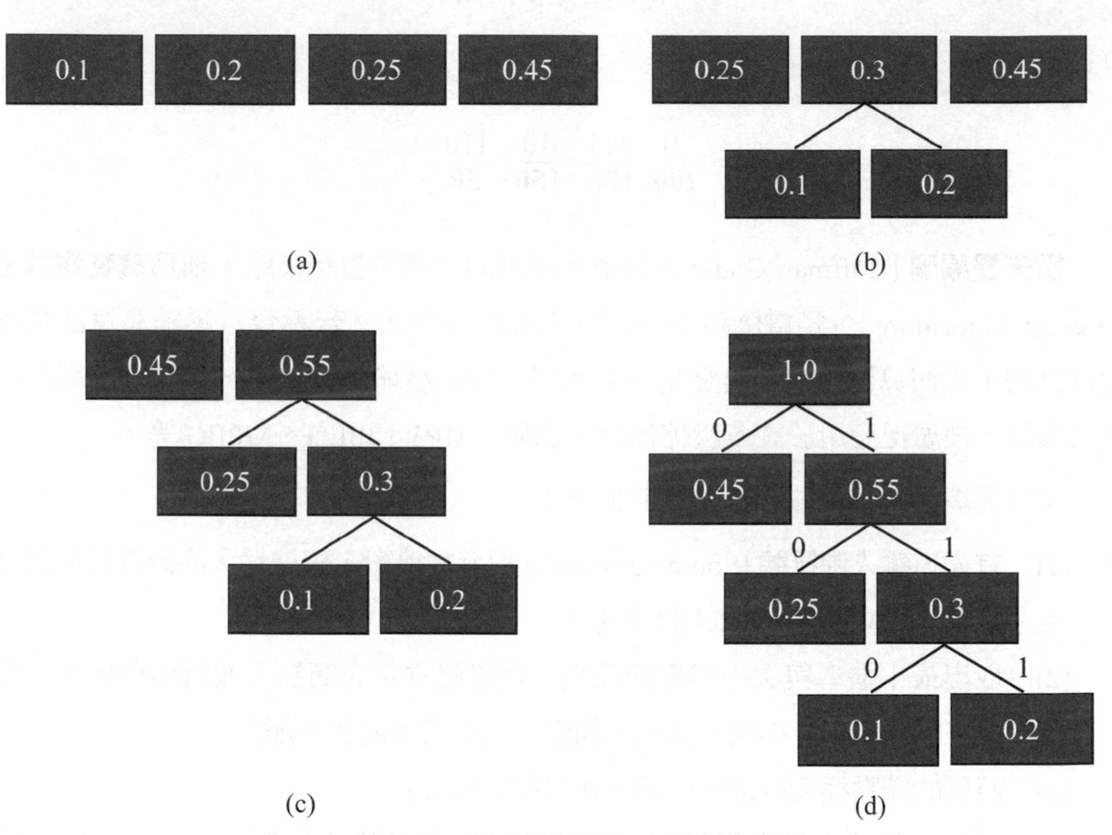

圖 12-3　霍夫曼編碼的演算法過程

霍夫曼樹節點的走訪順序，即是**霍夫曼碼** (Huffman Codes)，如表 12-4。

表 12-4 霍夫曼碼

強度 (灰階)	機率	霍夫曼碼
50	0.1	110
100	0.2	111
150	0.25	10
200	0.45	0

12-2-2 算術編碼

算術編碼 (Arithmetic Coding) 技術是**熵編碼**技術的一種，因此也提供無失真壓縮。霍夫曼技術主要是根據每個**源符號** (Source Symbol) 進行編碼，因此每個源符號是以一個二元的**字碼** (Codeword) 表示。算術編碼則是直接根據源符號的序列，並以一個介於 0 ～ 1 之間的浮點數進行編碼。

考慮上述的數位影像，假設**源符號** (Source Symbol) 與其機率分佈，如表 12-5。

表 12-5 源符號與機率分佈

源符號	強度 (灰階)	機率
a_1	50	0.1
a_2	100	0.2
a_3	150	0.25
a_4	200	0.45

因此，可以定義介於 0 ～ 1 的區間，分別對應源符號，如表 12-6。

表 12-6 源符號與區間

源符號	強度 (灰階)	機率	區間
a_1	50	0.1	[0.0, 0.1)
a_2	100	0.2	[0.1, 0.3)
a_3	150	0.25	[0.3, 0.55)
a_4	200	0.45	[0.55, 1.0)

假設**源符號**的序列爲 $a_1\,a_2\,a_3\,a_4$，算術編碼的過程，如圖 12-4。剛開始時，根據機率分佈佔據 [0, 1) 的區間。第一個源符號爲 a_1，因此可以根據機率取出子區間 [0, 0.1)；第二個源符號爲 a_2，則可再根據機率取 [0, 0.1) 的子區間，形成 [0.01, 0.03) 的子區間；以此類推。最後，整個序列 $a_1\,a_2\,a_3\,a_4$ 可以用一個介於 0.01875 ～ 0.021 之間的浮點數進行編碼，例如：0.019 等。

當源符號序列的長度變長時，則算術編碼技術可以逼近最佳的壓縮比 (熵)。然而，算術編碼技術仰賴精確的浮點運算，通常長度愈長，則浮點運算必須更精確，才不致造成失眞現象。

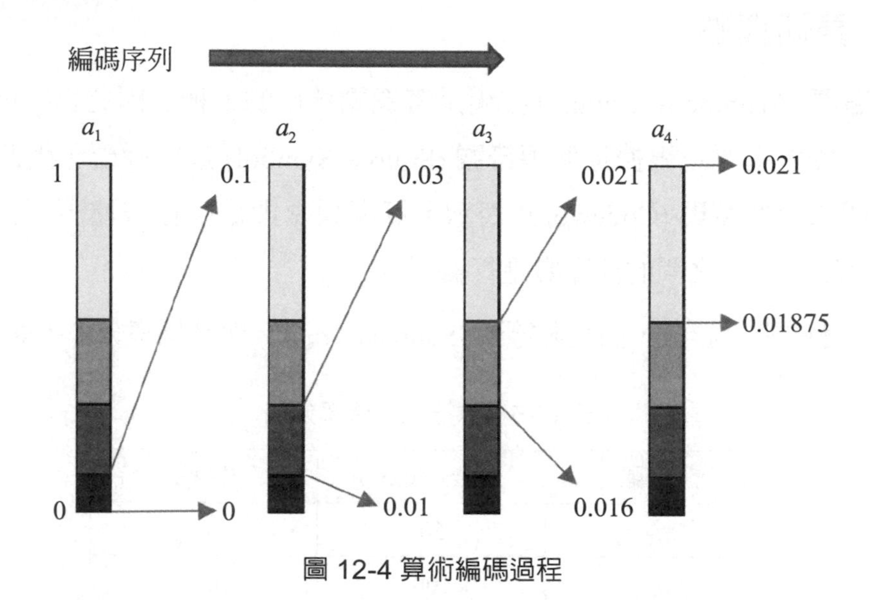

圖 12-4 算術編碼過程

12-4 影像壓縮系統

影像壓縮系統 (Image Compression System) 的系統方塊圖，如圖 12-5。影像壓縮系統包含兩個基本元件，稱爲**編碼器** (Encoder) 與**解碼器** (Decoder)。您或許聽過 Codec，其實就是 Coder 與 Decoder 的組合字，代表**編解碼器**。

輸入的數位影像爲 $f(x,y)$，在傳送端以編碼器進行影像編碼 (或壓縮)，編碼後的訊息再透過通道傳輸，接收端在收到訊息後進行解碼，進而重建輸出的數位影像 $\hat{f}(x, y)$。理想的影像壓縮系統，目的自然是希望可以達到即 $f(x, y) \approx \hat{f}(x, y)$，不至於產生失眞現象。

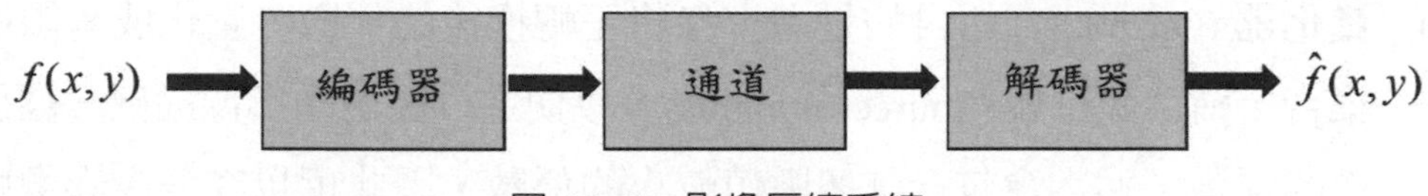

圖 12-5 影像壓縮系統

除了上述的**熵編碼**技術之外，目前的影像壓縮系統或影像 Codec，其實使用的編碼技術相當多。例如：傳真機使用的 Run-Length 編碼、BMP 使用的 LZW 編碼等。本書限於篇幅，無法做詳盡介紹。在此，我們將重點放在**區塊轉換編碼** (Block Transform Coding) 技術，是最具代表性的影像壓縮技術。區塊轉換編碼技術不僅是 JPEG 影像壓縮標準的核心技術，同時也被延伸應用於許多數位視訊標準，例如：H.26X、MPEG 等。

12-5 區塊轉換編碼

區塊轉換編碼 (Block Transform Coding) 技術的系統方塊圖，如圖 12-6，分成編碼器與解碼器兩部分。區塊轉換編碼技術的主要應用，是以**失真壓縮** (Lossy Compression) 爲止，可以突破**夏農** (Shannon) 所定義的壓縮極限，但仍能保留重要的影像資訊。

編碼器 (Encoder) 的處理步驟如下：

(1) 首先，根據輸入影像，影像大小爲 $M \times N$，分割成互不重疊的**區塊** (Block)，或稱爲**子影像** (Subimage)，區塊大小爲 $n \times n$。n 通常是選取 4 的倍數，例如：4、8、16、32 等。若無法除盡，則可在後面補零。因此，總共可以產生 MN / n^2 個區塊。

(2) 採用基於矩陣的正交轉換，例如：DFT、DCT、WHT 等，對每個獨立的區塊進行**正轉換** (Forward Transform)。經過轉換後的區塊大小仍爲 $n \times n$。由於輸入影像的強度 (灰階) 是介於 0 ～ 255 的正整數，轉換後的結果稱爲**轉換係數** (Transform Coefficients)，例如：DFT 係數、DCT 係數、WHT 係數等。轉換係數也會根據選取的正交轉換而有所不同，例如：DFT 係數爲複數，DCT 係數爲浮點數，WHT 係數爲正整數或負整數等。

(3) **量化器** (Quantizer) 的目的是進一步將正轉換後的係數，量化成有限的數值集合，稱爲**源符號** (Source Symbols)，以便進行區塊的影像編碼。經過轉換後的係數，通常會包含許多數值較小的係數，因此可以在考慮影像壓縮的前提下，將這些係數去除。同時，數值較大的係數，仍然可以維持主要的影像資訊。

(4) **符號編碼器** (Symbol Encoder) 的目的，即是根據源符號進行編碼，通常是採用**熵編碼** (Entropy Encoding) 技術，例如：霍夫曼編碼或算術編碼等。因此，這個階段的編碼過程，是以無失眞壓縮爲主。經過編碼器的處理步驟，將會以區塊爲單位產生 0 與 1 的數值資料，可以用來輸出壓縮影像，以便數位影像的儲存或傳輸。

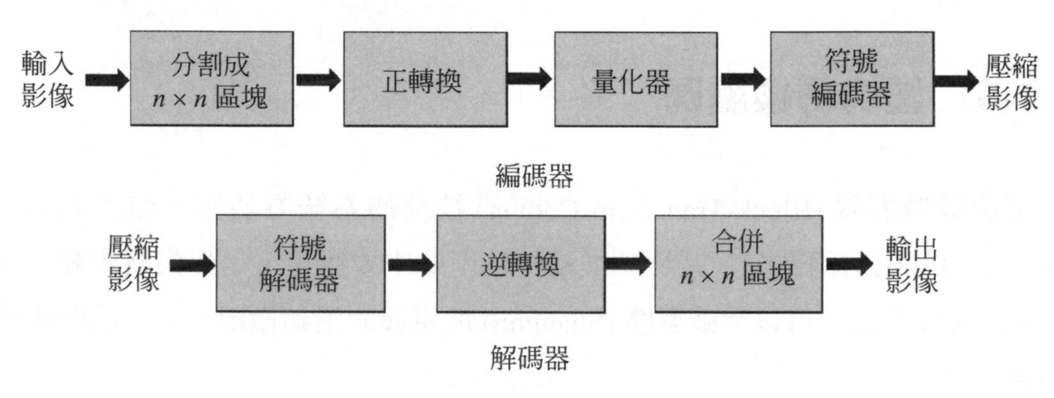

圖 12-6 區塊轉換編碼

解碼器 (Decoder) 即是用來進行編碼器的逆過程，處理步驟如下：

(1) 根據輸入的壓縮影像，並以區塊爲單爲，採用與編碼器對應的**熵編碼** (Entropy Encoding) 技術進行解碼。

(2) 根據解碼的結果，即是轉換係數，進行**逆轉換** (Inverse Transform)。通常，逆轉換後的結果，須檢查數值範圍是否仍介於 0 ～ 255 之間。

(3) 將 $n \times n$ 的區塊合併，重建成輸出的數位影像，或稱爲**解壓縮影像** (Decompressed Image)。以區塊轉換編碼而言，通常，解壓縮影像不會與原始的輸入影像完全相同，會造成影像失眞現象。

12-6 JPEG 影像壓縮

JPEG 是取自**聯合相片專家小組** (Joint Photographic Experts Group) 的縮寫，該小組是隸屬於**國際標準組織** (International Organization for Standardization, ISO)。JPEG 影像壓縮標準，適用於一般拍照所取得的數位影像，不僅提供相當理想的壓縮比，可以大幅減少數位影像檔的資料量，而且也沒有專利使用權的問題，因此在網際網路中被廣泛使用。

因此，JPEG 影像壓縮技術，成為最具有代表性的影像壓縮技術。JPEG 的核心技術即是採用上述的**區塊轉換編碼** (Block Transform Coding)，同時牽涉**離散餘弦轉換** (Discrete Cosine Transform, DCT) 與**霍夫曼編碼** (Huffman Coding) 等壓縮技術。JPEG 影像壓縮技術，後來更被延伸應用於視訊壓縮標準，例如：H.26X、MPEG 等。

JPEG 影像壓縮標準，提供幾種不同的編碼系統，分別為：

- **失真底線編碼系統** (Lossy Baseline Coding System)
- **擴充編碼系統** (Extended Coding System)
- **無失真獨立編碼系統** (Lossless Independent Coding System)

以上三種編碼系統中，雖然**失真底線編碼系統** (Lossy Baseline Coding System) 是以無失真壓縮為主，但由於可以提供理想的壓縮比，大幅減少影像資料量，因此被大量採用。目前，自網際網路下載的 JPEG 影像檔，主要是使用這個編碼系統進行影像壓縮。

無失真獨立編碼系統 (Lossless Independent Coding System)，通常在**醫學影像** (Medical Imaging) 應用時比較常見，目的是希望避免由於數位影像的失真現象，而造成醫學診斷上的誤判。

JPEG 影像壓縮標準，採用的核心技術爲**區塊轉換編碼**。JPEG 編碼的處理步驟簡述如下：

(1) 根據輸入影像，分割成互不重疊的**區塊** (Block)，區塊大小爲 8× 8 (n = 8)。輸入的像素強度是以 8-bit 爲主。

(2) 以區塊爲單位，進行基本的數學運算，並根據**離散餘弦轉換** (DCT) 計算轉換係數。

(3) 採用**正規化陣列** (Normalization Array)，藉以調整傳換係數的數值範圍，可以減少壓縮後的資料量。JPEG 的正規化陣列，如圖 12-7。

(4) 根據壓縮比的設定值，採用**閥值編碼** (Threshold Coding) 技術，藉以去除較小的轉換係數。轉換係數是以鋸齒狀的順序排列，如圖 12-8。

(5) 採用霍夫曼編碼技術，因此每個區塊將會編碼成 1D 的係數序列。

JPEG 的解碼過程，即是上述步驟的逆過程，因此不再贅述。

$$\begin{bmatrix} 16 & 11 & 10 & 16 & 24 & 40 & 51 & 61 \\ 12 & 12 & 14 & 19 & 26 & 58 & 60 & 55 \\ 14 & 13 & 16 & 24 & 40 & 57 & 69 & 56 \\ 14 & 17 & 22 & 29 & 51 & 87 & 80 & 62 \\ 18 & 22 & 37 & 56 & 68 & 109 & 103 & 77 \\ 24 & 35 & 55 & 64 & 81 & 104 & 113 & 92 \\ 49 & 64 & 78 & 87 & 103 & 121 & 120 & 101 \\ 72 & 92 & 95 & 98 & 112 & 100 & 103 & 99 \end{bmatrix}$$

圖 12-7　JPEG 的正規化陣列

$$\begin{bmatrix} 0 & 1 & 5 & 6 & 14 & 15 & 27 & 28 \\ 2 & 4 & 7 & 13 & 16 & 26 & 29 & 42 \\ 3 & 8 & 12 & 17 & 25 & 30 & 41 & 43 \\ 9 & 11 & 18 & 24 & 31 & 40 & 44 & 53 \\ 10 & 19 & 23 & 32 & 39 & 45 & 52 & 54 \\ 20 & 22 & 33 & 38 & 46 & 51 & 55 & 60 \\ 21 & 34 & 37 & 47 & 50 & 56 & 59 & 61 \\ 35 & 36 & 48 & 49 & 57 & 58 & 62 & 63 \end{bmatrix}$$

圖 12-8　JPEG 閥值編碼的鋸齒狀順序

JPEG 的編碼 (壓縮) 過程，以下舉例說明：

(1) 假設輸入的區塊如下，大小爲 8 × 8：

$$\begin{bmatrix} 88 & 88 & 93 & 80 & 65 & 55 & 39 & 54 \\ 61 & 69 & 65 & 60 & 49 & 37 & 29 & 41 \\ 45 & 47 & 49 & 40 & 35 & 31 & 23 & 30 \\ 35 & 32 & 38 & 36 & 31 & 25 & 19 & 24 \\ 33 & 26 & 32 & 31 & 27 & 26 & 24 & 29 \\ 32 & 26 & 31 & 32 & 29 & 31 & 30 & 31 \\ 25 & 24 & 32 & 33 & 33 & 35 & 31 & 28 \\ 23 & 24 & 27 & 26 & 33 & 35 & 31 & 36 \end{bmatrix}$$

(2) 數位影像包含 0 ～ 255 之間的數值，在進行編碼過程之前，先減去 128：

$$\begin{bmatrix} -40 & -40 & -35 & -48 & -63 & -73 & -89 & -74 \\ -67 & -59 & -63 & -68 & -79 & -91 & -99 & -87 \\ -83 & -81 & -79 & -88 & -93 & -97 & -105 & -98 \\ -93 & -96 & -90 & -92 & -97 & -103 & -109 & -104 \\ -95 & -102 & -96 & -97 & -101 & -102 & -104 & -99 \\ -96 & -102 & -97 & -96 & -99 & -97 & -98 & -97 \\ -103 & -104 & -96 & -95 & -95 & -93 & -97 & -100 \\ -105 & -104 & -101 & -102 & -95 & -93 & -97 & -92 \end{bmatrix}$$

(3) 取離散餘弦轉換，可得下列結果。可以發現，數值的絕對值較大者，均集中在左上角。

$$\begin{bmatrix} -717 & 38 & -9 & -13 & 6 & -4 & 11 & -1 \\ 88 & 54 & -1 & -15 & 3 & -6 & 2 & -3 \\ -61 & 9 & -2 & -3 & -2 & -6 & 1 & -1 \\ 31 & 7 & 0 & -1 & 2 & 5 & 2 & -1 \\ 9 & 2 & 1 & -1 & 3 & 0 & 3 & 1 \\ 6 & 4 & -6 & 1 & -2 & 3 & 3 & 1 \\ 4 & 0 & 4 & 1 & -1 & 0 & 3 & 1 \\ 1 & 0 & 1 & 1 & -2 & 1 & 2 & 1 \end{bmatrix}$$

(4) 進行**正規化** (Normalization)，即是除以正規化陣列，可得下列結果。可以發現，主要的數值資料，均集中在左上角。

$$\begin{bmatrix} -45 & 3 & -1 & -1 & 0 & 0 & 0 & 0 \\ 7 & 4 & 0 & -1 & 0 & 0 & 0 & 0 \\ 4 & 1 & 0 & 0 & 0 & 0 & 0 & 0 \\ 2 & 0 & 0 & 0 & 0 & 0 & 0 & 0 \\ 0 & 0 & 0 & 0 & 0 & 0 & 0 & 0 \\ 0 & 0 & 0 & 0 & 0 & 0 & 0 & 0 \\ 0 & 0 & 0 & 0 & 0 & 0 & 0 & 0 \\ 0 & 0 & 0 & 0 & 0 & 0 & 0 & 0 \end{bmatrix}$$

(5) 最後，將結果以鋸齒狀排列，表示成一維的資料陣列：

$$\begin{bmatrix} -45 \; 3 \; 7 \; 4 \; 4 \; -1 \; -1 \; 0 \; 1 \; 2 \; 0 \; 0 \; 0 \; -1 \; \text{EOB} \end{bmatrix}$$

其中，EOB 代表 End of Block。這個一維資料陣列再透過霍夫曼編碼，進而形成 0 與 1 的序列。

JPEG 的解碼 (解壓縮) 過程，即是以上的逆過程：

(1) 根據解壓縮後的一維資料陣列，以鋸齒狀重新安排成二維的資料陣列，並進行**去正規化** (Denormalization)，即是乘以正規化陣列，結果如下：

$$\begin{bmatrix} -720 & 33 & -10 & -16 & 0 & 0 & 0 & 0 \\ 84 & 48 & 0 & -19 & 0 & 0 & 0 & 0 \\ 56 & 13 & 0 & 0 & 0 & 0 & 0 & 0 \\ 0 & 0 & 0 & 0 & 0 & 0 & 0 & 0 \\ 0 & 0 & 0 & 0 & 0 & 0 & 0 & 0 \\ 0 & 0 & 0 & 0 & 0 & 0 & 0 & 0 \\ 0 & 0 & 0 & 0 & 0 & 0 & 0 & 0 \\ 0 & 0 & 0 & 0 & 0 & 0 & 0 & 0 \end{bmatrix}$$

(2) 取離散餘弦逆轉換，可得下列結果。

$$\begin{bmatrix} -50 & -44 & -43 & -52 & -69 & -80 & -81 & -78 \\ -65 & -60 & -58 & -66 & -80 & -90 & -91 & -88 \\ -86 & -81 & -78 & -84 & -94 & -101 & -101 & -99 \\ -99 & -95 & -92 & -94 & -100 & -105 & -105 & -103 \\ -102 & -99 & -96 & -97 & -99 & -101 & -101 & -100 \\ -101 & -100 & -97 & -96 & -95 & -96 & -96 & -97 \\ -101 & -101 & -100 & -97 & -95 & -94 & -96 & -97 \\ -103 & -103 & -102 & -99 & -96 & -95 & -97 & -100 \end{bmatrix}$$

(3) 最後，加上 128，即可重建區塊的影像資料。

$$\begin{bmatrix} 78 & 84 & 85 & 76 & 59 & 48 & 47 & 50 \\ 63 & 68 & 70 & 62 & 48 & 38 & 37 & 40 \\ 42 & 47 & 50 & 44 & 34 & 27 & 27 & 29 \\ 29 & 33 & 36 & 34 & 28 & 23 & 23 & 25 \\ 26 & 29 & 32 & 31 & 29 & 27 & 27 & 28 \\ 27 & 28 & 31 & 32 & 33 & 32 & 32 & 31 \\ 27 & 27 & 28 & 31 & 33 & 34 & 32 & 31 \\ 25 & 25 & 26 & 29 & 32 & 33 & 31 & 28 \end{bmatrix}$$

若與原始的區塊比較，可以發現重建得區塊，產生失真現象，但其間的差異絕對值均小於 10。

Python 程式碼如下：

JPEG_example.py

```
1   import numpy as np
2   import cv2
3
4   normalize = np.array( [ [ 16, 11, 10, 16,   24,   40,   51,   61 ],
5                           [ 12, 12, 14, 19,   26,   58,   60,   55 ],
6                           [ 14, 13, 16, 24,   40,   57,   69,   56 ],
7                           [ 14, 17, 22, 29,   51,   87,   80,   62 ],
8                           [ 18, 22, 37, 56,   68, 109, 103,   77 ],
9                           [ 24, 35, 55, 64,   81, 104, 113,   92 ],
10                          [ 49, 64, 78, 87, 103, 121, 120, 101 ],
11                          [ 72, 92, 95, 98, 112, 100, 103,   99 ] ] )
12
13  img = cv2.imread( "Lenna.bmp", -1 )
14  block    =img[260:268,260:268]
15  print( "Original Block" )
16  print( block )
17
18  # JPEG Forward Transform
19  coeffs = np.array( [8, 8], dtype = 'int' )
20  coeffs = block.astype('int' )- 128
21  print( "Minus 128" )
22  print( coeffs )
23
24  coeffs = np.round( cv2.dct( np.float32( coeffs )))
25  print( "Forward DCT" )
26  print( coeffs )
27
28  coeffs = np.round( coeffs / normalize )
29  print( "Normalization" )
```

```
30      print( coeffs )
31
32      print( "-" * 60 )
33
34      # JPEG Inverse Transform
35      coeffs = coeffs * normalize
36      print( "Denormalization" )
37      print( coeffs )
38
39      coeffs = np.round( cv2.idct( coeffs ))
40      print( "Inverse DCT" )
41      print( coeffs )
42
43      coeffs = np.round( coeffs + 128 )
44      print( "Plus 128(Reconstruction)" )
45      print( coeffs )
```

以下模擬 JPEG 的數位影像壓縮，採用**閥值編碼** (Threshold Coding) 技術。根據鋸齒狀的順序保留轉換係數。例如：若保留前 20 個轉換係數，則壓縮比為 20：64，或約為 20/64 ≈ 31.25%，若保留前 10 個轉換係數，則壓縮比為 10：64，或約為 10/64 ≈ 15.625%。

使用 Python 程式模擬 JPEG 影像壓縮，結果如圖 12-9，壓縮比分別設為 30%、20% 與 10%。當 JPEG 的壓縮比設為 30% 時，一般人在視覺上其實不易察覺其間的差異；當壓縮比降為 20% 時，可以發現影像中的高頻區域，例如：細節或邊緣等，開始出現些微的失真現象；最後，當壓縮比降為 10% 時，可以發現區塊與區塊間形成不連續的失真現象，稱為**區塊效應** (Blocking Effect)，是 JPEG 影像壓縮技術常見的失真現象。總結而言，JPEG 影像壓縮的效能，可以根據實際的影像品質要求，同時衡量儲存空間或傳輸頻寬的限制，進而採取適當的取捨。

原始影像

JPEG 壓縮 (30%)

JPEG 壓縮 (20%)

JPEG 壓縮 (10%)

圖 12-9　JPEG 影像壓縮

Python 程式碼如下：

JPEG_compression.py

```
1    import numpy as np
2    import cv2
3
4    def jpeg_compression( f, percentage = 25 ):
5        normalize = np.array( [[ 16, 11, 10, 16,  24,  40,  51,  61 ],
6                               [ 12, 12, 14, 19,  26,  58,  60,  55 ],
7                               [ 14, 13, 16, 24,  40,  57,  69,  56 ],
8                               [ 14, 17, 22, 29,  51,  87,  80,  62 ],
9                               [ 18, 22, 37, 56,  68, 109, 103,  77 ],
10                              [ 24, 35, 55, 64,  81, 104, 113,  92 ],
11                              [ 49, 64, 78, 87, 103, 121, 120, 101 ],
12                              [ 72, 92, 95, 98, 112, 100, 103,  99 ] ] )
13       table = np.array( [[  0,  1,  5,  6, 14, 15, 27, 28 ],
14                          [  2,  4,  7, 13, 16, 26, 29, 42 ],
15                          [  3,  8, 12, 17, 25, 30, 41, 43 ],
16                          [  9, 11, 18, 24, 31, 40, 44, 53 ],
17                          [ 10, 19, 23, 32, 39, 45, 52, 54 ],
18                          [ 20, 22, 33, 38, 46, 51, 55, 60 ],
19                          [ 21, 34, 37, 47, 50, 56, 59, 61 ],
20                          [ 35, 36, 48, 49, 57, 58, 62, 63 ] ] )
21       g = f.copy( )
22       nr, nc = f.shape[:2]
23       n = 8
24       coeffs = np.zeros( [ 8, 8 ] )
25       for x in range( 0, nr, n ):
26           for y in range( 0, nc, n ):
27               # Define 8 x 8 Blocks
28               for k in range( n ):
29                   for l in range( n ):
```

```
30                  if x + k <nr and y + l <nc:
31                      coeffs[k,l] = int( f[x+k,y+l] )
32                  else:
33                      coeffs[k,l] = 0
34          # JPEG Compression
35          coeffs = coeffs - 128
36          coeffs = cv2.dct( np.float32( coeffs ))
37          coeffs = np.round( coeffs )
38          coeffs = np.round( coeffs / normalize )
39          # Thresholding
40          thresh = n * n * percentage / 100
41          for k in range( n ):
42              for l in range( n ):
43                  if table[k,l] > thresh - 1:
44                      coeffs[k,l] = 0
45          # JPEG Decompression
46          coeffs = coeffs * normalize
47          coeffs = cv2.idct( np.float32( coeffs ))
48          coeffs = np.round( coeffs )
49          coeffs = coeffs + 128
50          # Reconstruction
51          for k in range( n ):
52              for l in range( n ):
53                  if x + k <nr and y + l <nc:
54                      value = np.clip( coeffs[k,l], 0, 255 )
55                      g[x+k,y+l] = np.uint8( value )
56                  else:
57                      g[x,y] = 0
58      return g
```

```
59
60    def main( ):
61        img1 = cv2.imread( "House.bmp", -1 )
62        img2 = jpeg_compression( img1, 30 )
63        cv2.imshow( "Original Image", img1 )
64        cv2.imshow( "Compressed Image", img2 )
65        cv2.waitKey( 0 )
66
67    main( )
```

本程式範例模擬 JPEG 影像壓縮，包含：區塊轉換編碼等，同時使用 OpenCV 提供的離散餘弦轉換函式。在此，並未包含霍夫曼編碼技術的實現。初始設定為 30% 的壓縮比，您可以自行更改相關的參數設定，體驗 JPEG 影像壓縮的效能與特性。

CHAPTER 13

特徵擷取

本章的目的是介紹**特徵擷取** (Feature Extraction) 技術。首先，將介紹基本概念，接著介紹特徵擷取的相關技術，其中包含：連通元標記、輪廓搜尋、形狀特徵、輪廓特徵等。

學習單元

- 基本概念
- 連通元標記
- 輪廓搜尋
- 形狀特徵
- 輪廓特徵
- 角點偵測
- 關鍵點偵測
- 膚色偵測
- 臉部偵測

13-1 基本概念

由於數位影像是由二維陣列或矩陣所構成，牽涉的資料量相當龐大，不利於進一步的影像分析或物件辨識。因此，學術界的學者專家持續投入研究，希望在數位影像中擷取有用的資訊，稱爲**特徵** (Feature)。

一般而言，在此所謂的**特徵**，其實不易給予明確的定義，通常是泛指有利於影像分析或物件辨識的相關資訊，或是指影像物件的**表示法** (Representation) 或**描述法** (Description)，可以提供量化的數據資料。

特徵擷取 (Feature Extraction) 技術，目的是根據二維的數位影像，經過數學運算與處理，希望可以擷取一維的影像特徵資料，稱爲**特徵向量** (Feature Vector)。如此一來，我們就可以根據擷取的特徵向量，進行後續的影像分析或物件辨識工作。

定義　特徵向量

特徵向量 (Feature Vector) 可以使用下列的向量表示：

$$\mathbf{x} = \begin{bmatrix} x_1 \\ x_2 \\ \vdots \\ x_n \end{bmatrix}$$

其中包含 n 個特徵值，稱爲**特徵向量** (Feature Vector)。

通常，由於特徵擷取技術是將二維 (2D) 的數位影像資料，經過處理後形成一維 (1D) 的特徵資料或向量，因此也經常牽涉**降維度** (Dimension Reduction) 的數學運算，例如：**主成分分析** (Principal Component Analysis, PCA) 等。

13-2 連通元標記

定義 連通元

連通元 (Connected Component)，簡稱 CC，可以定義爲：「像素的集合，其中任意兩個像素均爲相連」。

因此，可以根據 8- 相連或 4- 相連原則，分別稱爲 **8- 連通元**或 **4- 連通元**。由於本書是以 8-4 空間爲主，因此若無特別說明，主要是指 **8- 連通元**。連通元通常是用來表示二值影像中的獨立物件。

連通元標記 (Connected Component Labeling, CC Labeling) 的目的是針對二值影像中每個物件 (連通元) 給予特定的**標籤** (Labels)。透過連通元標記，就可以擷取影像中某一個特定的物件，藉以進行物件的特徵分析工作。

連通元標記的範例，如圖 13-1。輸入的影像爲二值影像，則輸出的影像中，每個物件都會給予特定的標籤。以圖 13-1 爲例，定義 8-4 空間，包含 3 個物件，在連通元標記後，每個物件分別給予特定的標籤，依序爲 1 ～ 3。

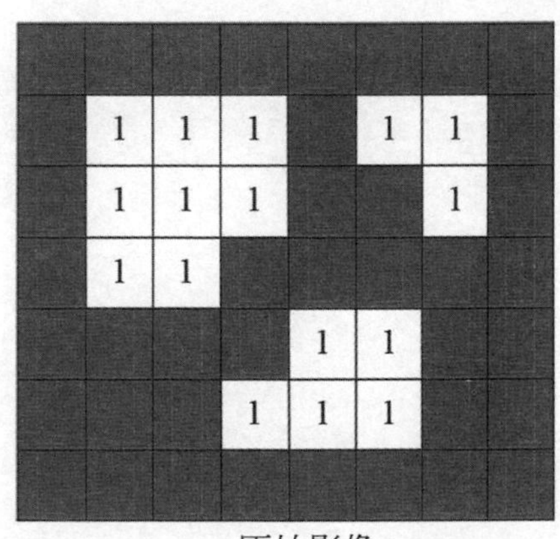

原始影像

連通元標記

圖 13-1 連通元標記

OpenCV 程式庫提供連通元標記演算法。連通元標記的範例，如圖 13-2。在此，輸入的影像為二值影像，使用連通元標記技術給予標籤。為了方便顯示，在此將標籤影像正規化至 0 ～ 255 之間。

請特別注意，標籤是根據由左而右、由上而下的順序編號。由於本範例中的「C」位置略高，因此給予的標籤為 1；其次，才是標籤為 2 的「A」。

原始影像　　連通元標記

圖 13-2　連通元標記

Python 程式碼如下：

CC_labeling.py

```
1  import numpy as np
2  import cv2
3
4  img1 = cv2.imread( "ABC.bmp", -1 )
5  n, labels = cv2.connectedComponents( img1 )
6  print( "Number of Connected Components =", n )
7  cv2.normalize( labels, labels, 0, 255, cv2.NORM_MINMAX )
8  img2 = np.uint8( labels )
9  cv2.imshow( "Original Image", img1 )
10 cv2.imshow( "Connected Component Labeling", img2 )
11 cv2.waitKey( 0 )
```

本程式範例中，OpenCV 提供的 connectedComponents 函式可以用來進行連通元標記，同時回傳二值影像中**連通元個數** (Number of Connected Components)。以圖 13-2 爲例，影像中共有 12 個連通元，分別對應 12 個英文字母。

13-3 輪廓搜尋

定義 輪廓

給定二值影像中的物件，**輪廓** (Contour) 可以定義爲：「沿著物件邊緣搜尋邊緣像素所形成的路徑」。

換言之，輪廓可以使用像素座標的序列表示，順序通常是採用順時針 (或逆時針) 方向，從物件邊緣左上角的像素開始搜尋，並依照 8- 相鄰 (或 4- 相鄰) 原則依序紀錄像素座標。搜尋輪廓所形成的像素座標序列，也可簡稱爲**鍊** (Chain)。

輪廓搜尋的目的即是根據二值影像，搜尋影像中物件的**輪廓** (Contour)，並以特定的資料結構儲存，紀錄輪廓的相關資料。由於影像中可能包含多個物件，因此輪廓是以**階層式** (Hierarchy) 的資料結構儲存。

在此，輪廓主要是指物件的**外部輪廓** (Outer Contour)。相對而言，若物件內部包含**洞** (Holes)，則該物件在洞的邊緣所形成的輪廓，稱爲**內部輪廓** (Inner Contour)。

OpenCV 程式庫提供輪廓搜尋演算法，稱爲 findContours 函式：

```
cv2.FindContours(img, storage,mode = CV_RETR_LIST,
method=CV_CHAIN_APPROX_SIMPLE, offset=(0, 0))
```

牽涉的參數分別爲：

- img：輸入的二值影像。
- contours：偵測的輪廓。

- hierarchy：輪廓的階層架構 (optional)。例如：第 *i* 個輪廓儲存於 contours[0]，其中的 hierarchy[i][0]、hierarchy[i][1]、hierarchy[i][2] 與 hierarchy[i][3]，分別用來儲存該階層的下一個輪廓、上一個輪廓、第一個子輪廓與父輪廓。
- mode：輪廓模式，包含：

  CV_RETR_EXTERNAL：擷取外部輪廓。

  CV_RETR_LIST：擷取所有輪廓。

  CV_RETR_CCOMP：擷取所有輪廓，但分成外部與內部輪廓兩個階層。

  CV_RETR_TREE：擷取所有輪廓，並重建階層架構。
- method：輪廓近似方法，包含：

  CV_CHAIN_APPROX_NONE：儲存所有的輪廓點。

  CV_CHAIN_APPROX_SIMPLE：僅儲存輪廓在水平、垂直或對角線方向的端點。

  CV_CHAIN_APPROX_TC89_L1,CV_CHAIN_APPROX_TC89_KCOS：採用 Teh-Chin Chain Approximation 演算法。
- offset：輪廓點的位移量 (optional)

OpenCV 程式庫同時提供 drawContours 函式，可以用來繪製 findContours 函式所擷取的輪廓：

```
cv2.DrawContours( img, contours, contourIdx, color,
[ thickness, [ lineType, [ hierarchy, [ maxLevel , [offset ] ] ] ] ] ))
```

牽涉的參數分別為：

- img：輸出的目標影像。
- contours：輸入的輪廓資料。
- contourIdx：輪廓索引參數，若為負數，則繪製所有的輪廓。
- color：輪廓顏色。
- max_level：定義 hierarchy 最大階層數，藉以繪製輪廓。
- hierarchy：輪廓的階層架構 (optional)。例如：第 *i* 個輪廓儲存於 contours[0]，其中的 hierarchy[i][0]、hierarchy[i][1]、hierarchy[i][2] 與 hierarchy[i][3]，分別用來儲存該階層的下一個輪廓、上一個輪廓、第一個子輪廓與父輪廓。

- thickness：輪廓線的厚度。
- lineType：輪廓線的型態。
- offset：輪廓點的位移量 (optional)

輪廓搜尋的範例，如圖 13-3。在此，我們是搜尋與繪製二值影像中所有物件的外部輪廓。

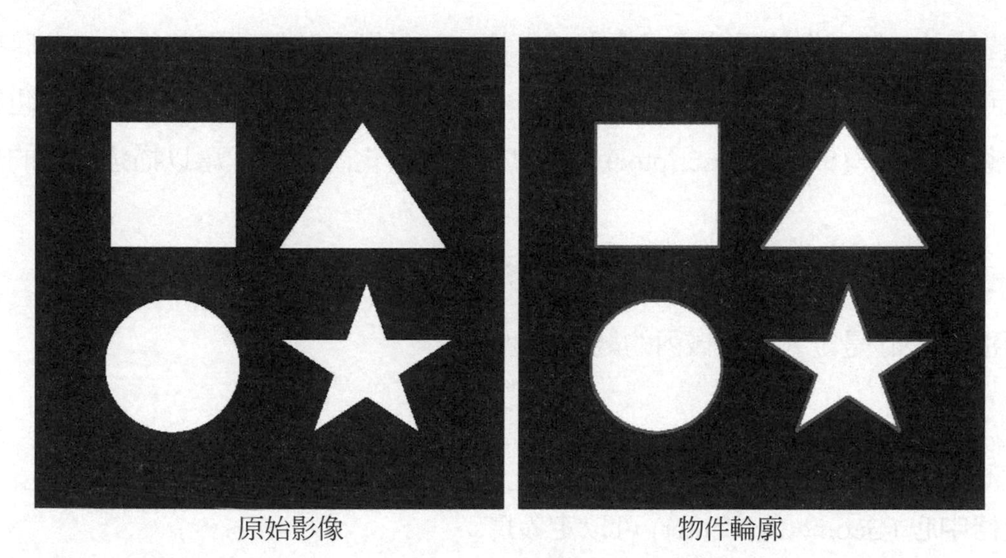

圖 13-3 輪廓搜尋

Python 程式碼如下：

find_contours.py

```
1   import numpy as np
2   import cv2
3
4   img1 = cv2.imread( "Shapes.bmp", 0 )
5   img2 = cv2.cvtColor( img1, cv2.COLOR_GRAY2BGR )
6   contours, hierarchy = cv2.findContours( img1, cv2.RETR_EXTERNAL,
7                                           cv2.CHAIN_APPROX_NONE )
8   cv2.drawContours( img2, contours, -1,( 255, 0, 0 ), thickness = 2 )
9   cv2.imshow( "Original Image", img1 )
10  cv2.imshow( "Contours", img2 )
11  cv2.waitKey( 0 )
```

本程式範例是使用 OpenCV 提供的輪廓搜尋演算法，並記錄所有的輪廓點資料，輸出影像為色彩影像，其中是以藍色繪製輪廓。

13-4 形狀特徵

若針對二值影像使用連通元標記演算法，可以擷取某個特定的物件，此時就可以進行物件的**形狀特徵** (Shape Feature) 分析。在特徵擷取技術中，形狀特徵也經常稱為**形狀描述子** (Shape Descriptor)，目的是使用量化的數據，藉以描述物件的形狀特徵。

假設物件的區域為 R，典型的形狀描述子，包含：

- **面積** (Area) 是定義為區域內的總像素個數：

$$A = \sum_{(x,y)\in R} 1$$

- **幾何中心** (Geometric Center) 可以定義為：

$$(\bar{x},\bar{y}) = \left(\frac{1}{A}\sum_{(x,y)\in R} x, \frac{1}{A}\sum_{(x,y)\in R} y \right)$$

- **緊密度** (Compactness) 可以定義為：

$$Compactness = \frac{P^2}{A}$$

  其中 P 為區域的**周長** (Perimeter)，A 為面積。

- **圓度量** (Circularity) 是用來衡量物件接近圓的程度，如圖 13-4。測量方式是先計算面積，並根據面積計算對應的半徑，即 $r = \sqrt{A/\pi}$ 。以物件的幾何中心為中心點，計算落在圓內的像素個數 A_0，則**圓度量** (Circularity) 可以定義為：

$$Circularity = \frac{A_0}{A}$$

  若以數位影像中的圓形而言，理想的 Circularity 值會接近 1。

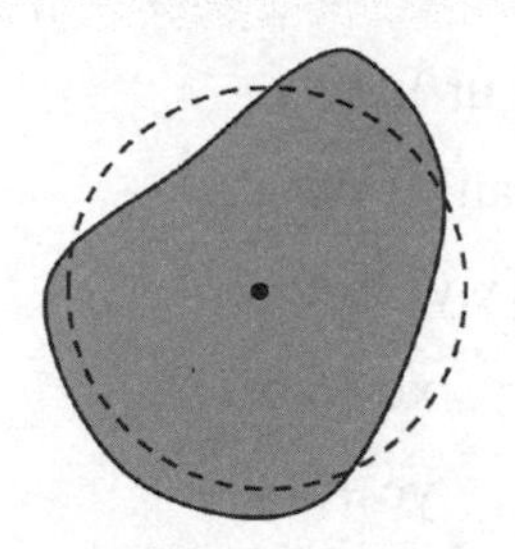

圖 13-4 圓度量 (Circularity) 示意圖

若以圖 13-3 爲例，則計算的形狀特徵 (形狀描述子) 的結果，如表 13-1。

表 13-1 形狀特徵結果

形狀	面積	幾何中心	緊密度	圓度量
正方形	17,424	(155.5, 147.5)	8.909	0.909
三角形	11,895	(178.0, 347.9)	13.183	0.815
圓形	15,712	(347.4, 146.7)	7.401	0.998
星形	9,285	(346.5, 352.5)	28.676	0.759

緊密度 (Compactness) 與**圓度量** (Circularity) 的特徵值，比較不會受到物件大小的影響，因此適合用來對物件形狀進行分類。

Python 程式碼如下：

shape_features.py

```
1   import numpy as np
2   import cv2
3
4   def shape_feature( f, method ):
5       nr, nc = f.shape[:2]
6       if method == 1:      # Area
7           return np.count_nonzero( f )
8       if method == 2:      # Geometric Center
9           nr, nc = f.shape[:2]
10          xc = yc = 0
11          area = 0
```

```
12            for x in range( nr ):
13                for y in range( nc ):
14                    if f[x,y] != 0:
15                        xc += x
16                        yc += y
17                        area += 1
18            xc /= area
19            yc /= area
20            return xc, yc
21        if method == 3:       # Compactness
22            area = 0
23            p = 0
24            for x in range( 1, nr - 1 ):
25                for y in range( 1, nc -1 ):
26                    if f[x,y] != 0:
27                        area += 1
28                        if( f[x-1,y] == 0 or f[x+1,y] == 0 or
29                            f[x,y-1] == 0 or f[x+1,y] == 0 ):
30                                p += 1
31            return ( p * p )/ area
32        if method == 4:       # Circularity
33            area = shape_feature( f, 1 )
34            xc, yc = shape_feature( f, 2 )
35            radius = np.sqrt( area / np.pi )
36            n = 0
37            for x in range( nr ):
38                for y in range( nc ):
39                    if f[x,y] != 0:
40                        if( x - xc )** 2 +( y - yc )** 2 \
41                           < radius * radius:
42                            n += 1
43            return n / area
```

```
44          return 0
45
46      def extract_object( f, label ):
47          n, labels = cv2.connectedComponents( f )
48          g = f.copy( )
49          nr, nc = f.shape[:2]
50          for x in range( nr ):
51              for y in range( nc ):
52                  if labels[x,y] == label:
53                      g[x,y] = 255
54                  else:
55                      g[x,y] = 0
56          return g
57
58      def main( ):
59          number = eval( input( "Please Object No. = " ))
60          img1 = cv2.imread( "Shapes.bmp", -1 )
61          img2 = extract_object( img1, number )
62          area = shape_feature( img2, 1 )
63          xc, yc = shape_feature( img2, 2 )
64          compactness = shape_feature( img2, 3 )
65          circularity = shape_feature( img2, 4 )
66          print( "Area =", area )
67          print( "Geometric Center =", xc, ",", yc )
68          print( "Compactness =", compactness )
69          print( "Circularity =", circularity )
70          cv2.imshow( "Original Image",    img1 )
71          cv2.imshow( "Extracted Object", img2 )
72          cv2.waitKey( 0 )
73
74      main( )
```

13-5 輪廓特徵

輪廓特徵 (Contour Feature) 又稱爲**輪廓描述子** (Contour Descriptor)，目的是根據影像中的物件輪廓，並使用量化的數據，藉以描述物件的輪廓特徵。本節介紹幾個具有代表性的輪廓特徵技術。

13-5-1 多邊形近似

多邊形近似 (Polygon Approximation) 演算法，顧名思義，目的是將輪廓以**多邊形** (Polygon) 表示，並且採用較少的頂點，用來近似原始的輪廓。

OpenCV 提供的多邊形近似演算法，是根據 Douglas-Peucker 演算法而設計，採用遞迴方式分割原始的輪廓，其中牽涉的參數稱爲 ε (唸成 epsilon)，是近似過程中的距離誤差值。通常，若 ε 的值愈小，則近似的多邊形輪廓愈接近原始的平滑輪廓。

多邊形近似的範例，如圖 13-5，選取的 ε 值分別爲 5、10 與 20。爲了方便顯示與比較，將原始的二值影像灰階降爲 100，同時顯示多邊形近似的結果，以白色像素表示之。

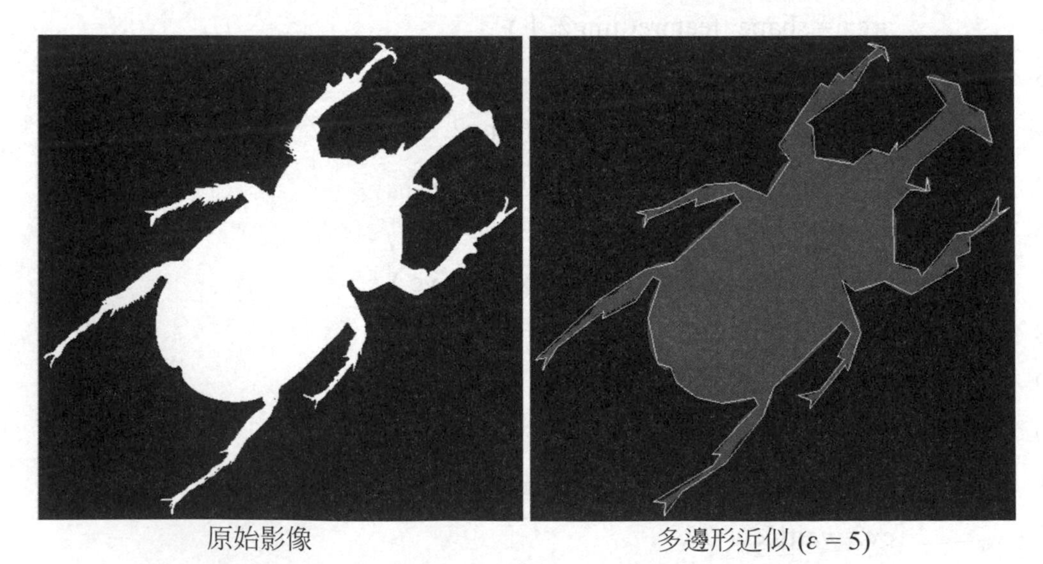

圖 13-5 多邊形近似

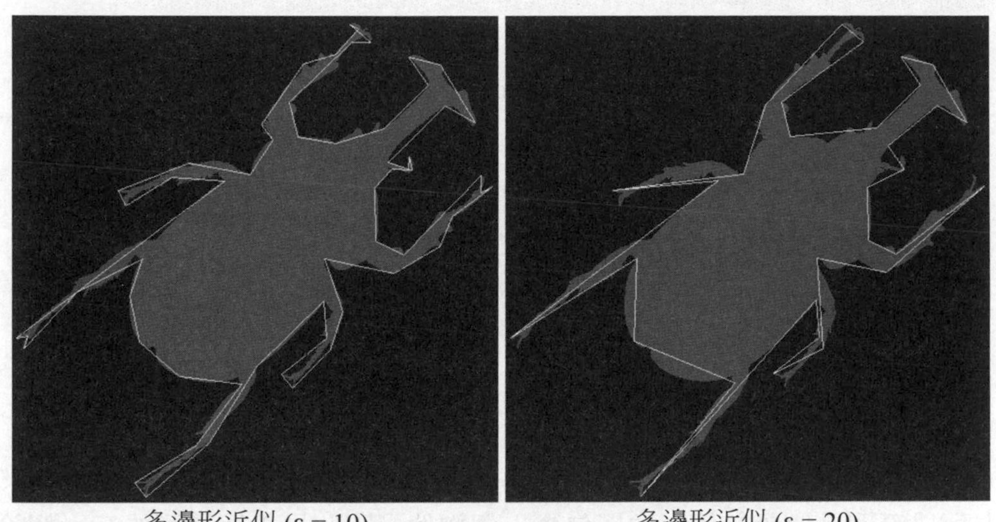

多邊形近似 ($\varepsilon = 10$) 多邊形近似 ($\varepsilon = 20$)

圖 13-5 多邊形近似 (續)

Python 程式碼如下：

polygon_approximation.py

```
1     import numpy as np
2     import cv2
3
4     def polygon_approximation( f, epislon ):
5         g = f.copy( )
6         nr, nc = f.shape[:2]
7         contours, hierarchy = cv2.findContours( f,
8                 cv2.RETR_EXTERNAL, cv2.CHAIN_APPROX_NONE )
9         approx = cv2.approxPolyDP( contours[0], epislon, True )
10        for x in range( nr ):
11                for y in range( nc ):
12                        if f[x,y] != 0:
13                                g[x,y] = 100
14        cv2.drawContours( g, [approx], -1,( 255, 255, 255 ))
15        return g
16
```

```
17  def main( ):
18      episIon = eval( input( "Please enter episIon:" ))
19      img1 = cv2.imread( "Bug.bmp", 0 )
20      img2 = polygon_approximation( img1, episIon )
21      cv2.imshow( "Original Image", img1 )
22      cv2.imshow( "Polygon Approximation", img2 )
23      cv2.waitKey( 0 )
24
25  main( )
```

本程式範例是假設二值影像僅包含一個物件，因此是以搜尋到的第一個輪廓爲主，進行多邊形近似。您可以自行變更參數 ε 的值，產生不同的近似結果。

13-5-2 傅立葉描述子

輪廓可以使用像素座標的序列表示，因此可以表示成邊緣像素 (x_0, y_0) 、(x_1, y_1) 、……、(x_{N-1}, y_{N-1}) 的集合，邊緣像素的總數爲 N。在此，我們將像素座標的序列組合成複數序列，即：

$$s[n] = x[n] + j \cdot y[n]$$

其中 $n = 0, 1, 2, \cdots\cdots, N-1$ 且 $j = \sqrt{-1}$ 。換言之，將 x 軸座標視爲實部；y 軸座標視爲虛部。

接著，透過離散傅立葉轉換，表示成頻率域的複數序列，則：

$$S[k] = \sum_{n=0}^{N-1} s[n]\, e^{-j2\pi kn/N}$$

其中 $k = 0, 1, 2, \cdots\cdots, N-1$。這個複數序列稱爲**傅立葉描述子** (Fourier Descriptors)。

因此，可以透過頻率域濾波的概念，濾除高頻的部分 (或低通濾波)。由於在此並未將頻率中心移到中間，因此只要將 DFT 係數中間的高頻係數濾除：

$$S[k] = 0, \ \text{if } T \le k \le N - T$$

其中 T 為閥值，由使用者決定保留低頻係數的百分比 (%)，同時根據邊緣像素總數 N 而決定。

濾除高頻係數之後，再取離散傅立葉的逆轉換，結果仍為複數，此時只要再將複數分解成實部與虛部，形成 x 軸座標與 y 軸座標。為了加快運算速度，離散傅立葉轉換或逆轉換，也是採用快速傅立葉轉換。

傅立葉描述子的範例，如圖 13-6。本範例中，邊緣像素的總數 $N = 3050$。為了方便顯示與比較，將原始的二值影像灰階降為 100，同時顯示**傅立葉描述子**的低通濾波結果，以白色像素表示之。

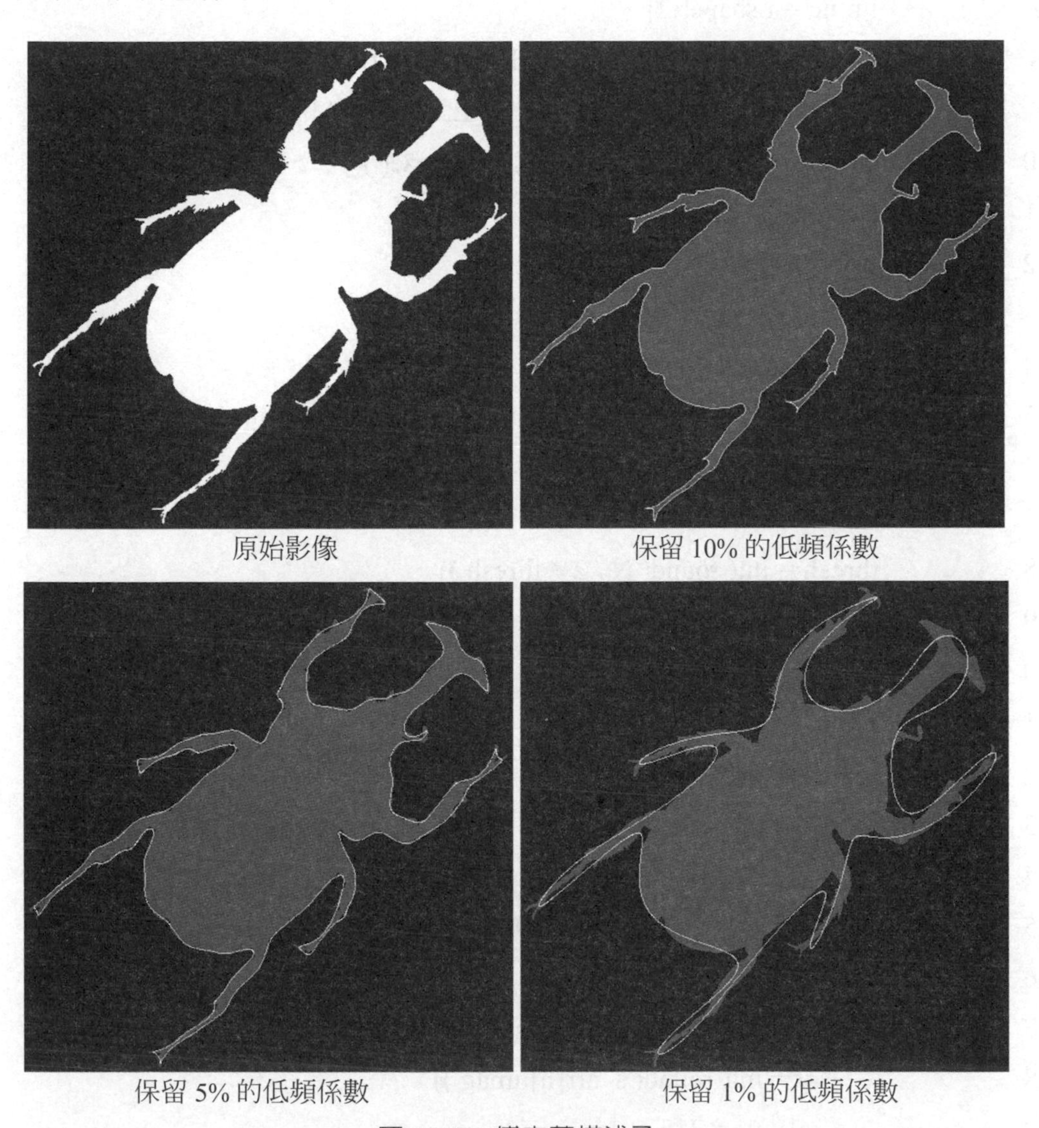

圖 13-6 傅立葉描述子

Python 程式碼如下：

fourier_descriptors.py

```
1   import numpy as np
2   import cv2
3   from numpy.fft import fft, ifft
4
5   def fourier_descriptor( f, thresh ):
6       g = f.copy( )
7       nr, nc = f.shape[:2]
8       contours, hierarchy = cv2.findContours( f,
9                   cv2.RETR_EXTERNAL, cv2.CHAIN_APPROX_NONE )
10      contour = np.vstack( contours ).squeeze( )
11      N = len( contour )
12      print( N )
13      s_arr = np.zeros( N, dtype = 'complex' )
14      for n in range( N ):
15          s_arr[n] = complex( contour[n][1], contour[n][0] )
16      S_arr = fft( s_arr )
17      thresh /= 100
18      thresh = int( round( N / 2 * thresh ))
19      for k in range( thresh, N - thresh ):
20          S_arr[k] = 0
21      s_arr = ifft( S_arr )
22      for x in range( nr ):
23          for y in range( nc ):
24              if f[x,y] != 0:
25                  g[x,y] = 100
26      for n in range( N ):
27          x = int( round( s_arr[n].real ))
28          y = int( round( s_arr[n].imag ))
29          g[x,y] = 255
```

```
30          return g
31
32      def main( ):
33          thresh = eval( input( "Please enter threshold(%):"))
34          img1 = cv2.imread( "Bug.bmp", 0 )
35          img2 = fourier_descriptor( img1, thresh )
36          cv2.imshow( "Original Image", img1 )
37          cv2.imshow( "Fourier Descriptor", img2 )
38          cv2.waitKey( 0 )
39
40      main( )
```

13-5-3 凸包

定義 **凸包**

若二維空間中有許多點，則**凸包** (Convex Hull) 可以定義爲：「一個凸多邊形，可以包覆所有的點，且圍成的面積最小」。

典型的凸包，如圖 13-7。換言之，可以將凸包想像成是一條橡皮筋，剛好包覆所有的點。多維空間的凸包，概念上是相同的。

在此所謂的**凸面** (Convex)，是指任選兩個點連成直線，都不會超出凸面的範圍；否則稱爲**凹面** (Concave)，如圖 13-8。

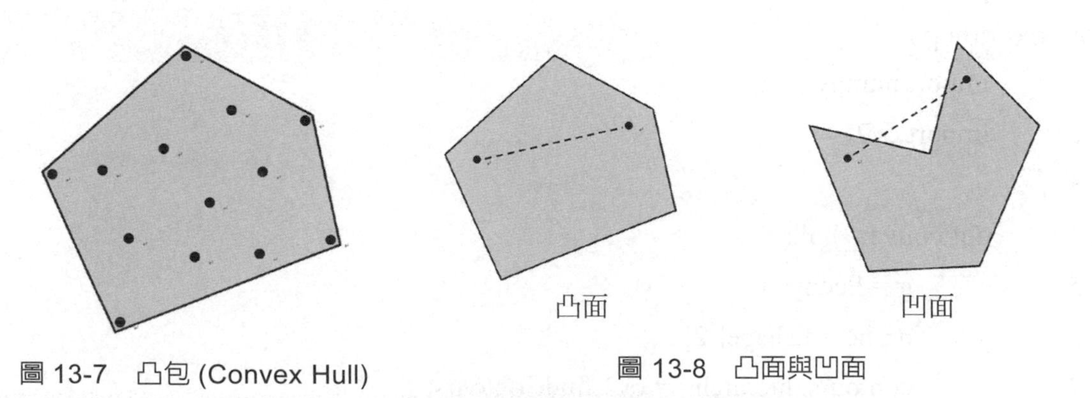

圖 13-7 凸包 (Convex Hull)

圖 13-8 凸面與凹面

OpenCV 提供**凸包**函式，使用方法爲：

```
cv2.convexHull( points [, hull [, clockwise [, returnPoints ] ] ] )
```

牽涉的參數爲：

- points：二維空間點集合。
- hull：輸出的凸包。
- clockwise：凸包方向。若爲 True，方向爲順時針；若爲 False，方向則爲逆時針。
- returnPoints：若爲 True，回傳凸包點；若爲 False，則回傳凸包的索引。

凸包的範例，如圖 13-9。

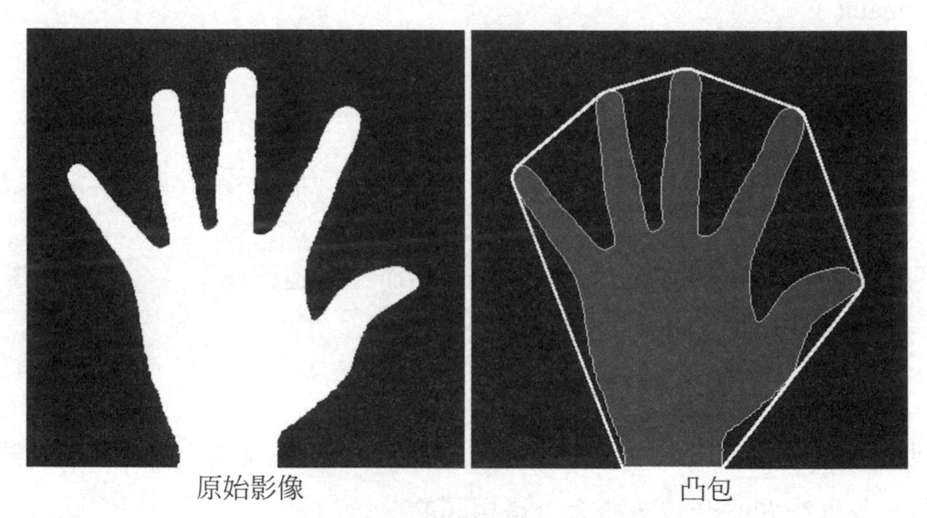

圖 13-9 凸包 (Convex Hull)

Python 程式碼如下：

convex_hull.py

```
1    import numpy as np
2    import cv2
3
4    def convex_hull( f ):
5        g = f.copy( )
6        nr, nc = f.shape[:2]
7        contours, hierarchy = cv2.findContours( f,
8                    cv2.RETR_EXTERNAL, cv2.CHAIN_APPROX_NONE )
9        hull = []
```

```
10          for i in range( len( contours )):
11                 hull.append( cv2.convexHull( contours[i], False ))
12          for x in range( nr ):
13                 for y in range( nc ):
14                        if f[x,y] != 0:
15                               g[x,y] = 100
16          cv2.drawContours( g, contours, -1,(255, 255, 255), 1, 8 )
17          cv2.drawContours( g, hull, -1,(255, 255, 255), 2, 8 )
18          return g
19
20   def main( ):
21          img1 = cv2.imread( "Hand.bmp", 0 )
22          img2 = convex_hull( img1 )
23          cv2.imshow( "Original Image", img1 )
24          cv2.imshow( "Convex Hull", img2 )
25          cv2.waitKey( 0 )
26
27   main( )
```

根據輪廓取得的凸包，可以另外定義所謂的**凸包缺陷** (Convexity Defects)。以圖 13-10 爲例，手部外圍即是凸包，箭頭處爲凹陷的部分，稱爲**凸包缺陷**。

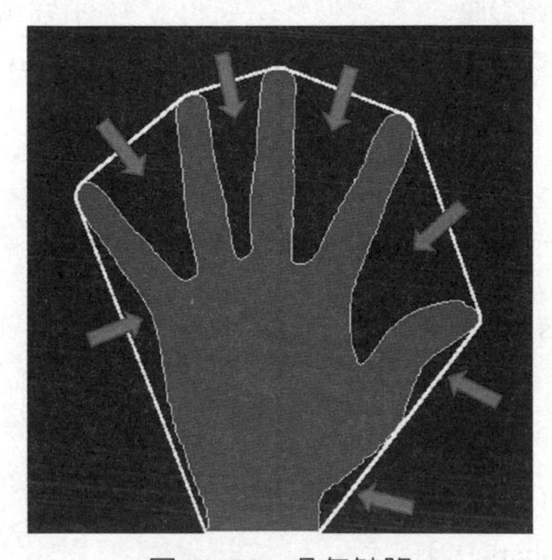

圖 13-10　凸包缺陷

OpenCV 提供**凸包缺陷**函式，使用方法為：

```
cv2.convexityDefects( contour, convexhull [, convexityDefects ] )
```

牽涉的參數為：

- contour：輸入輪廓。
- convexhull：凸包。

回傳的 Convexity Defects 是表示成整數向量，包含 4 個元素，分別為 start_index、end_index、farthest_pt_index、fixpt_depth 等。

凸包缺陷的範例，如圖 13-11。由圖上可以發現，使用凸包缺陷演算法可以用來偵測手指與手指間的凹陷處，因此可以用來偵測手勢。

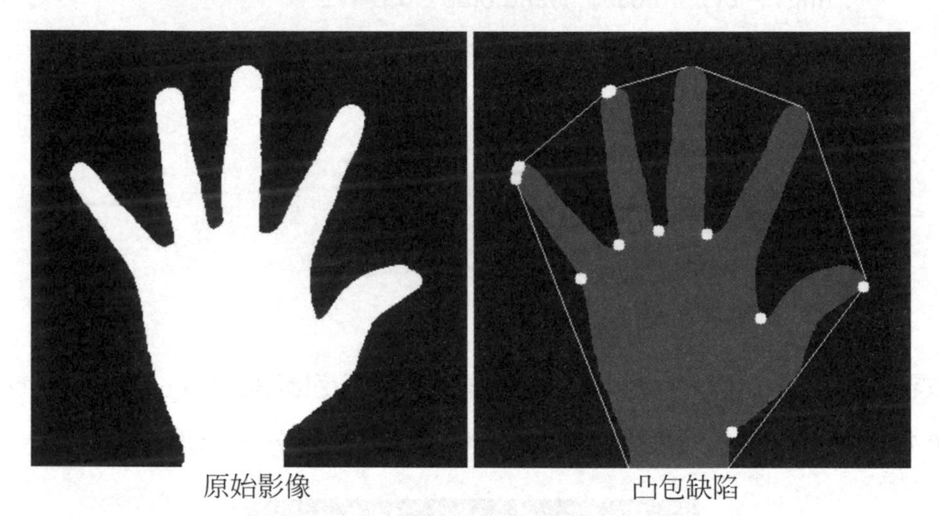

圖 13-11　凸包缺陷 (Convexity Defects)

Python 程式碼如下：

convexity_defects.py

```
1    import cv2
2    import numpy as np
3
4    def convexity_defects( f ):
5        g = f.copy( )
6        nr, nc = f.shape[:2]
```

```
7          contours, hierarchy = cv2.findContours( f,
8                   cv2.RETR_EXTERNAL, cv2.CHAIN_APPROX_NONE )
9          cnt = contours[0]
10         hull = cv2.convexHull( cnt,returnPoints = False)
11         defects = cv2.convexityDefects( cnt, hull )
12         for x in range( nr ):
13             for y in range( nc ):
14                 if f[x,y] != 0:
15                     g[x,y] = 100
16         for i in range(defects.shape[0]):
17             s,e,f,d = defects[i,0]
18             start = tuple( cnt[s][0] )
19             end = tuple( cnt[e][0] )
20             far = tuple( cnt[f][0] )
21             cv2.line( g, start, end, [255,255,255], 1 )
22             cv2.circle( g, far, 5, [255,255,255], -1 )
23         return g
24
25     def main( ):
26         img1 = cv2.imread( "Hand.bmp", -1 )
27         img2 = convexity_defects( img1 )
28         cv2.imshow( "Original Image", img1 )
29         cv2.imshow( "Convex Defects", img2 )
30         cv2.waitKey( 0 )
31
32     main( )
```

本程式範例中，使用 OpenCV 提供的 convexityDefects 函式，偵測凸包缺陷。在此是根據回傳的 start_index 與 end_index 繪製凸包，同時使用 farthest_pt_index 繪製凸包缺陷中距離最遠的點。

13-6 角點偵測

定義 角點

角點或**角落點** (Corners) 可以定義爲：「局部區域在所有方向上的強度 (灰階) 變化量較大者」。

影像處理領域中，**角點偵測** (Corner Detection) 技術的發展相當早，應用面也非常廣泛，例如：影像分析、物件辨識、運動偵測、視訊追蹤等。

首先說明角點偵測的基本概念，若以圖 13-12 爲例，**平坦** (Flat) 的局部區域，在所有方向經過位移後，強度 (灰階) 變化都很小；**邊緣** (Edge) 的局部區域，若沿著邊緣方向，則強度 (灰階) 變化也很小；**角點** (Corner) 的局部區域，無論往哪個方向位移，強度 (灰階) 變化都比較大。在此，假設位移量都不會很大。

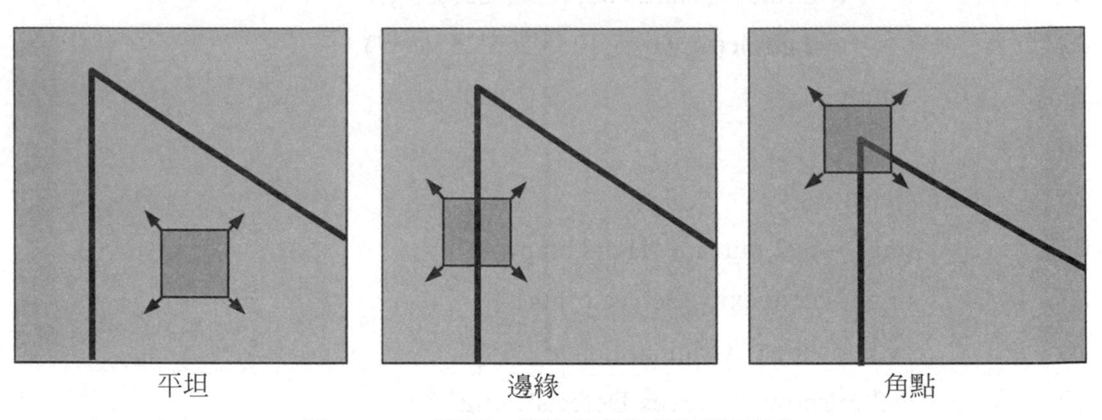

圖 13-12 平坦、邊緣與角點等局部區域

13-6-1 Harris 角點偵測

角點偵測技術中，最具有代表性的技術是由 Chris Harris 與 Mike Stephens 於其發表的論文 A Combined Corner and Edge Detector 中所提出，以下稱爲 **Harris 角點偵測** (Harris Corner Detection)。

Harris 與 Stephens 提出的方法，主要是根據上述角點的定義，表示成數學型態並進行推導。假設數位影像中某局部區域爲 R，則可定義局部區域在**位移** (Shift) 後的強度變化量如下：

$$S(\Delta x,\Delta y)=\sum_{(x,y)\in R}(f(x,y)-f(x+\Delta x,y+\Delta y))^2$$

其中，$(\Delta x, \Delta y)$ 分別爲 x 與 y 方向的位移量。在此，可以將經過位移的二維函數用泰勒展開式表示，則：

$$S(\Delta x,\Delta y)=\sum_{(x,y)\in R}\left(f(x,y)-f(x,y)-\left[\frac{\partial f(x,y)}{\partial x},\frac{\partial f(x,y)}{\partial y}\right]\begin{bmatrix}\Delta x\\ \Delta y\end{bmatrix}\right)^2$$

$$=\sum_{(x,y)\in R}\left(-\left[\frac{\partial f(x,y)}{\partial x},\frac{\partial f(x,y)}{\partial y}\right]\begin{bmatrix}\Delta x\\ \Delta y\end{bmatrix}\right)^2=\sum_{(x,y)\in R}\left(\left[\frac{\partial f(x,y)}{\partial x},\frac{\partial f(x,y)}{\partial y}\right]\begin{bmatrix}\Delta x\\ \Delta y\end{bmatrix}\right)^2$$

$$=\sum_{(x,y)\in R}[\Delta x,\Delta y]\left(\begin{bmatrix}\dfrac{\partial f(x,y)}{\partial x}\\ \dfrac{\partial f(x,y)}{\partial y}\end{bmatrix}\left[\frac{\partial f(x,y)}{\partial x},\frac{\partial f(x,y)}{\partial y}\right]\right)\begin{bmatrix}\Delta x\\ \Delta y\end{bmatrix}$$

$$=[\Delta x,\Delta y]\left(\sum_{(x,y)\in R}\begin{bmatrix}\dfrac{\partial f(x,y)}{\partial x}\\ \dfrac{\partial f(x,y)}{\partial y}\end{bmatrix}\left[\frac{\partial f(x,y)}{\partial x},\frac{\partial f(x,y)}{\partial y}\right]\right)\begin{bmatrix}\Delta x\\ \Delta y\end{bmatrix}$$

$$=[\Delta x,\Delta y]\begin{bmatrix}\displaystyle\sum_{(x,y)\in R}\frac{\partial^2(x,y)}{\partial x^2} & \displaystyle\sum_{(x,y)\in R}\frac{\partial^2(x,y)}{\partial x\partial y}\\ \displaystyle\sum_{(x,y)\in R}\frac{\partial^2(x,y)}{\partial x\partial y} & \displaystyle\sum_{(x,y)\in R}\frac{\partial^2(x,y)}{\partial y^2}\end{bmatrix}\begin{bmatrix}\Delta x\\ \Delta y\end{bmatrix}$$

根據推導結果，Harris **矩陣**可以定義爲：

$$A(x,y)=\begin{bmatrix}\displaystyle\sum_{(x,y)\in R}\frac{\partial^2(x,y)}{\partial x^2} & \displaystyle\sum_{(x,y)\in R}\frac{\partial^2(x,y)}{\partial x\partial y}\\ \displaystyle\sum_{(x,y)\in R}\frac{\partial^2(x,y)}{\partial x\partial y} & \displaystyle\sum_{(x,y)\in R}\frac{\partial^2(x,y)}{\partial y^2}\end{bmatrix}$$

若矩陣的**特徵值** (Eigenvalues) 為 λ_1 與 λ_2，則：

- λ_1 與 λ_2 的數值較小，代表**平坦** (Flat) 區域。
- $\lambda_1 >> \lambda_2$ 或 $\lambda_1 << \lambda_2$，代表**邊緣** (Edge) 區域。
- λ_1 與 λ_2 的數值較大，代表**角點** (Corner) 區域。

Harris 提出**響應函數** (Response Function)，可以避免特徵值的計算，定義如下：

$$R(A) = \det(A) - \kappa \, \text{trace}^2(A)$$

其中，κ 是可調整的參數，介於 0.04 ～ 0.15。

OpenCV 程式庫提供 Harris 角點偵測函式：

```
cv2.cornerHarris( src, blockSize, ksize, k [, dst [, borderType ] ] )
```

牽涉的參數分別為：

- src：輸入影像 (8-bit)。
- blockSize：區塊大小。
- ksize：Sobel 濾波器大小。
- k：Harris 角點偵測參數。

Harris 角點偵測範例，如圖 13-13。

原始影像

角點偵測

圖 13-13　Harris 角點偵測

Python 程式碼如下：

harris_corner_detection.py

```
1   import numpy as np
2   import cv2
3
4   def harris_corner_detection( f ):
5       g = cv2.cvtColor( f, cv2.COLOR_GRAY2BGR )
6       nr, nc = f.shape[:2]
7       gray = np.float32( f )
8       dst = cv2.cornerHarris( gray, 2, 3, 0.04 )
9       for x in range( nr ):
10          for y in range( nc ):
11              if dst[x,y] > 0.1 * dst.max():
12                  cv2.circle( g,(y,x), 5, [255,0,0], 2 )
13      return g
14
15  def main( ):
16      img1 = cv2.imread( "Blox.bmp", 0 )
17      img2 = harris_corner_detection( img1 )
18      cv2.imshow( "Original Image", img1 )
19      cv2.imshow( "Harris Corners", img2 )
20      cv2.waitKey( 0 )
21
22  main( )
```

本程式範例中，使用 OpenCV 提供的角點偵測函式。根據響應函式的計算結果取最大值，並取其 10%(0.1) 作爲閥值，藉以偵測響應值較大的角點。另一種設計方式，可以對響應值進行排序，則可根據想要取的角點數設定閥值。

13-6-2 Shi-Tomasi 角點偵測

J. Shi 與 C. Tomasi 於其發表的論文 Good Features to Track 中，根據 Harris 角點偵測做了些修正，以下稱爲 Shi-Tomasi 角點偵測。

Shi 與 Tomasi 提出的**響應函數** (Response Function) 爲：

$$R(A) = \min(\lambda_1, \lambda_2)$$

並證明可以得到優於 Harris 角點偵測的結果。由於該角點適合用來進行視訊追蹤，因此也稱爲 Good Features to Track。

OpenCV 程式庫提供 Harris 角點偵測函式：

```
cv2.goodFeaturesToTrack( image, maxCorners, qualityLevel, minDistance
[, corners [, mask [, blockSize [, useHarrisDetector[, k ] ] ] ] ] )
```

牽涉的參數分別爲：

- image：輸入影像 (8-bit 或浮點數 32-bit)。
- maxCorners：最大角點數。
- qualityLevel：最小可接受品質的角點參數。
- minDistance：角點間的最小歐氏距離。

Shi-Tomasi 角點偵測範例，如圖 13-14。

原始影像

角點偵測

圖 13-14 Shi-Tomasi 角點偵測

Python 程式碼如下：

shi_tomasi_corner_detection.py

```
1   import numpy as np
2   import cv2
3
4   def shi_tomasi_corner_detection( f ):
5       g = cv2.cvtColor( f, cv2.COLOR_GRAY2BGR )
6       nr, nc = f.shape[:2]
7       corners = cv2.goodFeaturesToTrack( f, 20, 0.01, 10 )
8       corners = np.int0( corners )
9       for corner in corners:
10          x, y = corner.ravel()
11          cv2.circle( g,(x,y), 5, [255,0,0], 2 )
12      return g
13
14  def main( ):
15      img1 = cv2.imread( "Blox.bmp", 0 )
16      img2 = shi_tomasi_corner_detection( img1 )
17      cv2.imshow( "Original Image", img1 )
18      cv2.imshow( "Shi-Tomasi Corners", img2 )
19      cv2.waitKey( 0 )
20
21  main( )
```

本程式範例中，使用 OpenCV 提供的 Shi-Tomasi 角點偵測函式，又稱為 Good Features to Track，設定最多擷取 20 個角點，最小可接受品質為 0.01 且角點間的歐氏距離不能小於 10。

13-7 關鍵點偵測

在特徵擷取技術中，**關鍵點** (Keypoints) 是指數位影像中具有關鍵地位的點或像素，可以用來描述主要特徵。**關鍵點偵測** (Keypoint Detection) 的主要目的是偵測關鍵點，有助於數位影像中的物件匹配與自動辨識。

13-7-1 SIFT

SIFT 是**尺度不變特徵轉換** (Scale-Invariant Feature Transform) 的縮寫，是 David Lowe 於其發表的論文 Distinctive Image Features from Scale-Invariant Keypoints 所提出的特徵偵測技術。SIFT 可以說是相當複雜的演算法，可以用來在數位影像中擷取特徵，稱為 **SIFT 特徵** (SIFT Features) 或 **SIFT 關鍵點** (SIFT Keypoints)。

良好的特徵須在影像縮放、平移、旋轉等情況下維持不變性。換言之，數位影像在經過上述不同的幾何轉換後，特徵擷取技術仍然能夠擷取相同的特徵，不會受到影響。Harris 或 Shi-Tomasi 角點偵測對於影像平移與旋轉具有不變性，但在影像縮放情況下，則會得到不同的角點結果。

SIFT 的特徵擷取技術，即是考量**尺度不變** (Scale-Invariant) 的特徵，同時對於影像縮放、平移、旋轉，甚至是小範圍的仿射轉換等，具備不變性。

SIFT 的演算法步驟，說明如下：

(1) **尺度空間極值偵測** (Scale-Space Extrema Detection)：首先，SIFT 搜尋尺度不變的影像位置，透過多重解析度建立尺度空間，並採用高斯函數對影像進行濾波：

$$L(x, y; \sigma) = f(x, y) * G(x, y; \sigma)$$

其中，σ 為標準差，高斯函數為二維函數：

$$G(x, y; \sigma) = \frac{1}{2\pi\sigma^2} e^{-(x^2+y^2)/2\sigma^2}$$

SIFT 是將尺度空間以**八分法** (Octaves) 為原則，形成高斯濾波影像的堆疊結構，標準差分別爲 $\sigma, k\sigma, k^2\sigma, \ldots$ 等。**偵測局部極值** (Detecting Local Extrema)：SIFT 偵測局部極值的方法，是根據尺度空間中相鄰高斯濾波影像的差異值，又稱爲**高斯差** (Difference of Gaussians, DoG)：

$$D(x,y;\sigma) = L(x,y;k\sigma) - L(x,y;\sigma)$$

局部極值的結果，即是**初步關鍵點** (Initial Keypoints)。

(2) **關鍵點定位** (Keypoint Locations)：SIFT 的關鍵點定位，主要是對上述的高斯差進行泰勒展開，則：

$$D(\mathbf{x}) = D + \left(\frac{\partial D}{\partial \mathbf{x}}\right)^T \mathbf{x} + \frac{1}{2}\mathbf{x}^T \frac{\partial}{\partial \mathbf{x}}\left(\frac{\partial D}{\partial \mathbf{x}}\right)\mathbf{x}$$

SIFT 是將較小者進行排除，藉以改善關鍵點位置的精確度。此外，SIFT 根據 Hessian 矩陣：

$$\mathbf{H} = \begin{bmatrix} D_{xx} & D_{xy} \\ D_{xy} & D_{yy} \end{bmatrix}$$

計算**曲度比例** (Ratio of Curvature)：

$$R = \frac{\text{Tr}(\mathbf{H})}{\text{Det}(\mathbf{H})} = \frac{D_{xx} + D_{yy}}{D_{xx}D_{yy} - D_{xy}^2}$$

並將曲度比例過大者視爲邊緣並予以排除。

(3) **關鍵點方向** (Keypoint Orientation)：爲了使得 SIFT 特徵同時對於影像旋轉維持不變性，因此根據尺度不變性計算角度：

$$m(x,y) = \sqrt{(L(x+1,y) - L(x-1,y))^2 + (L(x,y+1) - L(x,y-1))^2}$$

$$\theta(x,y) = \arctan((L(x,y-1) - L(x,y+1))^2 / (L(x-1,y) - L(x+1,y))^2)$$

並根據角度建立一個以 10 度爲單位共 36 條的直方圖。直方圖中的最大值即是關鍵點的方向。

(4) **關鍵點描述子** (Keypoint Descriptors)：SIFT 的目的是在數位影像中擷取尺度不變的特徵，並以**關鍵點描述子** (Keypoint Descriptors)，主要是記錄關鍵點的位置與方向，用來描述每一個特徵點。

由於 SIFT 受到專利保護，目前僅供學術研究使用，若要進行實際的產業應用，則須透過授權。

SIFT 特徵擷取範例，如圖 13-15，可以發現 SIFT 關鍵點描述子同時包含位置與方向。

原始影像　　　　SIFT 特徵

圖 13-15　SIFT 特徵偵測

Python 程式碼如下：

SIFT_feature_detection.py

```
1    import numpy as np
2    import cv2
3
4    def SIFT_feature_detection( f ):
5        g = cv2.cvtColor( f, cv2.COLOR_GRAY2BGR )
6        sift = cv2.xfeatures2d.SIFT_create()
7        kp = sift.detect( f, None )
8        g = cv.drawKeypoints( f, kp, g )
9        return g
10
```

```
11  def main( ):
12      img1 = cv2.imread( "Blox.bmp", 0 )
13      img2 = SIFT_feature_detection( img1 )
14      cv2.imshow( "Original Image", img1 )
15      cv2.imshow( "SIFT Features", img2 )
16      cv2.waitKey( 0 )
17
18  main( )
```

本程式範例使用 OpenCV 實現 SIFT，可以在第三方貢獻的 Contrib 程式庫找到 SIFT 函式。因此 Python 程式實作過程，須對 OpenCV 程式庫重新編譯，並開啓 Non-Free 模組，過程比較複雜。

13-7-2 SURF

以上的 SIFT 關鍵點偵測技術，由於尺度不變性，成爲相當具有代表性的特偵擷取技術。然而，由於 SIFT 的計算量比較大，使得 SIFT 的速度相對比較慢。因此，Bay 等人於論文 SURF: Speeded Up Robust Features 中提出另一種技術，簡稱爲 SURF，是 SIFT 的加速版。

SURF 特徵擷取範例，如圖 13-16。

原始影像

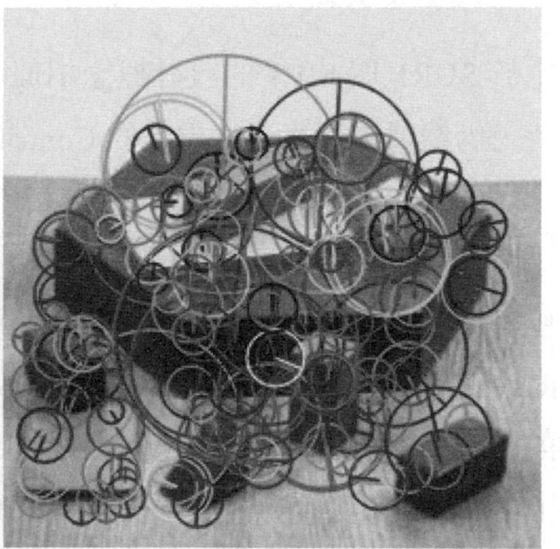
SURF 特徵

圖 13-16 SURF 特徵偵測

Python 程式碼如下：

SURF_feature_detection.py

```
1   import numpy as np
2   import cv2 as cv
3
4   def SURF_feature_detection( f ):
5       g = cv2.cvtColor( f, cv2.COLOR_GRAY2BGR )
6       surf = cv2.xfeatures2d.SURF_create()
7       kp = surf.detect( f, None )
8       g = cv.drawKeypoints( f, kp, g, flags = 4 )
9       return g
10
11  def main( ):
12      img1 = cv2.imread( "Shapes.bmp", -1 )
13      img2 = SURF_feature_detection( img1 )
14      cv2.imshow( "Original Image", img1 )
15      cv2.imshow( " SURF Features", img2 )
16      cv2.waitKey( 0 )
17
18  main( )
```

由於 SURF 與 SIFT 的設計概念相似，同樣受專利保護。因此，在 Python 程式實作時，仍然須透過第三方貢獻的 Contrib 程式庫，過程比較複雜。

13-7-3 ORB

由於 SIFT 或 SURF 均受到專利保護，因此 OpenCV 學者 E. Rublee 等人於論文 ORB: an Efficient Alternative to SIFT or SURF 中提出另一種特徵偵測技術，稱為 ORB，希望可以有效取代 SIFT 或 SURF。ORB 是 Oriented FAST and Rotated BRIEF 的縮寫，其中同時整合 FAST 與 BRIEF 兩種特徵偵測演算法。

ORB 特徵擷取範例，如圖 13-17。

原始影像

ORB 特徵

圖 13-17　ORB 特徵偵測

Python 程式碼如下：

ORB_feature_detection.py

```
1    import numpy as np
2    import cv2
3
4    def ORB_feature_detection( f ):
5        g = cv2.cvtColor( f, cv2.COLOR_GRAY2BGR )
6        orb = cv2.ORB_create()
7        kp = orb.detect( f, None )
8        kp, des = orb.compute( f, kp )
9        g = cv2.drawKeypoints( f, kp, g, color =(255, 0, 0))
10       return g
11
12   def main( ):
13       img1 = cv2.imread( "Lenna.bmp", -1 )
14       img2 = ORB_feature_detection( img1 )
15       cv2.imshow( "Original Image", img1 )
16       cv2.imshow( "ORB Feature Detection", img2 )
17       cv2.waitKey( 0 )
18
19   main( )
```

13-7-4 特徵匹配

以上介紹的 SIFT、SURF 或 ORB 等關鍵點偵測技術，可以進一步用來進行數位影像中的**特徵匹配** (Feature Matching)，進而達到物件辨識的目的。處理步驟如下：

(1) 讀取兩張數位影像，其中一張影像包含偵測目標物件，另外一張影像則包含預備偵測該物件的數位影像，可以同時包含其他多項物件。

(2) 針對這兩張數位影像，分別進行關鍵點偵測，可以使用 SIFT、SURF 或 ORB 技術，擷取所需的特徵描述子資訊。

(3) 使用**特徵匹配** (Feature Matching) 技術，目前 OpenCV 提供主要的匹配演算法，分別為：**暴力法匹配器** (Brute-Force Matcher) 與**基於 FLANN 的匹配器** (FLANN based Matcher)。FLANN 為 Fast Library for Approximate Nearest Neighbors 的縮寫，可以用來匹配高維度的特徵資料。

(4) 輸出匹配的結果影像，可針對對匹配的關鍵點進行繪圖。

使用 ORB 關鍵點技術的特徵匹配範例，如圖 13-18

圖 13-18 使用 ORB 關鍵點技術的特徵匹配

Python 程式碼如下：

ORB_feature_matching.py

```
1   import numpy as np
2   import cv2
3
4   img1 = cv2.imread( "DSP.bmp", 0 )
5   img2 = cv2.imread( "DSP_Scene.bmp", 0 )
6   orb = cv2.ORB_create()
7   kp1, des1 = orb.detectAndCompute( img1, None )
8   kp2, des2 = orb.detectAndCompute( img2, None )
9   bf = cv2.BFMatcher( cv2.NORM_HAMMING, crossCheck = True )
10  matches = bf.match( des1,des2 )
11  img3 = cv2.drawMatches( img1, kp1, img2, kp2, matches, None, flags = 2 )
12  cv2.imshow( "Feature Matching", img3 )
13  cv2.waitKey( 0 )
```

13-8 膚色偵測

使用影像辨識的方式與人類互動，經常須先對影像中的人物進行定位工作。**膚色** (Skin Color / Skin Tone) 是一項明顯的人類特徵，因此影像處理領域的學者專家，提出**膚色偵測** (Skin Color Detection) 演算法，目的是想要偵測影像中的膚色區域。

膚色偵測可以根據不同的色彩模型 (或空間) 分成下列幾種方法：

- **RGB 法**

  (R, G, B)is classified as skin if

  $R > 95$ and $G > 40$ and $B > 20$ and

  $\max\{ R, G, B \} - \min\{ R, G, B \} > 15$ and

  $| R - G | > 15$ and $R > G$ and $R > B$

- **HSV 法**

  Convert RGB to HSV

  (H, S, V)is classified as skin if:

  $0 < H < 50^\circ$ or $320^\circ < H < 360^\circ$

  $0.23 < S < 0.68$

- **YCrCb 法**

  Convert RGB to YCrCb

  (Y, Cr, Cb)is classified as skin if:

  $133 \le Cr \le 173$ and $77 \le Cb \le 127$

膚色偵測範例，如圖 13-19。雖然這三種方法都可以用來偵測膚色區域，由於是基於膚色是不飽和紅色的假設，因此仍然有可能受到下列因素所影響，導致膚色偵測的準確率受到限制。例如：

- 場景的打光問題。
- 場景的陰影現象。
- 不同人種的膚色。

膚色偵測也可以採用**適應性** (Adaptive) 的方式設計。換言之，在進行膚色偵測之前，先對已知的膚色區域進行色彩值的取樣，再根據其在色彩空間的分布進行統計分析，進而選取適合的閥值範圍，以利數位影像中的膚色偵測。

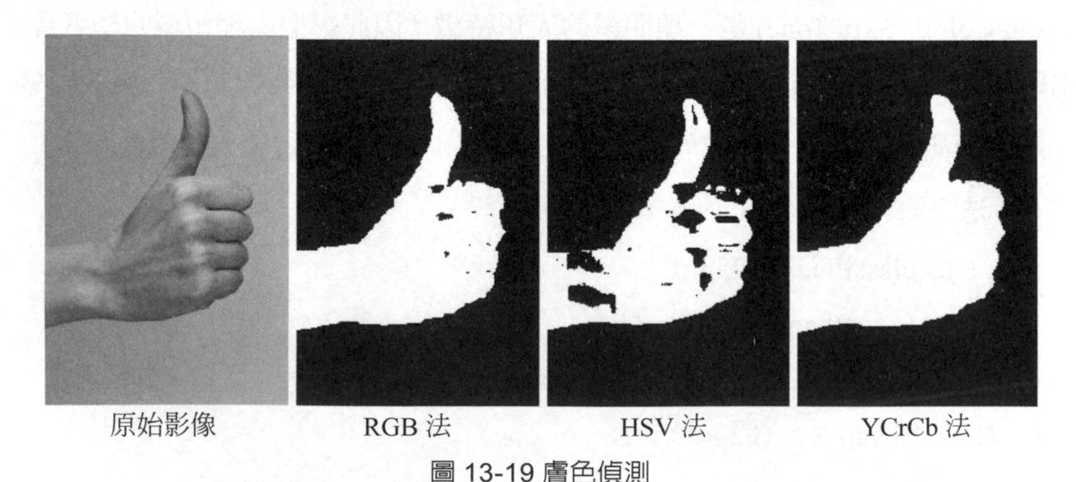

圖 13-19 膚色偵測

Python 程式碼如下：

skin_color_detection.py

```
1   import numpy as np
2   import cv2
3
4   def skin_color_detection( f, method ):
5       g = f.copy()
6       g.fill( 0 )
7       nr, nc = f.shape[:2]
8
9       if method == 1:   # RGB Approach
10          for x in range( nr ):
11              for y in range( nc ):
12                  B = int( f[x,y,0] )
13                  G = int( f[x,y,1] )
14                  R = int( f[x,y,2] )
15                  if R > 95 and G > 40 and B > 20 and \
16                  max(R,G,B)- min(R,G,B)> 15 and \
17                  abs( R- G )> 15 and R > G and R > B:
18                      g[x,y,0] = g[x,y,1] = g[x,y,2] = 255
19
20      elif method == 2:   # HSV Approach
21          hsv = cv2.cvtColor( f, cv2.COLOR_BGR2HSV )
22          for x in range( nr ):
23              for y in range( nc ):
24                  H = int( hsv[x,y,0] * 2 )
25                  S = float( hsv[x,y,1] / 255 )
26                  if((( H > 0 and H < 50 )or \
27                      ( H > 320 and H < 360 ))and
28                      ( S > 0.23 and S < 0.68 )):
29                      g[x,y,0] = g[x,y,1] = g[x,y,2] = 255
```

```
30
31         else:    # YCrCb Approach
32             ycrcb = cv2.cvtColor( f, cv2.COLOR_BGR2YCrCb )
33             for x in range( nr ):
34                 for y in range( nc ):
35                     Cr = int( ycrcb[x,y,1] )
36                     Cb = int( ycrcb[x,y,2] )
37                     if( Cb >= 77 and Cb <= 127 and \
38                         Cr >= 133 and Cr <= 173 ):
39                         g[x,y,0] = g[x,y,1] = g[x,y,2] = 255
40         return g
41
42     def main( ):
43         img1 = cv2.imread( "Thumb_Up.bmp", -1 )
44         img2 = skin_color_detection( img1, 1 )
45         cv2.imshow( "Original Image", img1 )
46         cv2.imshow( "Skin Color Detection", img2 )
47         cv2.waitKey( 0 )
48
49     main( )
```

13-9 臉部偵測

人類臉部是影像辨識與人機互動中重要的特徵，因此在影像處理或電腦視覺領域中，許多學者專家持續投入研究。目前最具代表性的技術是由 Paul Viola 與 Michael Jones 於論文 Rapid Object Detection using a Boosted Cascade of Simple Features 所提出的物件目標偵測框架，雖然這個框架可以應用於偵測不同的物件，但在解決臉部偵測問題，被公認爲 State-of-Art 的影像處理技術，以下稱爲 **Viola-Jones 臉部偵測** (Viola-Jones Face Detection) 技術。**臉部偵測** (Face Detection) 技術已被廣泛應用於許多應用，例如：數位照相機自動臉部偵測、臉部辨識門禁系統、監控系統等。

Viola-Jones 臉部偵測技術，處理步驟如下：

(1) **Haar 特徵** (Haar Features)：首先根據輸入影像先擷取 **Haar 特徵**，如圖 13-20 是計算黑色與白色區域的區域的像素值間的差值。Viola-Jones 臉部偵測技術是以 24 × 24 的影像大小為基礎。

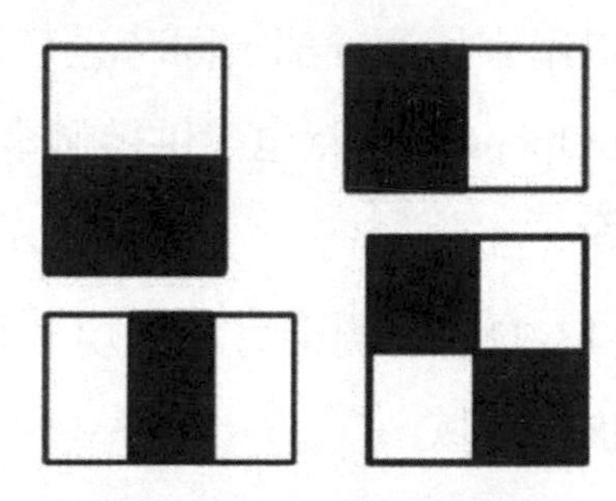

圖 13-20　Haar 特徵

(2) **積分影像** (Integral Image)：**積分影像**是指計算像素總和，如圖 13-21，積分影像主要是根據 (x, y) 的位置，取其左上角的像素總和。計算而得的積分影像可以用來加速 Haar 特徵運算。

1	1	1
1	1	1
1	1	1

輸入影像

1	2	3
2	4	6
3	6	9

積分影像

圖 13-21　積分影像

(3) Adaboost：根據 24 × 24 的影像大小所擷取的 Haar 特徵總共有 160,000+ 個特徵，但僅有某些特徵比較有用，其他則較不相關。本步驟即是用來找到與臉部偵測相關的 Haar 特徵，稱為**弱分類器** (Weak Classifier)。Adaboost 以**線性組合** (Linear Combination) 的方式結合這些弱分類器，進一步形成**強分類器** (Strong Classifier)。

(4) **串接** (Cascading)：**串接**即是將上述的強分類器串接，目的是在希望快速移除**非臉部區域** (Non-Faces) 並將重點放在可能的臉部區域 (Face Regions)，所建構的分類器稱為**串接分類器** (Cascade Classifier)。

Viola-Jones 臉部偵測技術在訓練分類器時，是以龐大的資料庫作爲訓練樣本，包含 5,000 個臉部區域 (均爲正面臉部) 與 9,400 個非臉部區域，臉部偵測的正確率相當高，因此成爲最具代表性的臉部偵測技術。

OpenCV 提供 Viola-Jones 物件偵測框架演算法，稱爲 Haar **串接分類器** (Haar Cascade Classifier)，不僅可以用來偵測臉部，同時也可以用來偵測臉部其他特徵，例如：眼睛、鼻子等。此外，OpenCV 同時也提供幾個事先訓練好的物件偵測框架，例如：行人偵測、車牌偵測等。

臉部偵測的範例，如圖 13-22，由圖上可以發現，臉部偵測技術的準確率相當高，但僅能偵測人類的正面臉部區域。

原始影像

臉部偵測

圖 13-22　臉部偵測

Python 程式碼如下：

face_detection.py

```
1   import numpy as np
2   import cv2
3
4   def face_detection( f ):
5       g = f.copy( )
6       gray = cv2.cvtColor( f, cv2.COLOR_BGR2GRAY )
7       face_cascade = cv2.CascadeClassifier( 'haarcascade_frontalface_default.xml' )
8       faces = face_cascade.detectMultiScale( gray, 1.1, 5 )
9       for( x, y, w, h )in faces:
10          g = cv2.rectangle( g,( x, y ),( x + w, y + h ),( 255, 0, 0 ), 2 )
11      return g
12
13  def main( ):
14      img1 = cv2.imread( "Akiyo.bmp", -1 )
15      img2 = face_detection( img1 )
16      cv2.imshow( "Original Image", img1 )
17      cv2.imshow( "Face Detection", img2 )
18      cv2.waitKey( 0 )
19
20  main( )
```

CHAPTER 14

影像特效

本章介紹數位影像處理技術中一項有趣的應用，稱為數位影像的**特殊效果** (Special Effect)，簡稱**影像特效**。影像特效的處理方法，大致可以分成兩種類型，分別稱為**幾何特效** (Geometric Effect) 或**像素特效** (Pixel Effect)。此外，我們將討論**計算攝影學** (Computational Photography)，其中包含的**非真實感繪製** (Non-Photorealistic Rendering) 技術，也可以用來產生相當有趣的影像特效。

學習單元

- 基本概念
- 幾何特效
- 像素特效
- 非真實感繪製

14-1 基本概念

本章介紹影像處理技術中一項有趣的應用，稱爲**影像特效**。

定義 特效

特效 (Special Effect) 是一種造成錯覺或視覺上的技巧，經常被應用於數位影像、電視、電影、電腦遊戲等。

特效 (Special Effect) 經常縮寫爲 SFX、SPFX 或 FX，大致可以分成**機械特效** (Mechanical Effect) 與**光學特效** (Optical Effect) 兩種。隨著數位電影科技的演進，特效處理成爲電影**後製** (Post-Production) 過程中一項重要的技術。

由於本書是以 DIP 技術爲主，在此所討論的影像特效，目的是對數位影像進行處理，藉以達到視覺上的特殊效果。影像特效可以透過演算法與程式設計實現，經常被應用於數位影像處理軟體、智慧型手機 APP、電影特效、電腦遊戲等。

數位影像的特效處理，大致可以分成兩種類型：

幾何特效 (Geometric Effect)：幾何特效主要是基於**幾何轉換** (Geometric Transformation) 技術，目的是改變像素空間座標的幾何關係，但不改變像素的灰階或色彩值，藉以達到視覺上的特殊效果。

像素特效 (Pixel Effect)：像素特效主要是基於像素的數學運算，通常牽涉**局部處理** (Local Processing)、**影像濾波** (Image Filtering) 等技術，藉以達到視覺上的特殊效果。

14-2 幾何特效

幾何特效 (Geometric Effect) 主要是基於**幾何轉換**技術。在此介紹一種典型的幾何特效演算法，其中牽涉**直角座標系** (Cartesian Coordinate System) 與**極座標系** (Polar Coordinate System) 的轉換，如圖 14-1，處理步驟說明如下：

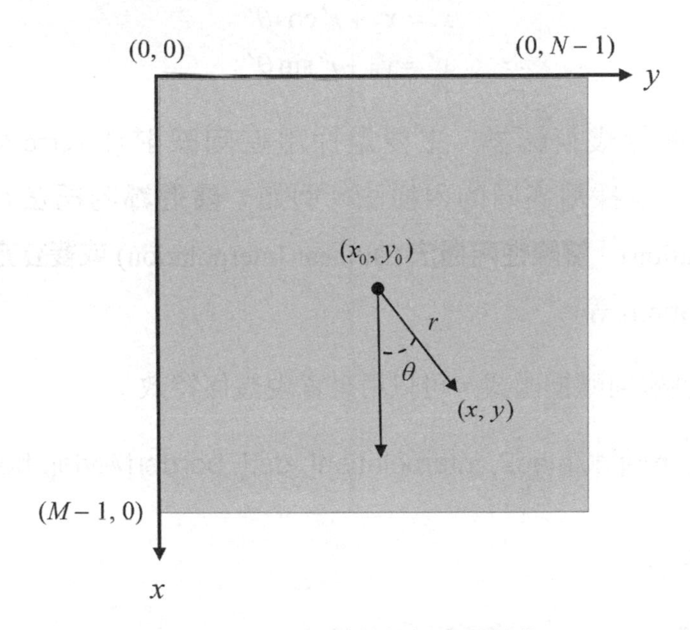

圖 14-1 幾何特效的極座標轉換

(1) 首先，計算數位影像的中心點，作爲特效處理的中心。若數位影像大小爲 $M \times N$，則中心點座標爲：

$$(x_0, y_0) = \left(\lfloor M/2 \rfloor, \lfloor N/2 \rfloor \right)$$

其中，$\lfloor \cdot \rfloor$ 代表**底值**。

(2) 假設目前處理的像素座標爲 (x, y)，在此進行**直角座標系**與**極座標系**的轉換，即計算**半徑** r 與**角度** θ 如下：

$$r = \sqrt{(x - x_0)^2 + (y - y_0)^2}$$

$$\theta = \tan^{-1}\left(\frac{y - y_0}{x - x_0} \right) \text{ 或 } \theta = \cos^{-1}\left(\frac{x - x_0}{r} \right)$$

(3) 根據幾何特效的類型，將 (r, θ) 經過數學轉換爲 (r', θ') 如下：

$$(r', \theta') = T\left\{ (r, \theta) \right\}$$

其中 $T\{\cdot\}$ 稱爲**轉換函數** (Transfer Function)。

(4) 計算輸出影像的座標：

$$x' = x_0 + r' \cos\theta'$$
$$y' = y_0 + r' \sin\theta'$$

(5) 最後，進行幾何轉換，主要是採用**逆向映射** (Inverse Mapping) 的空間轉換法，並採用不同的內插法，例如：**最近鄰內插法** (Nearest Neighbor Interpolation)、**雙線性內插法** (Bilinear Interpolation) 或**雙立方內插法** (Bicubic Interpolation) 等。

OpenCV 提供幾何轉換函式，可以用來實現幾何特效：

```
cv2.remap(src, map1, map2, interpolation[, dst[, borderMode[, borderValue]]])
```

牽涉的參數分別爲：

- src：原始影像
- map1：x 對應座標，須爲 CV_16SC2 或 CV_32FC1
- map2：y 對應座標，須爲 CV_16SC2 或 CV_32FC1
- interpolation：內插法

  INTER_NEAREST：最近鄰內插法。

  INTER_LINEAR：雙線性內插法 (預設)。

  INTER_AREA：臨域像素再取樣內插法。

  INTER_CUBIC：雙立方內插法，4×4 大小的補點。

  INTER_LANCZOS4：Lanczos 內插法，8×8 大小的補點。

由於 OpenCV 的 remap 函式，其所定義的 x、y 軸與數位影像所定義的 x、y 軸相反，因此在呼叫這個函式之前，須先進行交換 (或對調)。

14-2-1 放射狀像素化

放射狀像素化 (Radial Pixelation) 的特效處理，原理與下取樣技術相似，只是取樣的方式是在極座標上進行。

定義 放射狀像素化

放射狀像素化 (Radial Pixelation) 的轉換函數可以定義爲：

$$r' = r - \text{mod}(r, \Delta r)$$
$$\theta' = \theta - \text{mod}(\theta, \Delta\theta)$$

其中，mod 函數是用來取餘數，Δr 與 $\Delta\theta$ 是用來調整半徑或角度的取樣率。

放射狀像素化 (Radial Pixelation) 的範例，如圖 14-2，其中 $(\Delta r, \Delta\theta)$ 分別爲 (5, 5) 或 (2, 10)。

原始影像

$(\Delta r, \Delta\theta) = (5, 5)$

$(\Delta r, \Delta\theta)=(2, 10)$

圖 14-2 放射狀像素化

Python 程式碼如下：

radial_pixelation.py

```
1   import numpy as np
2   import cv2
3
4   def radial_pixelation( f, delta_r, delta_theta ):
5       nr, nc = f.shape[:2]
6       map_x = np.zeros( [nr, nc], dtype = 'float32' )
7       map_y = np.zeros( [nr, nc], dtype = 'float32' )
8       x0, y0 = nr // 2, nc // 2
9       for x in range( nr ):
10          for y in range( nc ):
11              r = np.sθrt(( x - x0 )** 2 +( y - y0 )** 2 )
12              if r == 0:    theta = 0
13              else:         theta = np.arccos(( x - x0 )/ r )
14              r = r - r % delta_r
15              if y - y0 < 0:    theta = -theta
16              theta = theta - theta %( np.radians( delta_theta ))
17              map_x[x,y] = np.clip( y0 + r * np.sin( theta ), 0, nc - 1 )
18              map_y[x,y] = np.clip( x0 + r * np.cos( theta ), 0, nr - 1 )
19      g = cv2.remap( f, map_x, map_y, cv2.INTER_LINEAR )
20      return g
21
22  def main( ):
23      img1 = cv2.imread( "Peacock.bmp", -1 )
24      img2 = radial_pixelation( img1, 5, 5 )
25      cv2.imshow( "Original Image", img1 )
26      cv2.imshow( "Radial Pixelation", img2 )
27      cv2.waitKey( 0 )
28
29  main( )
```

本程式範例實現**放射狀像素化** (Radial Pixelation) 的影像特效，其中輸入的參數為 $(\Delta r, \Delta\theta)$。在轉換極座標的過程中，採用餘弦函數；由於餘弦函數的範圍僅包含 $0 \sim \pi$，因此根據 y 值調整，使其介於 $-\pi \sim \pi$ 之間。最後，使用 remap 函數進行幾何轉換。

14-2-2 漣漪特效

漣漪特效 (Ripple Effect) 是模擬水面上產生**漣漪**的視覺效果，在此我們用正弦函數作為轉換函數。

定義 漣漪特效

漣漪特效 (Ripple Effect) 的轉換函數可以定義為：

$$x' = x + A\sin(x/T)$$
$$y' = y + A\sin(y/T)$$

其中，A 稱為**振幅** (Amplitude)，T 稱為**週期** (Period)；**漣漪特效**也可以定義為放射狀，則：

$$r' = r + A\sin(r/T)$$
$$\theta' = \theta$$

漣漪特效的範例，如圖 14-3，其中選取的參數分別為：振幅 $A = 5$ 與週期 $T = 2$，可以根據下列方式產生不同的**漣漪特效**，分別為 x 方向、y 方向、x & y 方向或放射狀。

原始影像

圖 14-3 漣漪特效

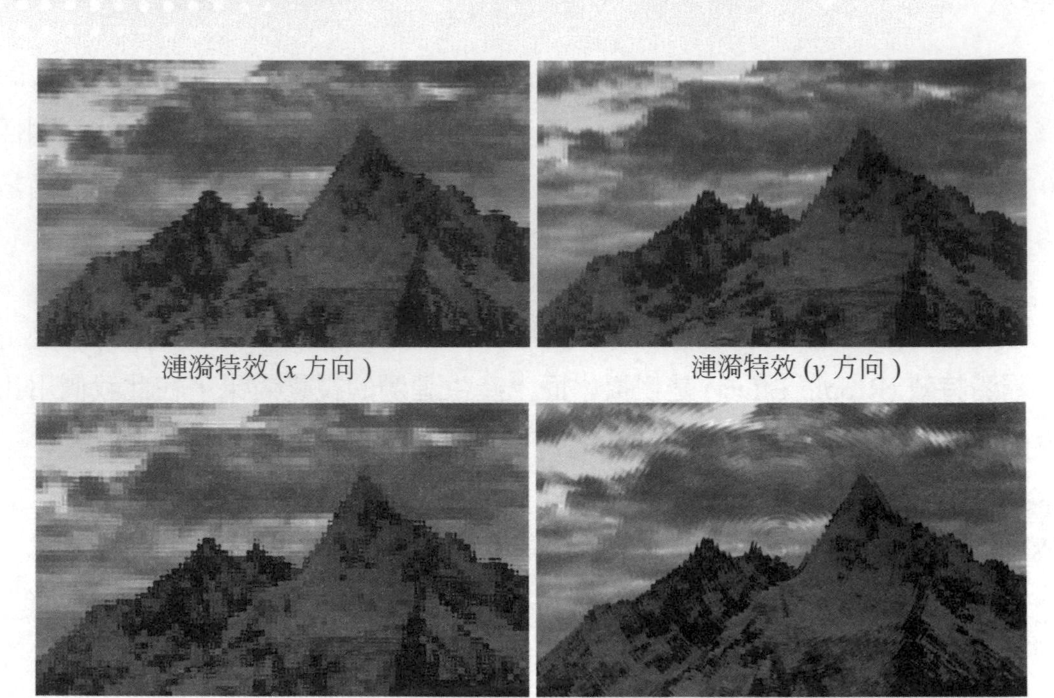

圖 14-3 漣漪特效 (續)

Python 程式碼如下：

ripple_effect.py

```
1    import numpy as np
2    import cv2
3
4    def ripple_effect( f, method, amplitude, period ):
5        nr, nc = f.shape[:2]
6        map_x = np.zeros( [nr, nc], dtype = 'float32' )
7        map_y = np.zeros( [nr, nc], dtype = 'float32' )
8        x0, y0 = nr // 2, nc // 2
9        for x in range( nr ):
10           for y in range( nc ):
11               if method == 1:    # x-direction
12                   xx = np.clip( x + amplitude * np.sin( x / period ), 0, nr - 1 )
13                   map_x[x,y] = y
14                   map_y[x,y] = xx
```

```
15              elif method == 2:    # y-direction
16                  yy = np.clip( y + amplitude * np.sin( y / period ), 0, nc - 1 )
17                  map_x[x,y] = yy
18                  map_y[x,y] = x
19              elif method == 3:    # x & y direction
20                  xx = np.clip( x + amplitude * np.sin( x / period ), 0, nr - 1 )
21                  yy = np.clip( y + amplitude * np.sin( y / period ), 0, nc - 1 )
22                  map_x[x,y] = yy
23                  map_y[x,y] = xx
24              else:                # Radial
25                  r = np.sθrt(( x - x0 )** 2 +( y - y0 )** 2 )
26                  if r == 0:    theta = 0
27                  else:         theta = np.arccos(( x - x0 )/ r )
28                  r = r + amplitude * np.sin( r / period )
29                  if y - y0 < 0:    theta = -theta
30                  map_x[x,y] = np.clip( y0 + r * np.sin( theta ), 0, nc - 1 )
31                  map_y[x,y] = np.clip( x0 + r * np.cos( theta ), 0, nr - 1 )
32      g = cv2.remap( f, map_x, map_y, cv2.INTER_LINEAR )
33      return g
34
35  def main( ):
36      img1 = cv2.imread( "Snow_Mountain.bmp", -1 )
37      img2 = ripple_effect( img1, 1, 5, 2 )
38      cv2.imshow( "Original Image", img1 )
39      cv2.imshow( "Ripple Effect", img2 )
40      cv2.waitKey( 0 )
41
42  main( )
```

本程式範例實現**漣漪特效**，包含上述介紹的幾種方法 (方向)。可以注意到，在呼叫 remap 函數之前，x 與 y 進行對調。放射狀**漣漪特效**的程式架構，除了轉換函數不同之外，大致與前述範例相似。

14-2-3 魚眼特效

魚眼特效 (Fisheye Effect) 是模擬使用魚眼鏡頭拍攝相片時所產生的特殊效果，在此使用數位影像處理的方式進行軟體模擬。魚眼鏡頭的鏡面，如同魚眼向外凸出，因此而得名。魚眼鏡頭的特點是其視角比一般相機的視角來得更廣，可達到接近 180° 的視角，因此經常用來監控大範圍的場域，藉以避免監控死角。但是，由於魚眼相機的焦距通常非常短，因此造成明顯的幾何失眞現象，即之前所介紹的**桶狀失眞** (Barrel Distortion) 現象。

定義　魚眼特效

魚眼特效 (Fisheye Effect) 的轉換函數可以定義爲：

$$R = \max(r)$$
$$r' = r^2 / R$$

其中，r 爲半徑，R 爲最大半徑，且：

$$x' = x_0 + r'\cos\theta$$
$$y' = y_0 + r'\sin\theta$$

上述定義中，R 爲最大半徑，可以根據數位影像對角線距離的 1/2 計算而得。**魚眼特效**的範例，如圖 14-4。

原始影像　　魚眼特效

圖 14-4　魚眼特效

Python 程式碼如下：

fisheye_effect.py

```
1   import numpy as np
2   import cv2
3
4   def fisheye_effect( f ):
5       nr, nc = f.shape[:2]
6       map_x = np.zeros( [nr, nc], dtype = 'float32' )
7       map_y = np.zeros( [nr, nc], dtype = 'float32' )
8       x0, y0 = nr // 2, nc // 2
9       R = np.sθrt( nr ** 2 + nc ** 2 )/ 2
10      for x in range( nr ):
11          for y in range( nc ):
12              r = np.sθrt(( x - x0 )** 2 +( y - y0 )** 2 )
13              if r == 0:   theta = 0
14              else:        theta = np.arccos(( x - x0 )/ r )
15              r =( r * r )/ R
16              if y - y0 < 0:   theta = -theta
17              map_x[x,y] = np.clip( y0 + r * np.sin( theta ), 0, nc - 1 )
18              map_y[x,y] = np.clip( x0 + r * np.cos( theta ), 0, nr - 1 )
19      g = cv2.remap( f, map_x, map_y, cv2.INTER_CUBIC )
20      return g
21
22  def main( ):
23      img1 = cv2.imread( "Bug.bmp", -1 )
24      img2 = fisheye_effect( img1 )
25      cv2.imshow( "Original Image", img1 )
26      cv2.imshow( "Fisheye Effect", img2 )
27      cv2.waitKey( 0 )
28
29  main( )
```

本程式範例實現**魚眼特效**，爲了使得魚眼鏡頭中央的成像較佳，在此採用雙立方內插法。

14-2-4 捻轉特效

捻轉特效 (Twirl Effect) 是用來模擬捻轉的動作，如同在咖啡杯中使用湯匙旋轉拉花，所形成視覺上的特殊效果。同理，在此也是使用數位影像處理技術，進行軟體模擬。

定義 捻轉特效

捻轉特效 (Twirl Effect) 的轉換函數可以定義爲：

$$\phi(x,y)=\theta(x,y)+r(x,y)/K$$

且：

$$x'=x_0+round(x\cos\phi)$$
$$y'=y_0+round(y\sin\phi)$$

其中，K 稱爲**捻轉參數** (Twirl Parameter)。

上述定義中，$r(x,y)$ 與 $\theta(x,y)$ 分別爲座標 (x,y) 所對應的半徑與角度。K 稱爲**捻轉參數**，可以用來調整捻轉的量，K 值愈小，則捻轉得愈多。K 可以是正值或負值，可以用來控制捻轉的方向 (順時針或逆時針)。

捻轉特效的範例，如圖 14-5，其中選取的 K 值，分別爲 50、100 與 300。由圖上可以發現，若 K 值愈小，則捻轉的量愈大。

原始影像

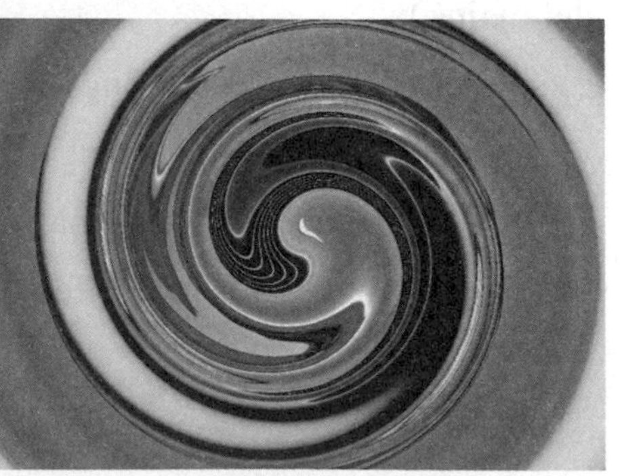

捻轉特效 (K = 50)

圖 14-5 捻轉特效

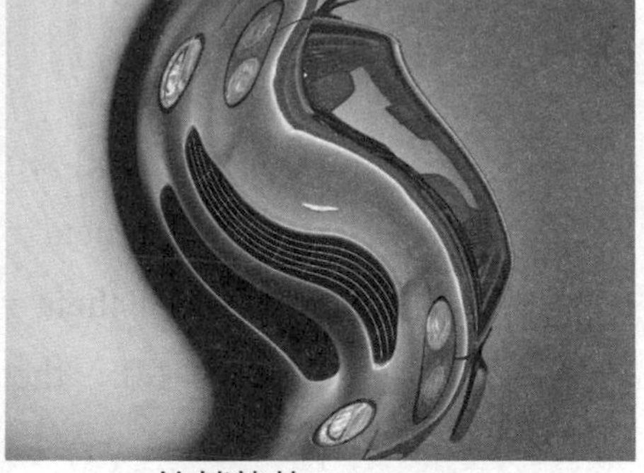

撚轉特效 ($K = 100$)　　撚轉特效 ($K = 300$)

圖 14-5 撚轉特效 (續)

相對而言，若對 K 值取正值或負值，結果如圖 14-6，可以用來控制撚轉的方向 (順時針或逆時針)。

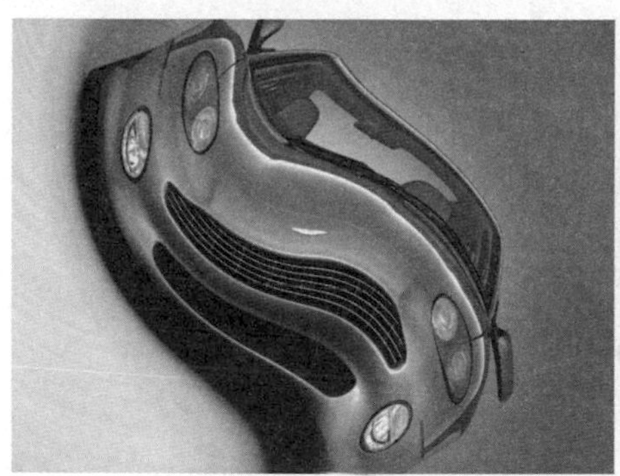
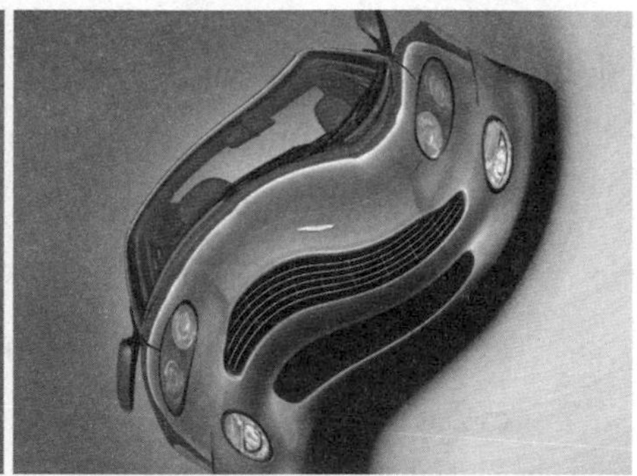

撚轉特效 ($K = 400$)　　撚轉特效 ($K = -400$)

圖 14-6 撚轉特效

Python 程式碼如下：

twirl_effect.py

```
1	import numpy as np
2	import cv2
3	
4	def twirl_effect( f, K ):
5		nr, nc = f.shape[:2]
6		map_x = np.zeros( [nr, nc], dtype = 'float32' )
7		map_y = np.zeros( [nr, nc], dtype = 'float32' )
8		x0, y0 = nr // 2, nc // 2
```

```
 9          for x in range( nr ):
10              for y in range( nc ):
11                  r = np.sθrt(( x - x0 )** 2 +( y - y0 )** 2 )
12                  if r == 0:    theta = 0
13                  else:         theta = np.arccos(( x - x0 )/ r )
14                  if y - y0 < 0:    theta = -theta
15                  phi = theta + r / K
16                  map_x[x,y] = np.clip( y0 + r * np.sin( phi ), 0, nc - 1 )
17                  map_y[x,y] = np.clip( x0 + r * np.cos( phi ), 0, nr - 1 )
18          g = cv2.remap( f, map_x, map_y, cv2.INTER_LINEAR )
19          return g
20
21      def main( ):
22          img1 = cv2.imread( "Car.bmp", -1 )
23          img2 = twirl_effect( img1, 50 )
24          cv2.imshow( "Original Image", img1 )
25          cv2.imshow( "Twirl Effect", img2 )
26          cv2.waitKey( 0 )
27
28      main( )
```

本程式範例實現**捻轉特效**，除了轉換函數不同之外，程式架構大致與前述的程式範例相似。

14-3 像素特效

像素特效 (Pixel Effect) 主要是基於像素的數學運算，牽涉**局部處理** (Local Processing)、**影像濾波** (Image Filtering) 等技術，藉以達到數位影像的特殊效果。

14-3-1 模糊特效

模糊特效 (Fuzzy Effect) 可以產生點狀模糊的視覺效果，與平均濾波或高斯濾波的結果略有差異。

定義 模糊特效

模糊特效 (Twirl Effect) 的轉換函數可以定義爲：

$$x' = \lfloor x + W \cdot rand(seed) - \lfloor W/2 \rfloor \rfloor$$
$$y' = \lfloor y + W \cdot rand(seed) - \lfloor W/2 \rfloor \rfloor$$

其中，W 爲窗的大小 (Window Size)，rand() 爲均勻亂數產生器，其值介於 0 ～ 1 之間。

模糊特效的範例，如圖 14-7，其中窗的大小分別爲 3×3、5×5 與 7×7。若選取窗的大小愈大，則模糊的效果愈明顯。

原始影像

模糊特效 (3 × 3)

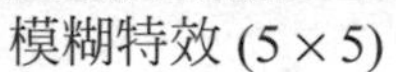

模糊特效 (5 × 5)

模糊特效 (7 × 7)

圖 14-7 模糊特效

Python 程式碼如下：

fuzzy_effect.py

```
1   import numpy as np
2   import cv2
3   from numpy.random import uniform `
4
5   def fuzzy_effect( f, W ):
6       g = f.copy( )
```

```
7       nr, nc = f.shape[:2]
8       for x in range( nr ):
9           for y in range( nc ):
10              xp = int( x + W * uniform()- W // 2 )
11              yp = int( y + W * uniform()- W // 2 )
12              xp = np.clip( xp, 0, nr - 1 )
13              yp = np.clip( yp, 0, nc - 1 )
14              g[x,y] = f[xp,yp]
15      return g
16
17  def main( ):
18      img1 = cv2.imread( "Brunch.bmp", -1 )
19      img2 = fuzzy_effect( img1, 3 )
20      cv2.imshow( "Original Image", img1 )
21      cv2.imshow( "Fuzzy Effect", img2 )
22      cv2.waitKey( 0 )
23
24  main( )
```

本程式範例，實現**模糊特效**，其中輸入的參數爲**窗的大小**。

14-3-2 運動模糊

運動模糊 (Motion Blur) 是用來模擬由於物體本身的運動或是相機在拍攝時產生晃動所產生的特殊效果。

定義 運動模糊

運動模糊 (Motion Blur) 可以定義爲：

$$g(x,y) = f(x,y) * h(x,y)$$

其中，$h(x,y)$ 爲濾波器 (Filter)，其中包含一條直線，直線的長度爲 l，角度爲 θ。

在此，假設運動為線性，核函數中直線的長度與角度可以用來調整運動量與運動方向。

運動模糊的處理步驟說明如下：

(1) 首先，定義 2D 的**濾波器** (Filter)，其中包含一條直線，直線的長度是用來決定運動量，直線的方向則是用來決定運動方向。

(2) 將核函數的係數總和正規化為 1。

(3) 使用二維的影像濾波 (與平均濾波相似)。

模糊特效的範例，如圖 14-8，其中直線長度均設為 20(像素)，運動方向分別為 0°、45° 與 135°。

圖 14-8　運動模糊

Python 程式碼如下：

motion_blur.py

```
1   import numpy as np
2   import cv2
3
4   def motion_blur( f, length, angle ):
5       nr, nc = f.shape[:2]
6       filter = np.zeros( [ length, length ] )
7       x0, y0 = length // 2, length // 2
8       x_len = round( x0 * np.cos( np.radians( angle )))
9       y_len = round( y0 * np.sin( np.radians( angle )))
10      x1, y1 = int( x0 - x_len ), int( y0 - y_len )
11      x2, y2 = int( x0 + x_len ), int( y0 + y_len )
12      cv2.line( filter,( y1, x1 ),( y2, x2 ),( 1, 1, 1 ))
13      filter /= np.sum( filter )
14      g = cv2.filter2D( f, -1, filter )
15      return g
16
17  def main( ):
18      img1 = cv2.imread( "Traffic_Lanes.bmp", -1 )
19      img2 = motion_blur( img1, 20, 0 )
20      cv2.imshow( "Original Image", img1 )
21      cv2.imshow( "Motion Blur", img2 )
22      cv2.waitKey( 0 )
23
24  main( )
```

14-3-3 放射狀模糊

運動模糊也可以模擬成放射狀，稱爲**放射狀模糊** (Radial Blur)，處理步驟說明如下：

(1) 首先，假設濾波器的大小爲 l，可以用來控制放射狀模糊的量。

(2) 根據 (x, y) 座標，計算對應的 (r, θ) 座標。

(3) 根據鄰近像素座標：

$$(r, \phi) = (r, \theta \pm l / 2)$$

取平均值作爲輸出。

因此，當濾波器的大小 l 愈大，則放射狀模糊的效果愈明顯。**放射狀模糊**的範例，如圖 14-9，其中濾波器的大小設爲 15。

原始影像

放射狀模糊

圖 14-9 放射狀模糊

Python 程式碼如下：

radial_blur.py

```
1   import numpy as np
2   import cv2
3
```

```
4     def radial_blur( f, filter_size ):
5         g = f.copy( )
6         nr, nc = f.shape[:2]
7         x0, y0 = nr // 2, nc // 2
8         half = filter_size // 2
9         for x in range( nr ):
10            for y in range( nc ):
11                r = np.sθrt(( x - x0 )** 2 +( y - y0 )** 2 )
12                if r == 0: theta = 0
13                else:     theta = np.arccos(( x - x0 )/ r )
14                if y - y0 < 0:   theta = -theta
15                R = G = B = n = 0
16                for k in range( -half, half + 1 ):
17                    phi = theta + np.radians( k )
18                    xp = int( round( x0 + r * np.cos( phi )))
19                    yp = int( round( y0 + r * np.sin( phi )))
20                    if ( xp >= 0 and xp < nr and yp >= 0 and yp < nc ):
21                        R += f[xp,yp,2]
22                        G += f[xp,yp,1]
23                        B += f[xp,yp,0]
24                        n += 1
25                R = round( R / n )
26                G = round( G / n )
27                B = round( B / n )
28                g[x,y,2] = np.uint8( R )
29                g[x,y,1] = np.uint8( G )
30                g[x,y,0] = np.uint8( B )
31        return g
32
```

```
33    def main( ):
34        img1 = cv2.imread( "Brunch.bmp", -1 )
35        img2 = radial_blur( img1, 15 )
36        cv2.imshow( "Original Image", img1 )
37        cv2.imshow( "Radial Blur", img2 )
38        cv2.waitKey( 0 )
39
40    main( )
```

本程式範例實現**放射狀模糊**的影像特效，輸入參數爲濾波器的大小。

14-4 非真實感繪製

計算攝影學 (Computational Photography) 是一門科學，主要是指數位影像的擷取與處理，是經由數學運算的方式，而非光學的處理方式。計算攝影學的相關技術，例如：**全景圖** (Panoramas)、**高動態範圍影像** (High-Dynamic-Range Images, HDR Image)、**非真實感繪製** (Non-Photorealistic Rendering, NPR) 等，已被廣泛應用於許多領域，例如：智慧型手機的拍照軟體、電影特效等。

非真實感繪製其實是**電腦圖學** (Computer Graphics) 的分支，目的是模仿藝術家或畫家的繪製風格，以電腦運算方式模擬並自動產生繪製的特殊效果。**非真實感繪製** (Non-Photorealistic Rendering) 的專有名詞，是由 David Salesin 與 Winkenbach 於 1994 年發表的論文中所創造。

OpenCV 提供典型的**非真實感繪製**函式，包含：**邊緣保留濾波器** (Edge-Preserving Filter)、**細節增強** (Detail Enhancement)、**鉛筆素描** (Pencil Sketch) 與**風格化** (Stylization) 等。

14-4-1　邊緣保留濾波器

邊緣保留濾波器 (Edge-Preserving Filter) 的目的是針對數位影像進行平滑化處理，但是在過程中以保留**邊緣** (Edge) 資訊為原則。

OpenCV 提供**邊緣保留濾波器**函式：

```
cv2.edgePreservingFilter( src [, dst [, flags [, sigma_s [, sigma_r ] ] ] ] )
```

牽涉的參數分別為：

- src：原始影像
- dst：輸出影像
- flag：邊緣保留濾波器
- sigma_s：數值範圍為 0 ～ 200
- sigma_r：數值範圍為 0 ～ 1

邊緣保留濾波器的範例，如圖 14-10，其中輸入的參數均採用 OpenCV 的原始設定。

原始影像

邊緣保留濾波器

圖 14-10　邊緣保留濾波器

Python 程式碼如下：

edge_preserving_filter.py

```
1    import numpy as np
2    import cv2
3
4    img1 = cv2.imread( "Brunch.bmp", -1 )
5    img2 = cv2.edgePreservingFilter( img1 )
6    cv2.imshow( "Original Image", img1 )
7    cv2.imshow( "Edge-Preserving Filter", img2 )
8    cv2.waitKey( 0 )
```

4-4-2　細節增強

細節增強 (Detial Enhancement) 的目的是用來增強數位影像中的細節資訊。

OpenCV 提供**細節增強**函式：

```
cv2.detailEnhance(src [, dst [, sigma_s [, sigma_r ] ] ] )
```

牽涉的參數分別爲：

- src：原始影像
- dst：輸出影像
- sigma_s：數値範圍爲 0 ～ 200
- sigma_r：數値範圍爲 0 ～ 1

細節增強的範例，如圖 14-11，其中輸入的參數均採用 OpenCV 的原始設定。

原始影像 細節增強

圖 14-11 細節增強

Python 程式碼如下：

detail_enhancement.py

```
1   import numpy as np
2   import cv2
3
4   img1 = cv2.imread( "Brunch.bmp", -1 )
5   img2 = cv2.detailEnhance( img1 )
6   cv2.imshow( "Original Image", img1 )
7   cv2.imshow( "Detail Enhance", img2 )
8   cv2.waitKey( 0 )
9   cv2.imwrite( "B.bmp", img2 )
```

14-4-3　鉛筆素描

鉛筆素描 (Pencil Sketch) 的目的是模擬鉛筆素描的特殊效果。

OpenCV 提供**鉛筆素描**函式：

```
cv2.pencilSketch( src[, dst1 [, dst2 [, sigma_s [, sigma_r [, shade_factor ] ] ] ] ] )
```

牽涉的參數分別爲：

- src：原始影像
- dst1：輸出影像 (8-bits, 1-Channel)
- dst2：輸出影像 (與原始影像相同)
- sigma_s：數值範圍爲 0 ～ 200
- sigma_r：數值範圍爲 0 ～ 1
- shade_factor：數值範圍爲 0 ～ 1

鉛筆素描的範例，如圖 14-12，其中輸入的參數均採用 OpenCV 的原始設定。

原始影像

鉛筆素描

圖 14-12　鉛筆素描

Python 程式碼如下：

pencil_sketch.py

```
1    import numpy as np
2    import cv2
3
4    img = cv2.imread( "Brunch.bmp", -1 )
5    img1, img2 = cv2.pencilSketch( img )
6    cv2.imshow( "Original Image", img )
7    cv2.imshow( "Pencil Sketch 1", img1 )
8    cv2.imshow( "Pencil Sketch 2", img2 )
9    cv2.waitKey( 0 )
```

14-4-4 風格化

風格化 (Stylization) 的目的是產生類似卡通的特殊效果，因此也經常稱為**卡通化**。OpenCV 提供**風格化**函式：

```
cv2.stylization( src [, dst [, sigma_s [, sigma_r ] ] ] )
```

牽涉的參數分別為：

- src：原始影像
- dst：輸出影像 (與原始影像相同)
- sigma_r：數值範圍為 0 ～ 200
- sigma_s：數值範圍為 0 ～ 1

風格化的範例，如圖 14-13，其中輸入的參數均採用 OpenCV 的原始設定。

圖 14-13　風格化

Python 程式碼如下：

stylization.py

```
1    import numpy as np
2    import cv2
3
4    img1 = cv2.imread( "Brunch.bmp", -1 )
5    img2 = cv2.stylization( img1 )
6    cv2.imshow( "Original Image", img1 )
7    cv2.imshow( "Stylization", img2 )
8    cv2.waitKey( 0 )
```

在介紹這些影像特效後，相信您對於影像特效的演算法與 Python 程式設計具備初步的認識。最後，邀請您發揮創意，自行開發有趣的影像特效。

CHAPTER 15

深度學習

本章的目的是介紹**深度學習** (Deep Learning) 技術。深度學習是機器學習的子領域，使用多層的人工神經網路，是一種對資料進行特徵學習的演算法。首先，將介紹深度學習技術的基本概念，接著介紹**人工神經網路** (Artificial Neural Network, ANN)，最後介紹**卷積神經網路** (Convolutional Neural Network, CNN)，同時根據典型的卷積神經網路，進行 Python 程式實作。

學習單元

- 基本概念
- 人工神經網路
- 卷積神經網路
- 典型的卷積神經網路

15-1 基本概念

近年來，**深度學習** (Deep Learning) 技術已成為人工智慧領域的重要研究議題。深度學習技術其實是機器學習的分支，不僅是 AlphaGo 圍棋軟體的技術核心，目前更發展了許多嶄新的技術，被廣泛應用於許多領域，例如：**數位訊號處理** (Digital Signal Processing)、**語音辨識** (Speech Recognition)、**自然語言處理** (Natural Language Processing, NLP)、**生物資訊** (BioInformatics) 等。

深度學習技術在**電腦視覺** (Computer Vision) 研究領域的應用，尤其受到學術界與產業界的重視，主要是因為深度學習技術在近幾年許多電腦視覺競賽項目中屢創佳績，其中尤以數位影像中的**物件辨識** (Object Recognition) 效能最為突出，目前已超越傳統的電腦視覺技術，成為電腦視覺研究領域的新寵。

深度學習技術被許多軟體公司所重視，例如：Google、Microsoft、Facebook、Amazon、大陸百度等，近年紛紛組織人工智慧研究團隊與建立研究中心，並投注大量研究資源，希望在現代科技生活或產業界自動化過程中，導入人工智慧技術的各種應用，同時在未來的人工智慧世代佔有一席之地。

傳統與現代電腦視覺技術的比較，如圖 15-1。傳統的電腦視覺技術，通常須仰賴**特徵擷取** (Feature Extraction) 技術，藉以擷取所需的特徵；然而特徵經常須根據想要辨識的目標物件定義，因此須科學家或工程師的介入。不僅如此，擷取而得的特徵，還要再經由**機器學習** (Machine Learning) 技術進行分析與分類，才能達到物件辨識的目的。現代的電腦視覺技術，其中尤其以**深度學習** (Deep Learning) 技術最具有代表性，主要的特點是可以根據輸入的數位影像 (或視訊)，直接進行分析與分類，不須科學家或工程師介入與定義特徵，因此逐漸成為現代電腦視覺領域的技術核心。

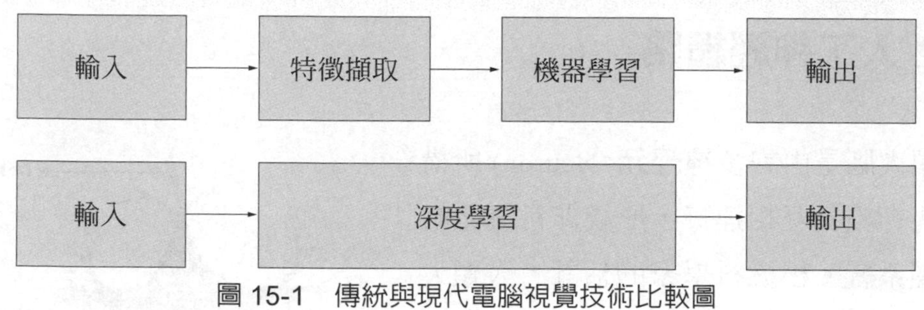

圖 15-1 傳統與現代電腦視覺技術比較圖

由於深度學習技術受到學術界與產業界的重視，因此出現了許多**深度學習框架** (Deep Learning Framework)，有助於深度學習技術的研發與應用。具有代表性的**深度學習框架**，包含[1]：

- TensorFlow －由 Google 開發
- Keras －由 Google 工程師 François Chollet 開發
- PyTorch －由 Facebook 的人工智慧研究團隊開發
- Caffe －由加州大學柏克萊分校的研究團隊開發
- Theano －由蒙特羅大學 MILA 實驗室開發
- CNTK －由 Microsoft 開發

深度學習技術的快速發展，主要歸功於下列幾項：

- **硬體發展－圖形處理器** (Graphics Processing Unit, GPU) 的發展，例如：NVIDIA 等，提供快速運算的可能性。
- **資料集與國際競賽**－藉由大數據資料集的蒐集與國際性競賽，凝聚世界各地的研究能量，使得深度學習技術的研發，進入前所未有的局面。
- **演算法**－最佳化方法 (或優化器) 的演算法開發，同時結合高度平行化運算，可以大幅縮短深度學習技術的開發流程與時間。

1 本書將以 Google 開發的 TensorFlow 與 Keras 為主要的深度學習框架。

15-2 人工神經網路

人類大腦是由許多**神經元** (Neuron) 所構成，這些神經元互相連接，形成非常複雜的大腦神經系統。根據科學家的估計，人類大腦約包含超過 100 億個神經元。每個神經元的組織架構，如圖 15-2。若以每個神經元而言，**樹突** (Dendrites) 為神經元的輸入通道，其功能是接收來自其他神經元的電訊號，並連接到神經元的**細胞核** (Nucleus) 主體。每個神經元的樹突可以連接超過 1,000 個輸入的電訊號。神經元在整合這些電訊號之後，再將電訊號經由**軸突** (Axon) 的輸出通道，透過**軸突終端** (Axon Terminals) 傳送電訊號至其他神經元。

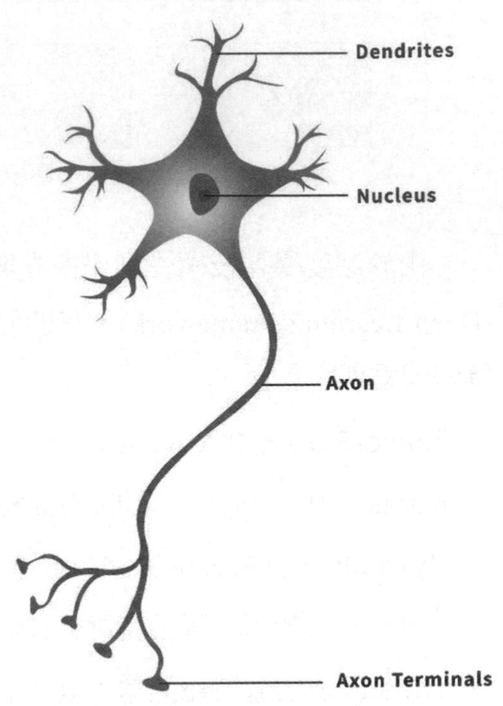

圖 15-2　人類大腦的神經元

人工神經網路 (Artificial Neural Netowork, ANN) 也經常翻譯成**類神經網路**，是一種模仿人類大腦神經系統所建構的數學模型，可以針對輸入資料進行數學運算與分析，藉以產生符合特定目標的輸出資料。ANN 的基本構成元件稱為**神經元** (Neuron)[2]，透過許多神經元的互相連接，構成**多層** (Multi-Layers) 的神經網路架構。由於 ANN 的網路架構，可以透過輸入資料的**訓練** (Training) 過程而改變，因此具有學習與適應能力。訓練過的 ANN，可以用來對未知的**測試** (Testing) 資料進行數學運算與推論，進而產生分類或辨識結果。

最早的神經元是由 McCulloch 與 Pitts 於 1943 年所提出，模仿人類的神經元結構，設計出一個神經元的模型，可以根據輸入資料進行運算，進而產生輸出結果，其中是使用**閥值邏輯** (Threshold Logic) 控制輸出的數值範圍，即 0 與 1 的數位邏輯。1958 年，Rosenblatt 提出**感知器** (Perceptron) 的數學模型，並提出學習演算法，使得人工神經網路受到廣泛的重視與深入研究，同時成為深度學習技術的重要根基，也因此造就了人工智慧的新紀元。

2　嚴格而言，在此應該稱之為**人工神經元** (Artificial Neuron)。為了方便討論，因此不特別區隔。

15-2-1　人工神經網路的數學模型

假設輸入資料爲**特徵向量** (Feature Vector)，可以定義爲：

$$\mathbf{x} = [x_1, x_2, ..., x_n]^T$$

其中 $x_1, x_2, ..., x_n$ 爲向量的元素，構成 n 維的**行向量** (Column Vector)。

定義　神經元的數學模型

神經元 (Neuron) 的數學模型可以表示成：

$$y = f(\sum_{i=1}^{n} w_i x_i + b)$$

其中，$w_1 \sim w_n$ 稱爲**權重值** (Weights)，b 稱爲**偏差值** (Bias)，f 稱爲**激勵函數** (Activation Function)，產生的輸出結果爲 y。

神經元的數學模型，如圖 15-3，目的是將輸入的特徵向量進行數學運算 (或線性組合)，同時加入**偏差值** (Bias)，藉以調整輸出數值的範圍，最後再代入**激勵函數** (Activation Function) 運算，進而產生輸出結果 y。

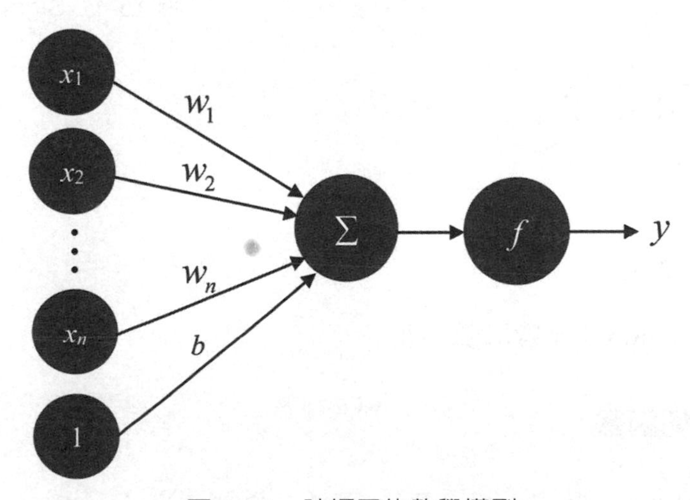

圖 15-3　神經元的數學模型

15-2-2 激勵函數

神經元的數學模型中，激勵函數通常是採用非線性函數，用來限制輸出結果的數值範圍。目前，常用的激勵函數包含：(1)Sigmoid 函數；(2) 雙曲正切函數；與 (3) 線性整流函數。

定義 Sigmoid 函數

Sigmoid 函數 (Sigmoid Function) 可以定義為：

$$f(x) = \frac{1}{1+e^{-x}}$$

Sigmoid 函數在統計模型中又稱為**邏輯斯函數** (Logistic Function)，是 ANN 常見的激勵函數。Sigmoid 函數圖，如圖 15-4，是典型的非線性函數，可以限制輸出的數值範圍在 0 ～ 1 之間。

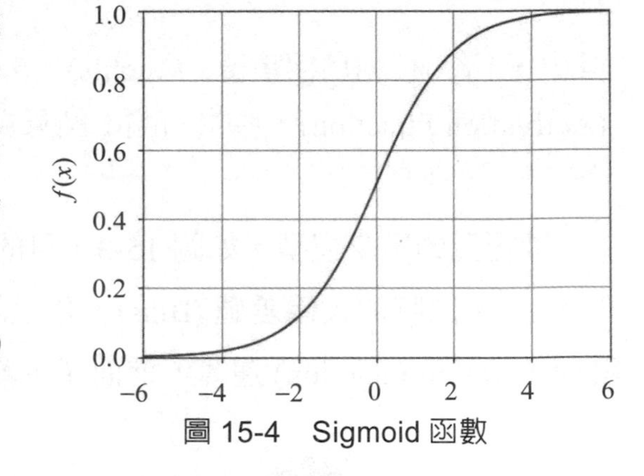

圖 15-4 Sigmoid 函數

Sigmoid 函數的**導函數** (Derivatives) 為：

$$f'(x) = \frac{e^{-x}}{(1+e^{-x})^2}$$

或

$$f'(x) = f(x)\big(1 - f(x)\big)$$

可以根據原始的 Sigmoid 函數計算而得。

定義 雙曲正切函數

雙曲正切函數 (Hyperbolic Tangent Function) 可以定義為：

$$f(x) = \tanh(x/2)$$

雙曲正切函數或 **tanh 函數**，是另一個 ANN 常見的激勵函數。雙曲正切函數圖，如圖 15-5，也是一種典型的非線性函數，可以限制輸出的數值範圍在 –1 ～ 1 之間。

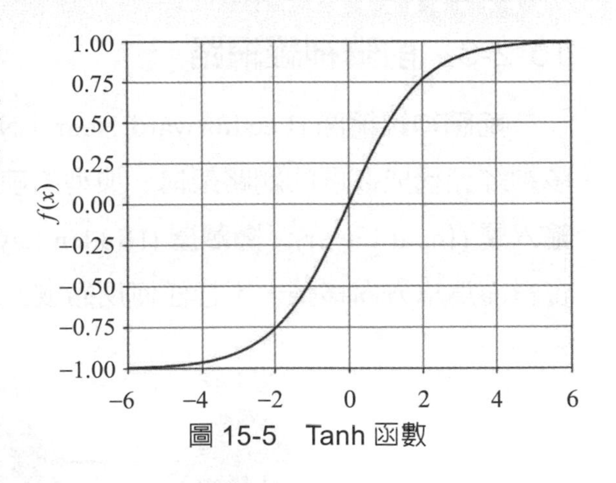

圖 15-5 Tanh 函數

雙曲正切函數的導函數為：

$$f'(x) = \frac{1}{2}\left(1 - \tanh^2(x/2)\right)$$

也可以根據原始的 tanh 函數計算而得。

定義 **整流線性單元**

整流線性單元 (Rectified Linear Unit, ReLU) 可以定義為：

$$f(x) = \max(0, x)$$

整流線性單元 (Rectified Linear Unit, ReLU)，是目前深度學習技術中最常見的激勵函數。ReLU 的函數圖，如圖 15-6。ReLU 僅在輸入資料為負值時，限制輸出為 0；輸入資料為正值時，則是將輸出以線性等比例輸出，不做任何數值上的變更。

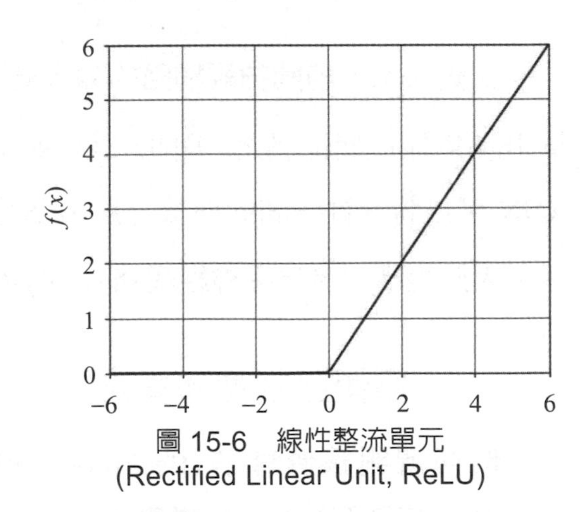

圖 15-6 線性整流單元 (Rectified Linear Unit, ReLU)

ReLU 的導函數為：

$$f'(x) = \begin{cases} 1 & x > 0 \\ 0 & x \le 0 \end{cases}$$

15-2-3 前饋神經網路

前饋神經網路 (Feedforward Neural Network) 是 ANN 的基本架構，透過連接許多神經元構成多層的網路架構。典型的**前饋神經網路**架構，如圖 15-7，通常包含：**輸入層** (Input Layer)、**隱藏層** (Hidden Layer) 與**輸出層** (Output Layer) 等。由於輸入資料僅爲單方向移動，不含任何反饋或迴圈，因此稱爲**前饋神經網路**。

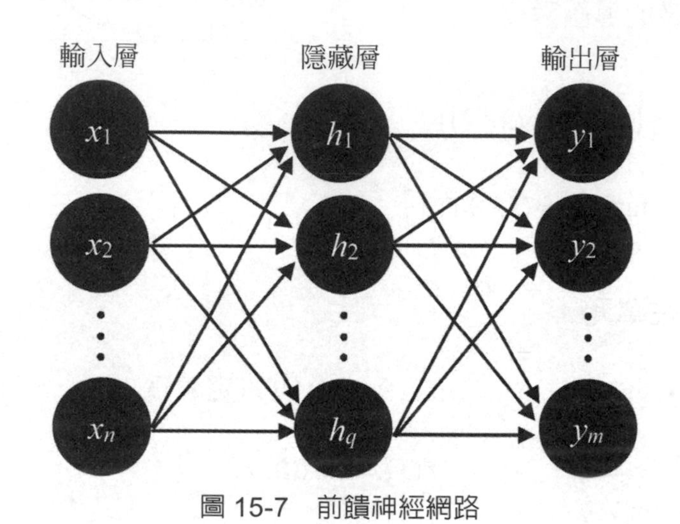

圖 15-7 前饋神經網路

如圖所示，**前饋神經網路**的輸入層共有 n 個神經元、隱藏層共有 q 個神經元、輸出層共有 m 個神經元。因此，ANN 可以將 $\boldsymbol{R}^n$ 映射到 $\boldsymbol{R}^m$ (通常 $m< n$)。換言之，ANN 可以將 n 維空間的向量降爲 m 維空間的向量。由於每一層的神經元均互相連接，因此也稱爲**全連接神經網路** (Fully-Connected Neural Network)。

15-2-4 倒傳遞訓練演算法

倒傳遞訓練演算法 (Backpropagation TrainingAlgorithm) 的目的是希望調整 ANN 中連接各個神經元的**權重** (Weights)，使得 ANN 的輸出達到設定的目標。在此，通常是假設一個目標函數，稱爲**損失函數** (Loss Function)，並根據這個函數對 ANN 的權重進行更新，進而最佳化 ANN 的辨識準確率。

典型的損失函數稱爲**誤差函數** (Error Function)，可以定義爲：

$$E_p = \frac{1}{2}\sum_{j=1}^{m}\left(t_j^p - y_j^p\right)^2$$

其中，對第 p 個樣本而言，t_j^p 爲**目標輸出值** (Target Outputs)、y_j^p 爲 **ANN 輸出值**。若總共有 N 個訓練樣本，則**全域誤差函數** (Global Error Function) 可以定義爲：

$$E = \frac{1}{2}\sum_{p=1}^{N}\sum_{j=1}^{m}\left(t_j^p - y_j^p\right)^2$$

因此，倒傳遞訓練演算法的過程，是透過連續的迭代過程，持續調整 ANN 的權重，使得全域誤差值逐漸變小，直到滿足預先設定的目標爲止。

典型的最佳化方法，稱爲**梯度下降法** (Gradient Descent Method)，ANN 權重更新的方法是根據上述全域誤差函數計算梯度，可以定義爲：

$$W_{ij}^{(n+1)} = W_{ij}^{(n)} - \eta\frac{\partial E}{\partial W_{ij}}$$

其中，$W_{ij}^{(n)}$ 代表第 i 個神經元連接到第 j 個神經元的權重，n 爲迭代次數；η 稱爲**學習率** (Learning Rate)。換言之，ANN 的權重，主要是透過持續更新，其中牽涉激勵函數的導函數，目的是將損失函數的數值最小化。

最佳化過程中，梯度下降法的參數通常包含：**學習率** (Learning Rate) 等，可以用來調整收斂的速度。概括而言，若學習率較小，則收斂速度慢，但可得到較小的誤差；反之，若學習率較大，則收斂速度快，但可能會有不易收斂或誤差較大的問題。

由於在訓練過程中，ANN 權重的更新是由輸出層出發，再將訓練好的權重結果，以反方向進行傳遞，直到輸入層爲止，因此稱爲**倒傳遞訓練演算法** (Backpropagation Training Algorithm)。早期 ANN 的激勵函數是以 Sigmoid 函數爲主，由於梯度在倒傳遞過程中會有逐漸變小的情形，產生所謂的**梯度消失** (Vanishing Gradient) 問題。因此，以目前的深度神經網路而言，激勵函數大多改用 ReLU，主要的原因既是用來解決潛在的梯度消失問題。

若是考慮多類別的分類問題時，損失函數則經常使用**交叉熵** (Cross Entropy)，可以定義為：

$$H = -\sum_{x} P(x) \log_2 P(x)$$

即是在**資訊理論** (Information Theory) 中所介紹的熵。

15-2-5 Softmax 函數

在數學或機率論中，Softmax 函數又稱為**正規化指數函數** (Normalized Exponential Function)，目的是將輸入向量的元素經過正規化後，使得輸出的數值範圍落在 0 ～ 1 之間，且其總和為 1(100%)。

定義 Softmax 函數

給定向量的元素 $z_i, i = 1, \ldots, K$ ，則 Softmax **函數**可以定義為：

$$\sigma(\mathbf{z})_i = \frac{e^{z_i}}{\sum_{j=1}^{K} e^{z_j}}$$

舉例說明，若輸入向量為 [1, 2, 3, 4, 1, 2]，則其 Softmax 函數為 [0.029, 0.078, 0.212, 0.575, 0.029, 0.078]。Softmax 函數的結果，可以使用 Python 程式計算驗證。

Python 程式碼如下：

softmax.py

```
1    import numpy as np
2
3    z = np.array( [ 1, 2, 3, 4, 1, 2 ] )
4    z_exp = np.exp( z )
5    sum = np.sum( z_exp )
6    softmax = np.round( z_exp / sum, 3 )
7    print( softmax )
```

15-2-6 優化器

隨著演算法的持續開發，產生了許多**最佳化方法** (Optimization Method)，又稱爲**優化器** (Optimizers)。目前的優化器，大多是以前述倒傳遞訓練演算法的梯度下降法爲基礎，搭配不同的損失函數，同時牽涉優化過程的相關參數，進而改良而得。以下列舉典型的優化器：

- BGD：**批次梯度下降法** (Batch Gradient Descent)
- SGD：**隨機梯度下降法** (Stochastic Gradient Descent)
- RMSProp：**均方根傳遞演算法** (Root Mean Square Propagation)
- AdaGrad：**Ada 梯度下降法** (Ada Gradient Descent)
- Adam：**適應性動量評估** (Adaptive Moment Estimation)

15-2-7 人工神經網路與 MNIST 資料集

在建立上述人工神經網路的基本概念之後，讓我們開始體驗一下人工神經網路的實際應用。

本書使用的深度學習框架，包含：TensorFlow 與 Keras。Keras 是一個高階的深度神經網路的**應用程式介面** (Application Program Interface, API)，可以在 TensorFlow、CNTK 或 Theano 上執行，主要是使用 Python 程式編寫而成。由於在深度學習技術的實作過程中，使用者不須接觸底層的數學運算、優化器等程式設計工作，使用上相當簡單而便利。

爲了方便進行深度學習技術的開發，請事先安裝 TensorFlow 與 Keras[3]。安裝方式相當簡單：

```
pip install tensorflow
```

與

```
pip install keras
```

---

3 若您的電腦主機已升級，配備 GPU 的高速運算能力，則可安裝 TensorFlow 的 GPU 版本。本書提供的程式範例，僅進行深度學習技術的初體驗，在一般的個人電腦即可執行。

首先，我們想要解決的問題，稱爲**手寫數字自動辨識**，將運用深度學習框架實現 ANN 的自動辨識。圖 15-8 爲 MNIST 手寫數字資料集，總共包含 70,000 張數位影像，每張數位影像包含一個手寫數字，影像大小爲 28 × 28 像素，並已事先以人工方式進行標記，數字介於 0 ～ 9 之間。

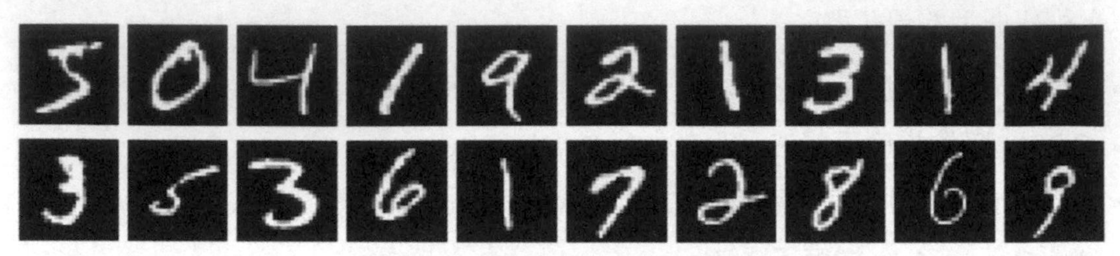

圖 15-8 MNIST 手寫數字資料庫

在進行人工神經網路的訓練之前，我們將資料集分成**訓練集** (Training Set) 與**測試集** (Testing Set)。以 MNIST 資料庫而言，60,000 張影像爲訓練集，10,000 張影像則爲測試集，分別用來進行 ANN 的訓練與測試工作。

若是使用 Keras，則不須特別自網路搜尋與下載 MNIST 資料集，可以直接透過 Python 程式進行下載與安裝。在此，我們建立一個簡易的 ANN 模型，網路架構如圖 15-9。

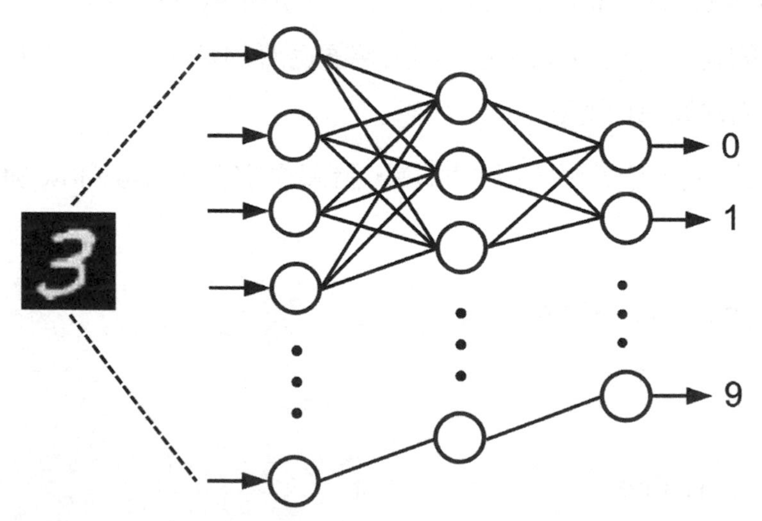

圖 15-9 人工神經網路架構 (MNIST 手寫數字自動辨識)

Python 程式碼如下：

ANN_mnist.py

```
1    from keras.datasets import mnist
2    from keras.models import Sequential
3    from keras.layers import Dense
4    from keras.utils import to_categorical
5
6    # 載入 MNIST 資料集
7    (train_images, train_labels),(test_images, test_labels)= mnist.load_data( )
8
9    # 建立人工神經網路
10   network = Sequential( )
11   network.add( Dense( 512, activation = 'relu', input_shape =( 784, )))
12   network.add( Dense( 10, activation = 'softmax' ))
13   network.compile( optimizer = 'rmsprop', loss = 'categorical_crossentropy',
14                    metrics = ['accuracy'] )
15   print( network.summary())
16
17   # 資料前處理
18   train_images = train_images.reshape(( 60000, 28 * 28 ))
19   train_images = train_images.astype( 'float32' )/ 255
20   test_images = test_images.reshape(( 10000, 28 * 28 ))
21   test_images = test_images.astype( 'float32' )/ 255
22   train_labels = to_categorical( train_labels )
23   test_labels = to_categorical( test_labels )
24
25   # 訓練階段
26   network.fit( train_images, train_labels, epochs = 5, batch_size = 200 )
27
28   # 測試階段
29   test_loss, test_acc = network.evaluate( test_images, test_labels )
30   print( "Test Accuracy:", test_acc )
```

本程式範例說明如下：

(1) 首先，載入所需的資料集、深度學習模型與網路層等。

(2) 使用 mnist.load_data 載入 MNIST 資料集，並使用 4 個 NumPy 陣列，即 (train_images, train_labels) 與 (test_images, test_labels)，分別儲存訓練集與測試集的數位影像與標籤。在此，我們可以檢視一下訓練及與測試集的相關資訊：

```
>>> train_images.shape
(60000, 28, 28)
>>> len( train_labels )
60000
>>> train_labels
array([5, 0, 4, ..., 5, 6, 8], dtype=uint8)
>>> test_images.shape
(10000, 28, 28)
>>> len( test_labels )
10000
>>> test_labels
array([7, 2, 1, ..., 4, 5, 6], dtype=uint8)
```

(3) 開始建構 ANN 的模型。建立的 ANN 是由兩個**密集層** (Dense Layers)，又稱爲**全連接層** (Fully Connected Layers) 所構成。第一層包含 784(28 × 28) 個輸入，並連接 512 個神經元，神經元的激勵函數是使用 ReLU；第二層包含 10 個神經元的 Softmax 層，輸出包含 10 個機率值 (機率值的總和爲 1) 的陣列，每個機率值代表目前的數位影像可能是屬於哪一個數字類別的機率。

(4) 在建構 ANN 的網路架構之後，須先設定好以下幾個基本條件，才能進行**編譯** (Compile)：

- **損失函數** (Loss Function)：損失函數是用來評估 ANN 的整體辨識效能，通常是愈小愈佳。考慮**手寫數字自動辨識**屬於多類別的輸出結果，因此採用**交叉熵** (Cross Entropy) 作爲損失函數。
- **優化器** (Optimizer)：優化器是用來降低損失函數的演算法，採用迴圈或迭代的方式，對於 ANN 的權重進行更新與優化。

- **評量準則** (Metrics)：在此，選取的**評量準則**以**準確性** (Accuracy) 爲主。

(5) 讓我們檢視一下 ANN 的網路架構摘要。ANN 包含兩個密集層，第一層共有 $784 \times 512 + 512 = 401{,}920$ 個參數(權重)，第二層共有 $512 \times 10 + 10 = 5{,}130$ 個參數 (權重)，總共包含 407,050 個可訓練的參數 (權重)。

```
Layer(type)                  Output Shape              Param #
=================================================================
dense_1(Dense)               (None, 512)               401920
_________________________________________________________________
dense_2(Dense)               (None, 10)                5130
=================================================================
Total params: 407,050
Trainable params: 407,050
Non-trainable params: 0
```

(6) 在進行 ANN 的訓練之前，須先對資料進行前處理，主要是將 2D 的數位影像，經過 reshape 調整成 1D 特徵陣列，作爲 ANN 的輸入。由於原始影像的數值介於 0 ～ 255 之間，因此均除以 255，使得輸入的數值介於 0 ～ 1 之間。

(7) 此外，我們還需要對標籤進行分類編碼，使用 to_categorical 函式完成，目的是依據已知的標籤進行編碼，並以一個輸出向量表示，稱爲**單熱點編碼** (One-Hot Encoding)。MNIST 資料集的**單熱點編碼**如下：

數字 0：編碼成 [1, 0, 0, 0, 0, 0, 0, 0, 0, 0]

數字 1：編碼成 [0, 1, 0, 0, 0, 0, 0, 0, 0, 0]

數字 2：編碼成 [0, 0, 1, 0, 0, 0, 0, 0, 0, 0]

……

依此類推

(8) 完成上述的 ANN 準備工作後，接下來就可以進行訓練階段。我們呼叫 Keras 的 network.fit 函式，用來訓練 ANN 並更新參數 (權重)。在此，選取**紀元** (Epochs) 與**批次大小** (Batch-Size)。本範例中，Epochs = 5 與 Batch-Size

= 200。訓練階段中，您會看到以下的結果，即經過每次 Epoch，損失值 loss 逐漸降低，準確率 acc 則逐漸增加。備註：您的結果可能會略有差異。

```
Epoch 1/5
60000/60000 [==============================] - 4s 60us/step - loss: 0.2906 -
acc: 0.9160
Epoch 2/5
60000/60000 [==============================] - 3s 51us/step - loss: 0.1206 -
acc: 0.9646
Epoch 3/5
60000/60000 [==============================] - 4s 65us/step - loss: 0.0785 -
acc: 0.9765
Epoch 4/5
60000/60000 [==============================] - 3s 49us/step - loss: 0.0566 -
acc: 0.9832
Epoch 5/5
60000/60000 [==============================] - 3s 53us/step - loss: 0.0432 -
acc: 0.9872
10000/10000 [==============================] - 0s 45us/step
```

(9) 最後，進入測試階段，將訓練好的類神經網路，使用測試集進行準確率評估。結果顯示測試集的準確率約爲 98%。備註：您的結果可能會略有差異。

```
Test Accuracy: 0.9759
```

15-3 卷積神經網路

卷積神經網路 (Convolutional Neural Network, CNN) 是一種**前饋神經網路** (Feedforward Neural Network)，顧名思義，CNN 在其網路架構中加入卷積運算，可以用來擷取局部區域的影像特徵，因此在數位影像中的物件辨識，具有相當不錯的準確率。

CNN 是由一個或多個**卷積層** (Convolutional Layers) 與**全連接層** (Fully Connected Layers) 所構成，通常也包含：**池化層** (Pooling Layers) 等。相對於傳統的 ANN，CNN 能夠利用數位影像的 2D 結構，同時也可以使用**倒傳遞訓練演算法**進行訓練，在電腦視覺領域是相當成功的深度神經網路架構。

15-3-1 卷積層

卷積層 (Convolutional Layers) 可以用來構成一組平行的**特徵圖** (Feature Map)，主要是在輸入的數位影像中利用一個滑動的卷積核，並進行卷積運算而得。每次滑動的步幅稱爲 Strides。卷積運算的原理，我們在前面的章節已詳細介紹，因此，不在此贅述。

15-3-2 池化層

池化層 (Pooling Layers) 的目的是根據前述的**特徵圖**，進行所謂的池化處理，主要目的是擷取重要特徵，同時減少資料量。

常見的池化層分成兩種方式：(1) **最大池化** (Max Pooling)；與 (2) **平均池化** (Average Pooling)。最大池化層的範例，如圖 15-10。在此，假設步幅 Stride = 2，最大池化層的目的是在特徵圖中 2 × 2 的局部區域內取最大值，可以擷取重要特徵，同時將特徵圖縮小，藉以減少後續處理的資料量。同理，若是平均池化層，則是在局部區域內取平均值。

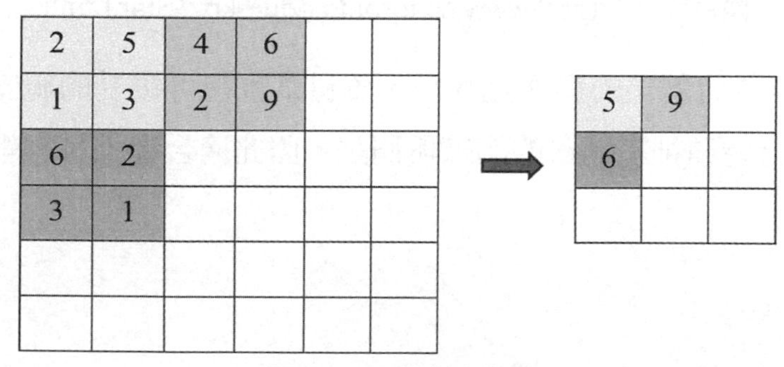

圖 15-10 最大池化層

15-3-3 卷積神經網路與 CIFAR-10 資料集

在建立上述的卷積神經網路基本概念之後，讓我們開始體驗一下卷積神經網路的實際應用。首先，我們想要解決的問題，稱爲**物件自動辨識(分類)**，將運用深度學習框架，包含：TensorFlow 與 Keras。

圖 15-11 爲 CIFAR-10 資料集，其中 CIFAR 的全名爲 Cooperative Institute for Arctic Research。CIFAR-10 資料集是由 Geoffrey Hinton 與他的兩個學生 Alex Krizhevsky 與 Ilya Sutskever 所蒐集的物件辨識資料庫。CIFAR-10 資料集包含 60,000 張 32 × 32 的色彩影像，其中 50,000 張爲訓練集，10,000 張爲測試集。如圖所示，CIFAR-10 資料集共定義了 10 個類別，分別爲 airplane、automobile 等。

圖 15-11 CIFAR-10 資料集
[圖片取自 https://www.cs.toronto.edu/~kriz/cifar.html]

由於 CIFAR-10 資料集的影像比較小，資料量也在可接受的範圍，可以在一般的個人電腦上進行卷積神經網路的訓練與測試，因此適合卷積神經網路的初學者學習與體驗[4]。

4 另有 CIFAR-100 資料集，定義 100 種類別。由於資料量較為龐大，建議使用計算能力較強的電腦，同時搭配 GPU 等硬體設備，以利卷積神經網路的訓練與測試工作。

首先，讓我們建構一個簡單的卷積神經網路，如圖 15-12，其中包含：**卷積層** (Convolutional Layers)、**池化層** (Pooling Layers) 與**全連接層** (Fully Connected Layers)。最後，使用 Softmax **函數**產生機率值，作爲分類的依據。

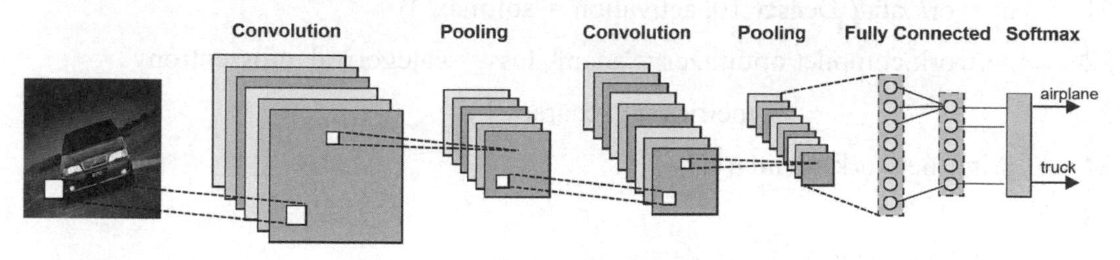

圖 15-12 卷積神經網路 (CIFAR-10)

Python 程式碼如下：

CNN_cifar10.py

```
1   from keras.datasets import cifar10
2   from keras.models import Sequential
3   from keras.layers import Dense, Dropout, Activation, Flatten
4   from keras.layers import Conv2D, MaxPooling2D, ZeroPadding2D
5   from keras.utils import to_categorical
6
7   # 載入 MNIST 資料集
8   (train_images, train_labels),(test_images, test_labels)= cifar10.load_data( )
9
10  # 建立卷積神經網路
11  network = Sequential( )
12  network.add( Conv2D( filters = 32, kernel_size =( 3, 3 ),
13                  input_shape =( 32, 32, 3 ), activation = 'relu',
14                  padding = 'same' ))
15  network.add( MaxPooling2D( pool_size =( 2, 2 )))
16  network.add( Conv2D( filters = 64, kernel_size =( 3, 3 ),
17                  activation = 'relu', padding = 'same' ))
```

```
18    network.add( MaxPooling2D( pool_size =( 2, 2 )))
19    network.add( Flatten( ))
20    network.add( Dense( 1024, activation = 'relu' ))
21    network.add( Dense( 10, activation = 'softmax' ))
22    network.compile( optimizer = 'adam', loss = 'categorical_crossentropy',
23                     metrics = ['accuracy'] )
24    print( network.summary())
25
26    # 資料前處理
27    train_images = train_images.astype( 'float32' )/ 255
28    test_images = test_images.astype( 'float32' )/ 255
29    train_labels = to_categorical( train_labels )
30    test_labels = to_categorical( test_labels )
31
32    # 訓練階段
33    network.fit( train_images, train_labels, epochs = 10, batch_size = 200 )
34
35    # 測試階段
36    test_loss, test_acc = network.evaluate( test_images, test_labels )
37    print( "Test Accuracy:", test_acc )
```

本程式範例說明如下：

(1) 首先，載入所需的資料庫、深度學習模型與網路層等。

(2) 使用 cifar10.load_data 載入 CIFAR-10 資料集，並用 4 個 NumPy 陣列 (train_images, train_labels) 與 (test_images, test_labels) 分別存訓練集與測試集的數位影像與標籤。

(3) 開始建構 CNN 的模型。建立的 CNN 是連接兩組**卷積層**與**池化層**，其中激勵函數是使用 ReLU，池化層則是採用最大池化。接著，透過 Flatten 函式將 2D 特徵圖轉換成 1D 的特徵向量，並連接兩個**全連接層**。最後，輸出是採用 Softmax **函數**進行機率值的正規化，作爲分類的依據。

(4) 採用**交叉熵** (Cross Entropy) 作爲損失函數。在此改用 Adam 優化器。**評量準則**仍是以**準確性** (Accuracy) 爲主。

(5) 讓我們檢視一下 CNN 的網路架構摘要。

```
Layer(type)                      Output Shape            Param #
=================================================================
conv2d_1(Conv2D)                 (None, 32, 32, 32)      896
_________________________________________________________________
max_pooling2d_1(MaxPooling2      (None, 16, 16, 32)      0
_________________________________________________________________
conv2d_2(Conv2D)                 (None, 16, 16, 64)      18496
_________________________________________________________________
max_pooling2d_2(MaxPooling2      (None, 8, 8, 64)        0
_________________________________________________________________
flatten_1(Flatten)               (None, 4096)            0
_________________________________________________________________
dense_1(Dense)                   (None, 1024)            4195328
_________________________________________________________________
dense_2(Dense)                   (None, 10)              10250
=================================================================
Total params: 4,224,970
Trainable params: 4,224,970
Non-trainable params: 0
```

(6) 接著，我們對資料進行前處理。卷積神經網路的輸入爲 2D 數位影像。由於數位影像的色彩值 (R、G、B 三通道) 均介於 0 ～ 255 之間，因此除以 255，使的輸入的數值介於 0 ～ 1 之間。

(7) 使用 One-Hot 編碼對 CIFAR-10 資料集的 10 個類別進行編碼。

(8) 訓練階段中，選取 Epochs = 10 與 Batch-Size = 200，您將會看到以下的結果。

註 您的結果可能會略有差異。

```
Epoch 1/10
50000/50000 [==============================] - 91s 2ms/step - loss: 1.4687
- acc: 0.4776
Epoch 2/10
50000/50000 [==============================] - 76s 2ms/step - loss: 1.0808
- acc: 0.6203
Epoch 3/10
50000/50000 [==============================] - 81s 2ms/step - loss: 0.9308
- acc: 0.6739
Epoch 4/10
50000/50000 [==============================] - 72s 1ms/step - loss: 0.8039
- acc: 0.7204
Epoch 5/10
50000/50000 [==============================] - 75s 1ms/step - loss: 0.6979
- acc: 0.7569
......
```

(9) 最後，進入測試階段。結果顯示測試集的準確率約為 71%。備註：您的結果可能會略有差異。

```
Test Accuracy: 0.7131
```

若您完成上述的 Python 程式實作，相信您對於 ANN 與 CNN 具有初步的概念。目前採用的 CNN，是屬於比較簡單的網路架構，因此在測試集的準確率比較不理想。此外，由於使用的影像大小為 32 × 32 像素，解析度較差，同時也可能影響辨識的準確率。邀請您自行修改 CNN 的網路架構，或是導入其他技術，例如：Data Augmentation、Dropout 等，藉以改善 CNN 在測試集的辨識準確率。

15-4 典型的卷積神經網路

近年來，深度學習技術的相關研究，受到學術界與產業界的持續重視，其中不乏 Google、Microsoft 軟體公司的研究團隊。爲了便於電腦視覺與深度學習技術的研發，許多研究團隊開始蒐集與建立大型的數位影像資料集，同時舉辦電腦視覺競賽[5]。例如：

- MNIST 手寫數字資料集
- CIFAR-10 與 CIFAR-100
- COCO(Common Objects in Context)
- ImageNet Large Scale Visual Recognition(ILSVRC)

近年來，藉由這些大型的數位影像資料集，許多研究團隊投入研究資源，進而提出許多具有代表性的卷積神經網路架構，列舉如下：

- LeNet
- AlexNet
- VGGNet
- GoogLeNet
- ResNet
- Deep Residual Network(DRN)
- MobileNet

15-4-1 VGGNet

VGGNet 是由 Simonyan 與 Zisserman 所提出，主要是基於卷積神經網路架構。VGGNet 於 2014 年的 ILSVRC 競賽中勝出，可以達到 92.7% Top-5 的準確率。VGGNet 分成 VGG16 與 VGG19 兩種，其中 VGG16 的網路架構，如圖 15-13。

---

5 Kaggle(www.kaggle.com) 是一個相當不錯的網站，提供各式各樣的資料集，可供資料科學、大數據分析、電腦視覺等領域的科學家與工程師使用。建議您可以瀏覽本網站，可以找到相當有趣的資料集。

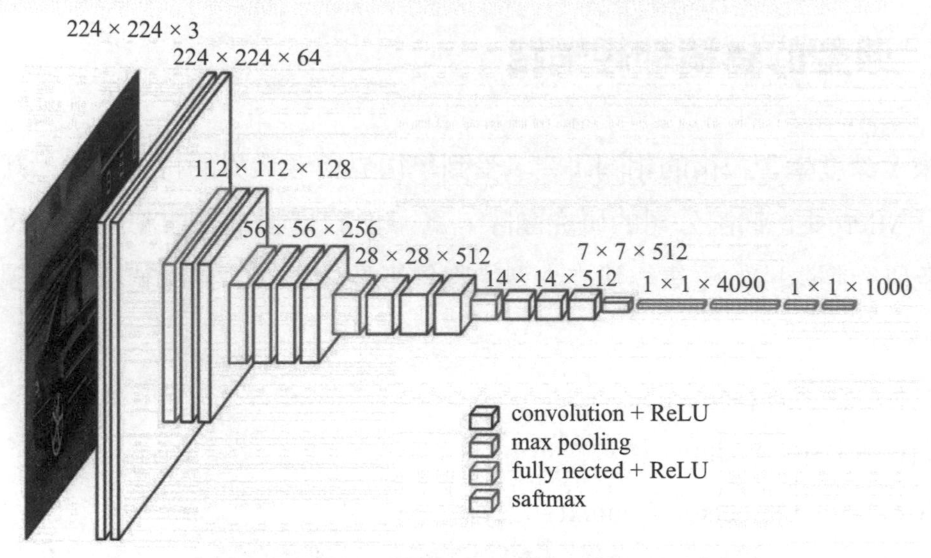

圖 15-13 VGG16 網路架構 [圖片摘自網頁]

首先，讓我們使用 Python 程式設計與 Keras 提供的 VGGNet，進行數位影像中的物件辨識。

Python 程式碼如下：

VGG16.py

```
1   import numpy as np
2   import cv2
3   from keras.applications.vgg16 import VGG16
4   from keras.preprocessing import image
5   from keras.applications.vgg16 import preprocess_input, decode_predictions
6
7   model = VGG16( weights = "imagenet", include_top = True )
8   print( model.summary())
9   img = cv2.imread( "Dog.jpg", -1 )
10  img = cv2.resize( img,( 224, 224 ), interpolation = cv2.INTER_LINEAR )
11  x = image.img_to_array( img )
12  x = np.expand_dims( x, axis = 0 )
13  x = preprocess_input( x )
14  features = model.predict( x )
15  print( "Predicted:", decode_predictions( features, top = 3 )[0] )
```

本程式範例說明如下：

(1) 首先，載入所需的軟體套件，包含 VGG16 的網路架構。

(2) 建立 VGG16 的卷積神經網路，使用 ImageNet 預先訓練的資料。Include_Top = True 表示使用頂部 3 層全連接層，是 VGG16 的原始網路架構。同理，我們可以在此檢視一下 VGG16 的網路架構。

```
Layer(type)                    Output Shape              Param #
================================================================
input_1(InputLayer)            (None, 224, 224, 3)        0
________________________________________________________________
block1_conv1(Conv2D)           (None, 224, 224, 64)      1792
________________________________________________________________
block1_conv2(Conv2D)           (None, 224, 224, 64)      36928
________________________________________________________________
block1_pool(MaxPooling2D)      (None, 112, 112, 64)      0
________________________________________________________________
block2_conv1(Conv2D)           (None, 112, 112, 128)     73856
________________________________________________________________
block2_conv2(Conv2D)           (None, 112, 112, 128)     147584
________________________________________________________________
block2_pool(MaxPooling2D)      (None, 56, 56, 128)       0
________________________________________________________________
block3_conv1(Conv2D)           (None, 56, 56, 256)       295168
________________________________________________________________
block3_conv2(Conv2D)           (None, 56, 56, 256)       590080
________________________________________________________________
block3_conv3(Conv2D)           (None, 56, 56, 256)       590080
________________________________________________________________
block3_pool(MaxPooling2D)      (None, 28, 28, 256)       0
________________________________________________________________
```

```
block4_conv1(Conv2D)          (None, 28, 28, 512)     1180160
_________________________________________________________________
block4_conv2(Conv2D)          (None, 28, 28, 512)     2359808
_________________________________________________________________
block4_conv3(Conv2D)          (None, 28, 28, 512)     2359808
_________________________________________________________________
block4_pool(MaxPooling2D)     (None, 14, 14, 512)     0
_________________________________________________________________
block5_conv1(Conv2D)          (None, 14, 14, 512)     2359808
_________________________________________________________________
block5_conv2(Conv2D)          (None, 14, 14, 512)     2359808
_________________________________________________________________
block5_conv3(Conv2D)          (None, 14, 14, 512)     2359808
_________________________________________________________________
block5_pool(MaxPooling2D)     (None, 7, 7, 512)       0
_________________________________________________________________
flatten(Flatten)              (None, 25088)           0
_________________________________________________________________
fc1(Dense)                    (None, 4096)            102764544
_________________________________________________________________
fc2(Dense)                    (None, 4096)            16781312
_________________________________________________________________
predictions(Dense)            (None, 1000)            4097000
=================================================================
Total params: 138,357,544
Trainable params: 138,357,544
Non-trainable params: 0
```

(3) 讀取色彩數位影像，並縮放影像使其大小爲 224 × 224 像素。VGG16 是以這個影像大小爲主。

(4) 進行數位影像的前處理，作爲 VGG16 的輸入。

(5) 使用 VGG16 進行預測，並列印辨識結果。在此取前三名的辨識結果。

圖 15-14 VGG16 測試影像

若輸入的數位影像，如圖 15-14，可得到下列結果：

```
Predicted: [('n02085620', 'Chihuahua', 0.63427657),('n02112018', 'Pomeranian', 0.27522817),('n02086910', 'papillon', 0.08370124)]
```

15-4-2 GoogLeNet

GoogLeNet 是由 Christian Szegedy 所提出的卷積神經網路，在 2014 年的 ILSVRC 競賽中拔得頭籌。GoogLeNet 的網路架構，如圖 15-15，主要是繼承 LeNet 的網路架構，網路層的深度爲 22 層，但大小卻比 AlexNet 或 VGGNet 小很多，牽涉的參數約爲 500 萬個。GoogLeNet 在記憶體空間與計算資源有限的情況下，是一個不錯的選擇。

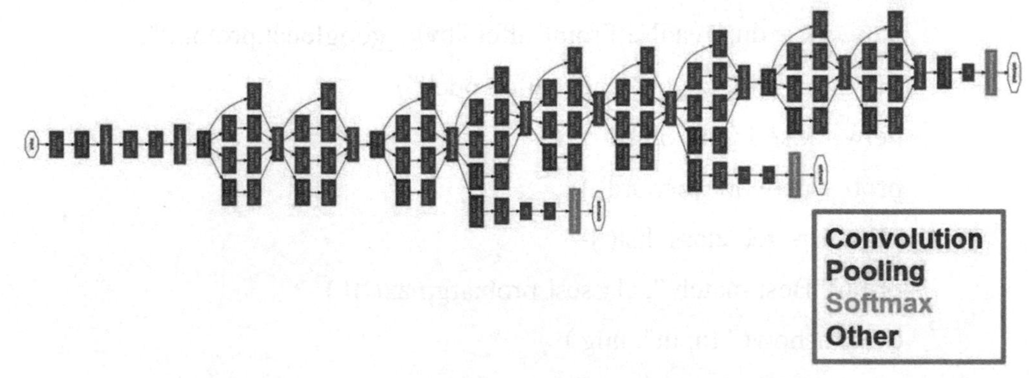

圖 15-15 GoogLeNet 網路架構 [圖片摘自網頁]

在此，讓我們使用 Python 程式設計與 OpenCV 提供的**深度神經網路** (Deep Neural Network, DNN) 模組，同時採用 GoogLeNet 的深度神經網路架構，進行數位影像中的物件辨識。由於 GoogLeNet 的訓練，牽涉 ImageNet 影像資料庫的蒐集，同時須具備計算能力強大的電腦資源，因此若要重新訓練 GoogLeNet，將會是非常費時費力的工作。為了進行 Python 程式實作，我們將直接採用之前已經訓練好的 GoogLeNet，並輸入數位影像，進行前饋神經網路的計算，藉以達到物件辨識的目的。

Python 程式碼如下：

GoogLeNet.py

```
1    import numpy as np
2    import cv2
3    from cv2 import dnn
4
5    def get_class_list( ):
6        with open( "synset_words.txt", "rt" ) as f:
7            return [ x[x.find(" ")+ 1:] for x in f ]
8
9    def main( ):
10       img = cv2.imread( "Space_Shuttle.bmp", -1 )
11       blob = dnn.blobFromImage( img, 1,( 224, 224 ), False )
12       network = dnn.readNetFromCaffe( "bvlc_googlenet.prototxt",
13                   "bvlc_googlenet.caffemodel" )
14       network.setInput( blob )
15       prob = network.forward( )
16       classes = get_class_list( )
17       print( "Best match:", classes[ prob.argmax( )] )
18       cv2.imshow( "Input", img )
19       cv2.waitKey( )
20
21   main( )
```

本程式範例說明如下：

(1) 首先，載入所需的軟體套件，包含 OpenCV 提供的**深度神經網路** (Deep Neural Network, DNN) 模組。

(2) 本程式分成主程式與副程式。主程式的處理步驟為：

- 讀取色彩數位影像。
- 將影像縮放為固定的影像大小，即 224 × 224 像素。GoogLeNet 是以這個影像大小為主。
- 讀取 GoogLeNet 的網路架構 (bvlc_googlenet.prototxt) 與訓練好的參數資料 (bvlc_googlenet.caffemodel)。這兩個檔案是使用 Caffe 的深度學習框架訓練而得。
- 設定輸入並進行**前饋** (Forward) 的卷積神經網路運算。由於在此僅作前饋運算，因此目前的個人電腦可在短時間內完成。
- 接著，使用副程式讀取類別的名稱，並列印**最佳匹配** (Best Match) 的結果。
- 最後，顯示數位影像。

若輸入的數位影像，如圖 15-16，可得到下列結果：

```
Best match: space shuttle
```

圖 15-16　GoogLeNet 測試影像

若輸入的數位影像，如圖 15-17，可得到下列結果：

```
Best match: Egyptian cat
```

圖 15-17　GoogLeNet 測試影像

深度學習技術的發展迅速，目前與數位訊號處理、數位影像處理、電腦視覺與人工智慧等領域，已逐漸形成密不可分的關係。嶄新的深度學習技術，在可見的未來，將會不斷的推陳出新，例如：**卷積神經網路** (Convolutional Neural Network, CNN)、**遞歸神經網路** (Recurrent Neural Network, RNN)、**生成對抗網路** (Generative Adversarial Network, GAN) 等。

本書受限於篇幅，無法詳盡介紹這些深度學習技術。但是，截至目前爲止，相信您已建立數位影像處理的相關知識，同時對於深度學習技術具備初步的體驗，因此絕對有能力投入相關的研發工作。

附錄

數學背景

本節討論數位影像處理的相關數學背景。數學為科學之母，建立必要的數學能力，有助於深入理解數位影像處理技術的本質。

A-1 高斯函數

機率與統計學中，**高斯函數** (Gaussian Function) 是相當重要的函數，經常用來表示常態分佈的**機率密度函數** (Probability Density Function, PDF)，因此高斯函數也稱爲**常態分佈函數** (Normal Distribution Function)。高斯函數在數位訊號處理或數位影像處理領域中，是相當常見的函數。

定義 高斯函數

高斯函數 (Gaussian Function) 可以定義爲：

$$g(x) = \frac{1}{\sqrt{2\pi\sigma^2}} e^{-\frac{(x-\mu)^2}{2\sigma^2}}$$

其中，μ 稱爲平均值 (Mean)，σ 稱爲標準差 (Standard Deviation)。

上述高斯函數中，σ^2 稱爲**變異數** (Variance)。高斯函數滿足下列條件，即機率的積分 (總和) 爲 1(或 100%)：

$$\int_{-\infty}^{\infty} g(x)dx = 1$$

爲了方便進行討論，讓我們先忽略高斯函數的前置項 $1/\sqrt{2\pi\sigma^2}$，並設平均值 $\mu = 0$，則高斯函數形成下列型態：

$$g(x) = e^{-\frac{x^2}{2\sigma^2}}$$

若標準差 $\sigma = 1$，並以圖形表示之，結果如圖 A-1。由於在此忽略前置項 $1/\sqrt{2\pi\sigma^2}$，高斯函數的曲線會通過 (0, 1)。此外，平均值 $\mu = 0$，因此曲線的中心爲原點。當標準差 σ 愈大時，則分佈愈廣，通常理想的 x 數值範圍爲 $[-3\sigma, 3\sigma]$。

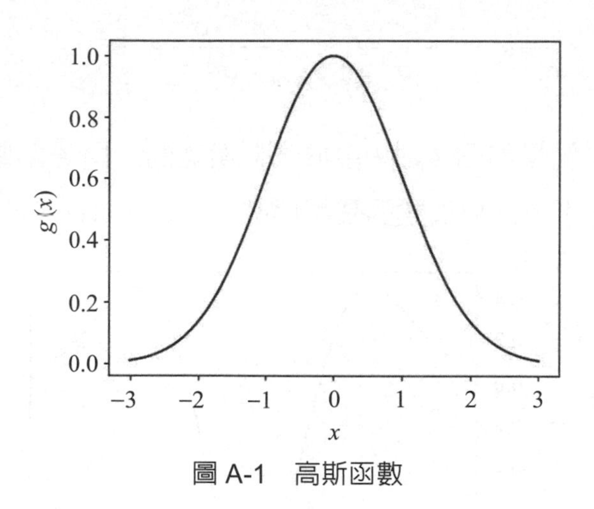

圖 A-1　高斯函數

若對高斯函數取一階導函數 (一階微分)，則：

$$\frac{d}{dx}g(x) = \frac{d}{dx}(e^{-\frac{x^2}{2\sigma^2}}) = e^{-\frac{x^2}{2\sigma^2}} \cdot \frac{d}{dx}(-\frac{x^2}{2\sigma^2}) = -\frac{x}{\sigma^2}e^{-\frac{x^2}{2\sigma^2}}$$

以圖形表示之，結果如圖 A-2。可以注意到曲線的中心通過原點。

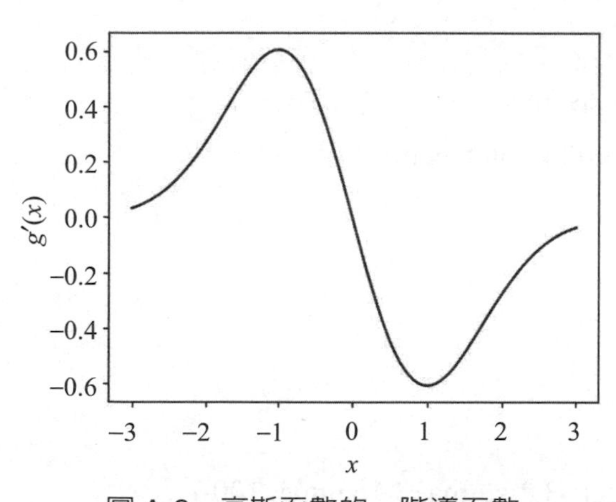

圖 A-2　高斯函數的一階導函數

若對高斯函數取二階導函數 (二階微分)，則：

$$\frac{d^2}{dx^2}g(x)=\frac{d}{dx}(-\frac{x}{\sigma^2}e^{-\frac{x^2}{2\sigma^2}})=\frac{d}{dx}(-\frac{x}{\sigma^2})e^{-\frac{x^2}{2\sigma^2}}+(-\frac{x}{\sigma^2})\frac{d}{dx}(e^{-\frac{x^2}{2\sigma^2}})$$
$$=-\frac{1}{\sigma^2}e^{-\frac{x^2}{2\sigma^2}}+\frac{x^2}{\sigma^4}e^{-\frac{x^2}{2\sigma^2}}=\frac{x^2-\sigma^2}{\sigma^4}e^{-\frac{x^2}{2\sigma^2}}$$

以圖形表示之，結果如圖 A-3。由於高斯函數的二階導函數，其形狀就像是倒置的墨西哥帽，因此也經常稱爲**墨西哥帽函數** (Mexican Hat Function)。

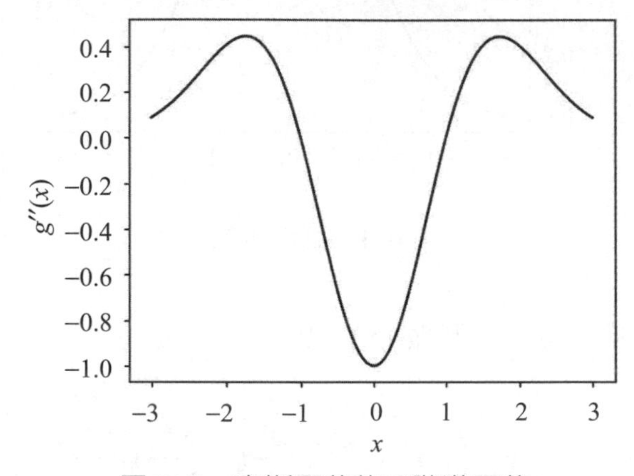

圖 A-3　高斯函數的二階導函數

Python 程式碼如下：

gaussian_function.py

```
1    import numpy as np
2    import matplotlib.pyplot as plt
3
4    # 標準差
5    sigma = 1
6
7    # 高斯函數
8    x = np.linspace( -3 * sigma, 3 * sigma, 100 )
9    g = np.exp( -( x * x )/( 2 * sigma * sigma ))
```

```
10    # 高斯函數的一階導函數
11    gx = -( x /( sigma * sigma ))* g
12    # 高斯函數的二階導函數
13    gxx =(( x * x - sigma * sigma )/ pow( sigma, 4 ))* g
14
15    # 繪圖
16    plt.figure( 1 )
17    plt.plot( x, g )
18    plt.xlabel( "x" )
19    plt.ylabel( "g(x)" )
20    plt.figure( 2 )
21    plt.plot( x, gx )
22    plt.xlabel( "x" )
23    plt.ylabel( "g'(x)" )
24    plt.figure( 3 )
25    plt.plot( x, gxx )
26    plt.xlabel( "x" )
27    plt.ylabel( "g"(x)" )
28    plt.show( )
```

邀請您自行修改標準差 σ，並觀察函數圖的差異。接著，讓我們延伸介紹 n 維的高斯函數。

定義　高斯函數 (*n* 維)

***n* 維的高斯函數** (*n*-dimensional Gaussian Function) 可以定義為：

$$g(\mathbf{x}) = \frac{1}{\sqrt{(2\pi)^n |\Sigma|}} \exp(-\frac{1}{2}(\mathbf{x}-\boldsymbol{\mu})^T \Sigma^{-1}(\mathbf{x}-\boldsymbol{\mu}))$$

其中，μ 稱為**平均向量**，Σ 稱為**共變異矩陣** (Covariance Matrix)。

在此我們僅討論二維 (2D) 的高斯函數，在此假設 $\mathbf{x}=[x,y]^T$。同理，讓我們先忽略前置項，且設平均向量爲 0 向量。若**共變異矩陣**爲：

$$\Sigma=\begin{bmatrix}\sigma_x^2 & 0\\ 0 & \sigma_y^2\end{bmatrix}$$

則 2D 的高斯函數爲：

$$g(x,y)=\exp(-\frac{1}{2}[x\ \ y]\begin{bmatrix}\sigma_x^2 & 0\\ 0 & \sigma_y^2\end{bmatrix}^{-1}\begin{bmatrix}x\\ y\end{bmatrix})$$

可以化簡爲：

$$g(x,y)=\exp(-(\frac{x^2}{2\sigma_x^2}+\frac{y^2}{2\sigma_y^2}))$$

其中 σ_x 與 σ_y 爲兩個方向的標準差。若 $\sigma=\sigma_x=\sigma_y$，則 2D 高斯函數可以進一步表示成：

$$g(x,y)=\exp(-\frac{x^2+y^2}{2\sigma^2})$$

以圖形表示之，結果如圖 A-4。

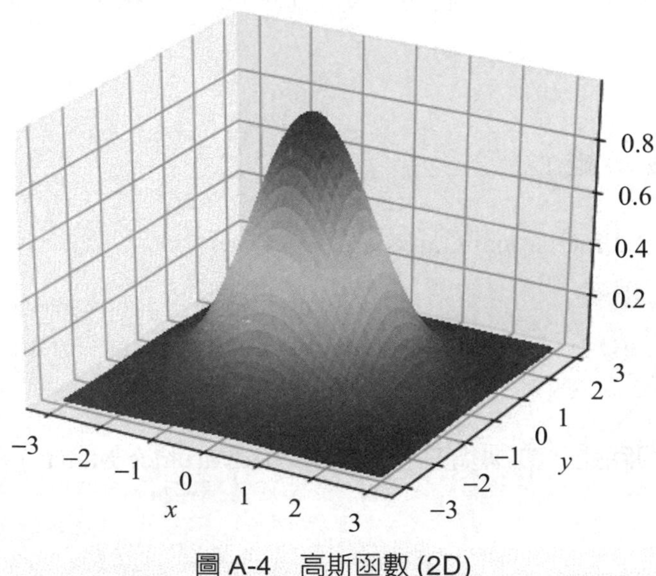

圖 A-4　高斯函數 (2D)

Python 程式碼如下：

gaussian_function2D.py

```
1	import numpy as np
2	import matplotlib.pyplot as plt
3	from matplotlib import cm
4	from mpl_toolkits.mplot3d import Axes3D
5	
6	# 標準差
7	sigma = 1
8	
9	# 高斯函數 (2D)
10	X = np.linspace( -3 * sigma, 3 * sigma, 100 )
11	Y = np.linspace( -3 * sigma, 3 * sigma, 100 )
12	x, y = np.meshgrid( X, Y )
13	z = np.exp( -( x * x + y * y )/( 2 * sigma * sigma ))
14	
15	# 3D 繪圖
16	fig = plt.figure( )
17	ax = plt.axes( projection = "3d" )
18	ax.plot_surface( x, y, z, cmap = cm.coolwarm, linewidth = 0,
19	                 antialiased = False )
20	plt.xlabel( 'x' )
21	plt.ylabel( 'y' )
22	plt.show( )
```

同理，邀請您自行修改標準差 σ，並觀察函數圖的差異。

A-2 泰勒級數

數學領域中，**泰勒級數** (Taylor Series) 是將某函數表示成無窮級數的方法。

定義　泰勒級數

給定函數 $f(x)$，且其連續微分存在，則**泰勒級數** (Taylor Series) 可以表示成：

$$f(a)+f'(a)(x-a)+\frac{f''(a)}{2!}(x-a)^2+\cdots$$

或

$$\sum_{n=0}^{\infty}\frac{f^{(n)}(a)}{n!}(x-a)^n$$

其中 $x=a$ 稱爲**級數中心**。

泰勒級數也經常稱爲**泰勒展開式** (Taylor Expansion)。當級數中心爲原點時，則泰勒級數也稱爲**馬克勞林級數** (Maclaurin Series)，即：

$$\sum_{n=0}^{\infty}\frac{f^{(n)}(0)}{n!}x^n$$

舉例說明，指數函數 $f(x)=e^x$ 的泰勒級數 (馬克勞林級數) 可以表示成：

$$e^x=1+x+\frac{x^2}{2!}+\frac{x^3}{6!}+\cdots=\sum_{n=0}^{\infty}\frac{x^n}{n!}$$

其中，$f'(x)=f''(x)=\ldots=e^x$。假設 $x=0.1$，則：

$\mathrm{e}^{0.1}\approx 1$　(零階近似)

$e^{0.1}\approx 1+0.1=1.1$　(一階近似)

$e^{0.1}\approx 1+0.1+\frac{0.1^2}{2!}=1.105$ (二階近似)

…

事實上，$e^{0.1} \approx 1.105170918$，可以發現泰勒級數中取的項數愈多，則函數值愈精確。此外，泰勒級數提供函數的多項式表示法，其中牽涉無窮多項。

在此，讓我們延伸討論泰勒級數：

$$f(x) = f(a) + f'(a)(x-a) + \text{H.O.T.}$$

其中 H.O.T. 爲**高階項** (Higher-Order Terms)。假設將 x 換成 $x+\Delta x$，a 換成 x，其中 Δx 稱爲偏移量，則：

$$\begin{aligned} f(x+\Delta x) &= f(x) + f'(x)(x+\Delta x - x) + \text{H.O.T.} \\ &= f(x) + f'(x)\,\Delta x + \text{H.O.T.} \end{aligned}$$

若以圖形表示之，如圖 A-5。

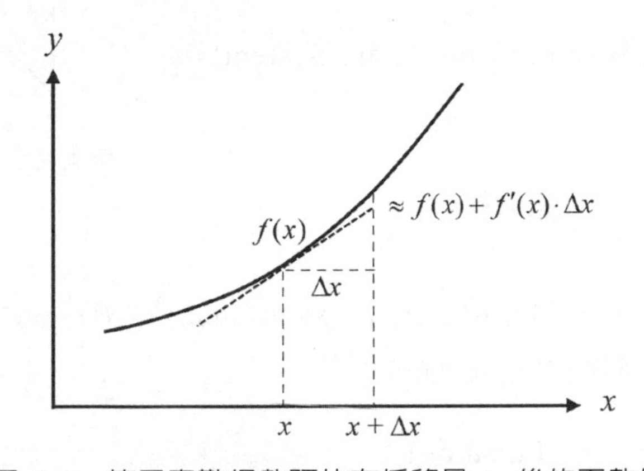

圖 A-5　使用泰勒級數預估在偏移量 Δx 後的函數值

因此，假設我們已知目前的函數值 $f(x)$，目的是預估在偏移量 Δx 後的函數值 $f(x+\Delta x)$，則可以根據目前函數的導函數值 $f'(x)$，即 x 位置的切線斜率，乘上偏移量 Δx 進行預估。由於忽略高階項 H.O.T.，因此只能得到近似值。

A-3 複數

數學領域中，**複數** (Complex Numbers) 是實數的延伸，可以用來描述許多自然界的現象，因此是相當有用的數學工具。

定義　複數

複數 (Complex Numbers) 可以定義為：

$$z = a + bj$$

其中，a 稱為實部 (Real Part)、b 稱為虛部 (Imaginary Part)；$j = \sqrt{-1}$ 為虛數單位。

數學領域中，虛數單位 $\sqrt{-1}$ 通常是以 i 表示。工程領域中，則較常用 j 表示。複數可以用**複數平面** (Complex Plane) 表示，如圖 A-6，其中 $\mathcal{Re}$ 表示**實部**，$\mathcal{Im}$ 表示**虛部**。

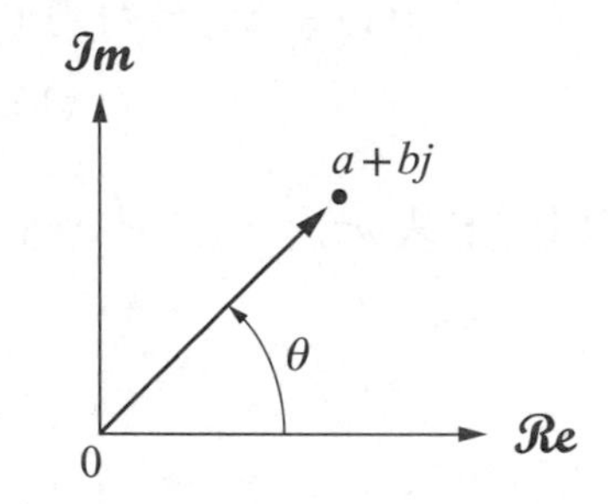

圖 A-6　複數的複數平面表示法

複數可以用**極座標** (Polar Coordinate System) 的方式表示成：

$$z = |z| \cdot (\cos\theta + j\sin\theta)$$

其中，$|z| = \sqrt{a^2 + b^2}$，稱為複數的**大小** (Magnitude)[1]；$\theta = \tan^{-1}(b/a)$，稱為複數的**幅角** (Argument) 或**相位角** (Phase Angle)。

根據**歐拉公式** (Euler's Equation)：

$$e^{j\theta} = \cos\theta + j\sin\theta$$

因此複數也可以表示成：

$$z = |z| e^{j\theta}$$

稱為複數的**極座標表示法**。

舉例說明，若複數是定義為：$z = 3 + 4j$，則複數的**大小** (Magnitude) 為：

$$|z| = \sqrt{3^2 + 4^2} = 5$$

1　Magnitude 也經常翻譯成強度，容易與 Intensity 的翻譯混淆，因此筆者建議採用英文的技術用語。

相位角 (Phase Angle) 為：

$$\theta = \tan^{-1}\left(\frac{b}{a}\right) = \tan^{-1}\left(\frac{4}{3}\right) \approx 53.13°$$

上述範例的結果可使用 Python 程式驗證，Python 程式碼如下：

complex_number.py

```
1    import numpy as np
2
3    z = 3 + 4j
4    magnitude = abs( z )
5    theta = np.degrees( np.angle( z ))
6    print( "z =", z )
7    print( "Magnitude =", magnitude )
8    print( "Phase Angle =", theta )
```

A-4 主成分分析

多維度資料的統計分析中，**主成分分析** (Principal Component Analysis, PCA) 是一種統計分析與資料簡化的方法，主要是利用正交變換的數學運算，可以將高維度的資料，投影至低維度的資料。換言之，**主成分分析**技術，是一種具有代表性的資料**降維** (Dimension Reduction) 技術。

假設給定**向量**為：

$$\mathbf{x} = [x_1, x_2, ..., x_n]^T$$

其中 $x_1, x_2, ..., x_n$ 為向量的元素，構成 n 維向量。在此，假設該向量的元素均為實數。

若現有 K 個向量，分別為：

$$\mathbf{x}_1, \mathbf{x}_2, \ldots, \mathbf{x}_K$$

則其**平均向量** (Mean Vector) 可以定義為：

$$\mathbf{m}_\mathbf{x} = E\{\mathbf{x}\}$$

其中，$E\{\bullet\}$ 代表期望值。**共變異矩陣** (Covariance Matrix) 可以定義為：

$$\mathbf{C}_\mathbf{x} = E\{(\mathbf{x} - \mathbf{m}_\mathbf{x})(\mathbf{x} - \mathbf{m}_\mathbf{x})^T\}$$

共變異矩陣為實數矩陣，且為對稱，滿足下列條件：

$$\mathbf{C}_\mathbf{x} = \mathbf{C}_\mathbf{x}^T$$

若共變異矩陣的**特徵值** (Eigenvalues) 分別為：

$$\lambda_1, \lambda_1, \ldots, \lambda_n$$

且對應的**特徵向量** (Eigenvectors) 分別為：

$$\mathbf{e}_1, \mathbf{e}_2, \ldots, \mathbf{e}_n$$

假設矩陣 A，其中：**第一欄** (First Column) 是相對於最大特徵值的特徵向量，第二欄是相對於次大特徵值的特徵向量，以此類推。則投影後的向量為：

$$\mathbf{y} = \mathbf{A}^T(\mathbf{x} - \mathbf{m}_\mathbf{x})$$

其中，$\mathbf{m}_\mathbf{y} = E\{\mathbf{y}\} = 0$ 。

此外，投影後的向量也可以進行**重建** (Reconstruction)，運算公式為：

$$\mathbf{x} = \mathbf{A}\,\mathbf{y} + \mathbf{m}_\mathbf{x}$$

舉例說明，給定下列二維向量 ($n = 2$)，共有 4 個 ($K = 4$)：

$$\begin{bmatrix} 1 \\ 1 \end{bmatrix}, \begin{bmatrix} 2 \\ 4 \end{bmatrix}, \begin{bmatrix} 4 \\ 2 \end{bmatrix}, \begin{bmatrix} 5 \\ 5 \end{bmatrix}$$

則**平均向量** (Mean Vector) 為：

$$\mathbf{m_x} = E\{\mathbf{x}\} = \frac{1}{4}\left(\begin{bmatrix}1\\1\end{bmatrix}+\begin{bmatrix}2\\4\end{bmatrix}+\begin{bmatrix}4\\2\end{bmatrix}+\begin{bmatrix}5\\5\end{bmatrix}\right)=\begin{bmatrix}3\\3\end{bmatrix}$$

共變異矩陣 (Covariance Matrix) 為：

$$\begin{aligned}\mathbf{C_x} &= E\left\{(\mathbf{x}-\mathbf{m_x})(\mathbf{x}-\mathbf{m_x})^T\right\} = E\left\{\mathbf{x}\,\mathbf{x}^T\right\}-\mathbf{m_x}\mathbf{m_x}^T\\ &=\frac{1}{4}\left(\begin{bmatrix}1\\1\end{bmatrix}\begin{bmatrix}1 & 1\end{bmatrix}+\begin{bmatrix}2\\4\end{bmatrix}\begin{bmatrix}2 & 4\end{bmatrix}+\begin{bmatrix}4\\2\end{bmatrix}\begin{bmatrix}4 & 2\end{bmatrix}+\begin{bmatrix}5\\5\end{bmatrix}\begin{bmatrix}5 & 5\end{bmatrix}\right)-\begin{bmatrix}3\\3\end{bmatrix}\begin{bmatrix}3 & 3\end{bmatrix}\\ &=\begin{bmatrix}2.5 & 1.5\\1.5 & 2.5\end{bmatrix}\end{aligned}$$

若求共變異矩陣的特徵值，則：

$$\det(\lambda\mathbf{I}-\mathbf{C_x})=0$$

可得：

$$\begin{bmatrix}\lambda-2.5 & -1.5\\-1.5 & \lambda-2.5\end{bmatrix}=0 \;\square\; \lambda^2-5\lambda+4=0$$

可得特徵值分別為 $\lambda_{1,2}=4,1$，其中特徵值按順序從大到小排列。對應的特徵向量分別如下：

$$\lambda_1=4 \;\square\; \lambda_1\,\mathbf{e}_1=\mathbf{C_x}\,\mathbf{e}_1 \;\square\; 4\cdot\begin{bmatrix}v_1\\v_2\end{bmatrix}=\begin{bmatrix}2.5 & 1.5\\1.5 & 2.5\end{bmatrix}\begin{bmatrix}v_1\\v_2\end{bmatrix}$$

$$\square\; \mathbf{e}_1=\frac{1}{\sqrt{2}}\begin{bmatrix}1\\1\end{bmatrix}\ (\text{正規化})$$

同理可得：

$$\lambda_2=1 \;\square\; \lambda_2\,\mathbf{e}_2=\mathbf{C_x}\,\mathbf{e}_2 \;\square\; 1\cdot\begin{bmatrix}v_1\\v_2\end{bmatrix}=\begin{bmatrix}2.5 & 1.5\\1.5 & 2.5\end{bmatrix}\begin{bmatrix}v_1\\v_2\end{bmatrix}$$

$$\square\; \mathbf{e}_2=\frac{1}{\sqrt{2}}\begin{bmatrix}-1\\1\end{bmatrix}\ (\text{正規化})$$

因此，**A** 矩陣為：

$$\mathbf{A} = \frac{1}{\sqrt{2}}\begin{bmatrix} 1 & -1 \\ 1 & 1 \end{bmatrix}$$

投影向量分別為：

$$\mathbf{y}_1 = \mathbf{A}^T(\mathbf{x}_1 - \mathbf{m}_x) = \frac{1}{\sqrt{2}}\begin{bmatrix} 1 & 1 \\ -1 & 1 \end{bmatrix}\left(\begin{bmatrix} 1 \\ 1 \end{bmatrix} - \begin{bmatrix} 3 \\ 3 \end{bmatrix}\right) = \begin{bmatrix} -2\sqrt{2} \\ 0 \end{bmatrix}$$

$$\mathbf{y}_2 = \mathbf{A}^T(\mathbf{x}_2 - \mathbf{m}_x) = \frac{1}{\sqrt{2}}\begin{bmatrix} 1 & 1 \\ -1 & 1 \end{bmatrix}\left(\begin{bmatrix} 2 \\ 4 \end{bmatrix} - \begin{bmatrix} 3 \\ 3 \end{bmatrix}\right) = \begin{bmatrix} 0 \\ \sqrt{2} \end{bmatrix}$$

$$\mathbf{y}_3 = \mathbf{A}^T(\mathbf{x}_3 - \mathbf{m}_x) = \frac{1}{\sqrt{2}}\begin{bmatrix} 1 & 1 \\ -1 & 1 \end{bmatrix}\left(\begin{bmatrix} 4 \\ 2 \end{bmatrix} - \begin{bmatrix} 3 \\ 3 \end{bmatrix}\right) = \begin{bmatrix} 0 \\ -\sqrt{2} \end{bmatrix}$$

$$\mathbf{y}_4 = \mathbf{A}^T(\mathbf{x}_4 - \mathbf{m}_x) = \frac{1}{\sqrt{2}}\begin{bmatrix} 1 & 1 \\ -1 & 1 \end{bmatrix}\left(\begin{bmatrix} 5 \\ 5 \end{bmatrix} - \begin{bmatrix} 3 \\ 3 \end{bmatrix}\right) = \begin{bmatrix} 2\sqrt{2} \\ 0 \end{bmatrix}$$

主成分分析的原始向量與投影向量，如圖 A-7。由圖上可以發現，(1, 1) 與 (5, 5) 的主軸，在投影後形成水平軸。投影後的向量 **y**，中心點為原點。

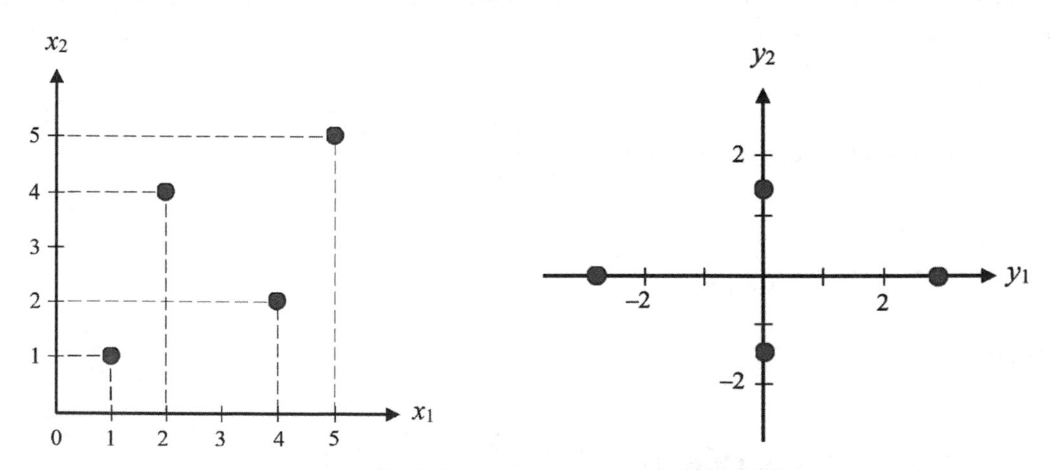

圖 A-7　主成分分析的原始向量與投影向量

上述範例的結果可使用 Python 程式驗證，Python 程式碼如下：

pca_example.py

```
1	import numpy as np
2	from sklearn.decomposition import PCA
3	
4	x = np.array( [ [ 1, 1 ], [ 2, 4 ], [ 4, 2 ], [ 5, 5 ] ] )
5	mean_vec = np.mean( x, axis = 0 )
6	cov_mat = ( x - mean_vec ).T.dot( x - mean_vec )/ x.shape[0]
7	eig_vals, eig_vecs = np.linalg.eig( cov_mat )
8	pca = PCA( 2 )
9	pca.fit( x )
10	y = pca.transform( x )
11	print( "Mean Vector:\n", mean_vec )
12	print( "Covariance Matrix:\n", cov_mat )
13	print( "Eigenvalues\n", eig_vals )
14	print( "Eigenvectors\n", eig_vecs )
15	print( "Transform:\n", y )
```

邀請您自行修改輸入向量或個數 K，並觀察 PCA 的結果。

基本數學公式

三角函數

【負角公式】

$$\sin(-\theta) = -\sin\theta$$

$$\cos(-\theta) = +\cos\theta$$

$$\tan(-\theta) = -\tan\theta$$

$$\cot(-\theta) = -\cot\theta$$

$$\sec(-\theta) = +\sec\theta$$

$$\csc(-\theta) = -\csc\theta$$

【倒數關係】

$$\sin\theta = 1/\csc\theta \qquad \csc\theta = 1/\sin\theta$$

$$\cos\theta = 1/\sec\theta \qquad \sec\theta = 1/\cos\theta$$

$$\tan\theta = 1/\cot\theta \qquad \cot\theta = 1/\tan\theta$$

【平方關係】

$$\sin^2\theta + \cos^2\theta = 1$$

$$\tan^2\theta + 1 = \sec^2\theta$$

$$1 + \cot^2\theta = \csc^2\theta$$

【倍角公式】

$$\sin 2\theta = 2\sin\theta\cos\theta$$

$$\cos 2\theta = \cos^2\theta - \sin^2\theta = 1 - 2\sin^2\theta = 2\cos^2\theta - 1$$

$$\tan 2\theta = \frac{2\tan\theta}{1-\tan^2\theta}$$

【和角公式】

$$\sin(A \pm B) = \sin A\cos B \pm \cos A\sin B$$

$$\cos(A \pm B) = \cos A\cos B \mp \sin A\sin B$$

【積化和差】

$$\sin A\cos B = \frac{\sin(A+B)+\sin(A-B)}{2}$$

$$\cos A\sin B = \frac{\sin(A+B)-\sin(A-B)}{2}$$

$$\cos A\cos B = \frac{\cos(A+B)+\cos(A-B)}{2}$$

$$\sin A\sin B = \frac{-\cos(A+B)+\cos(A-B)}{2}$$

【和差化積】

$$\sin A + \sin B = 2\sin\frac{A+B}{2}\cos\frac{A-B}{2}$$

$$\sin A - \sin B = 2\cos\frac{A+B}{2}\sin\frac{A-B}{2}$$

$$\cos A + \cos B = 2\cos\frac{A+B}{2}\cos\frac{A-B}{2}$$

$$\cos A - \cos B = -2\sin\frac{A+B}{2}\sin\frac{A-B}{2}$$

歐拉公式

【歐拉公式】

$e^{j\theta} = \cos\theta + j\sin\theta$ ，其中 $j = \sqrt{-1}$

【反歐拉公式】

$$\cos\theta = \frac{e^{j\theta} + e^{-j\theta}}{2}$$

$$\sin\theta = \frac{e^{j\theta} - e^{-j\theta}}{2j}$$

參考文獻

1. Wikipedia, https://www.wikipedia.org.
2. Python, http://www.python.org.
3. Anaconda, http://www.anaconda.org.
4. OpenCV, http://www.opencv.org.
5. SciPy, http://www.scipy.org.
6. PyWavelets, https://pywavelets.readthedocs.io.
7. TensorFlow, http://www.tensorflow.org.
8. Keras, http://keras.io.
9. Kaggle, http://www.kaggle.com.
10. MNIST Dataset, http://yann.lecun.com/exdb/mnist.
11. CIFAR-10 and CIFAR-100 Datasets, http://www.cs.toronto.edu/~kriz/cifar.html.
12. R. M. Haralick, L. G. Shapiro, *Computer and Robot Vision*, Addison Wesley, 1993.
13. L. G. Shapiro, G. C. Stockman, *Computer Vision*, Prentice Hall, 2001.
14. A. McAndrew, *Introduction to Digital Image Processing with Matlab*, Thomson Course Technology, 2004.
15. G. Bradski, A. Kaehler, *Learning OpenCV*, O'Reilly, 2008.
16. J. E. Solem, Programming Computer Vision with Python, O'Reilly, 2012.
17. M. Sonka, V. Hlavac, R. Boyle, *Image Processing, Analysis, and Machine Vision*, Cengage Learning, 2014
18. R. C. Gonzalez, R. E. Woods, *Digital Image Processing*, 4th Edition, Pearson, 2018.
19. M. Bertalmio, A. L.Bertozzi, G.Sapiro, "Navier-stokes, fluid dynamics, and image and video inpainting," *Proceedings of the 2001 IEEE Computer Society Conference on Computer Vision and Pattern Recognition*(CVPR), vol. 1, pp. I-I, 2001.
20. A. Telea, A, "An image inpainting technique based on the fast marching method," *Journal of Graphics Tools*, vol.9, no.1, pp.23-34, 2004.

21. T. Y. Zhang, C. Y.Suen, "A fast parallel algorithm for thinning digital patterns," Communications of the ACM, vol.27, no.3, pp.236-239, 1984.
22. Z. Guo, R. W. Hall, "Parallel thinning with two-subiteration algorithms," Communications of the ACM, vol.32, no.3, pp.359-373, 1989.
23. C. T. Zahn, R. Z.Roskies, "Fourier descriptors for plane closed curves," *IEEE Transactions on Computers*, vol.100, no.3, 269-281, 1972.
24. C. G. Harris, M. Stephens, "A combined corner and edge detector," *AlveyVsionConerence*. vol.15. no.50, pp.10-5244, 1988.
25. J. Shi, C. Tomasi, "Good features to track," *IEEE Computer Society Conference on Computer Vision and Pattern Recognition*,pp. 593-600, 1994.
26. D. G. Lowe, "Distinctive image features from scale-invariant keypoints," *International Journal of Computer Vision*, vol.60, no.2, pp.91-110, 2004.
27. H. Bay, T.Tuytelaars, L. Van Gool, "SURF: Speeded up robust features," *European Conference on Computer Vision*,pp.404-417, Springer, 2006.
28. E. Rublee, V.Rabaud, K.Konolige, G. R.Bradski, "ORB: An efficient alternative to SIFT or SURF," *IEEE International Conference on Computer Vision*(ICCV),vol.11, no.1, pp.2, 2011.
29. V. Vezhnevets, V. Sazonov, A. Andreeva. "A survey on pixel-based skin color detection techniques," *Proc. Graphicon*. vol.3,pp.85-92, 2003.
30. P. Viola, M. J. Jones, "Rapid object detection using a boosted cascade of simple features," *Conference on Computer Vision and Pattern Recognition*(CVPR), pp.511-518, 2001.
31. P. Viola, M. J. Jones, "Robust real-time face detection," *International Journal of Computer Vision*, vol.57, no.2, pp.137-154, 2004.
32. O. Russakovsky, *et al*., "ImageNet Large Scale Visual Recognition Challenge," *International Journal of Computer Vision*(IJCV), vol.115, no.3, pp.211-252, 2015.
33. K. Simonyan, A. Zisserman, "Very deep convolutional networks for large-scale image recognition," arXiv:1409.1556, 2014.

34. Y. D. Liang(著)，蔡明志 (譯)，Python 程式設計入門指南，碁峯圖書，2016。
35. 高揚 (著)，若虛 (審校)，白話深度學習與 TensorFlow，碁峯圖書，2018。
36. F. Chollet(著)，葉欣睿 (譯)，Deep Learning 深度學習必讀 – Keras 大神帶你用 Python 實作，施威銘研究室監修，旗標科技，2019。
37. 谷岡広樹 , 康鑫 (著)，莊永裕 (譯)，深度學習入門教室：6 堂基礎課程 +Python 實作練習，Deep Learning、人工智慧、機器學習的理論和應用全圖解，臉譜出版社，2019。
38. 張元翔編著，工程數學入門 – 專爲科學家與工程師設計之教材，全華圖書，2015。
39. 張元翔編著，Raspberry Pi 嵌入式系統入門與應用實作，碁峯圖書，2016。
40. 張元翔編著，數位訊號處理 – Python 程式實作，全華圖書，2019。

習題

數位影像處理－Python 程式實作

班級：________

學號：________

姓名：________

CH1 介紹

觀念複習

1. 試說明數位多媒體包含那些媒介？

2. 試定義下列相關領域：

   (a) 數位訊號處理　(b) 數位影像處理　(c) 數位視訊處理

   (d) 電腦視覺　(e) 圖形辨識　(f) 機器學習　(g) 人工智慧

3. 試說明機器學習可以分成幾種？

4. 試說明人工智慧可以分成幾種？

（請沿虛線撕下）

5. 試說明圖靈測試的目的為何？方法為何？

6. 試說明深度學習、機器學習與人工智慧之間的關係，並以圖形表示之。

7. 試定義下列專業術語：

(a) 數位影像

(b) 像素

(c) 感興趣區域

8. 4K TV 的解析度為 4096 × 2160 的色彩影像，假設數位影像未採用任何壓縮技術，則一張色彩影像至少需要多少位元組 (Bytes) 才能儲存？

9. 延續上題，台灣使用的視訊標準為 NTSC，每秒的畫格數為 30，即 fps = 30。假設數位視訊未採用任何壓縮技術，則 2 小時的電影總共需要多少位元組 (Bytes) 才能儲存？

10. 根據下列影像檔案格式，說明適用的範圍與是否採用壓縮技術？

(a) PBM / PGM / PPM　(b) BMP　(c) GIF / PNG　(d) JPEG　(e) TIFF

11. 試說明 JPEG 數位影像檔案格式使用的技術有那些？

12. 試列舉至少五項數位影像處理技術的應用。

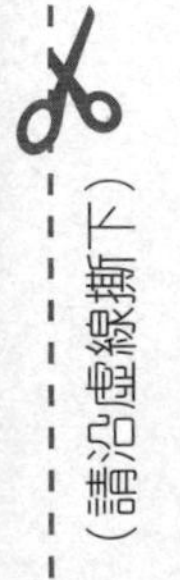

（請沿虛線撕下）

13. 試說明虛擬實境 (VR) 與擴增實境 (AR) 的差異。

____

____

____

____

專案實作

1. 蒐集數位影像，可自網路下載或整理自己拍攝的相片，建立專屬的數位影像資料集，作為數位影像處理的學習素材。
2. 下載與安裝 GIMP，學習數位影像處理軟體的操作方法。備註：若您已有 PhotoShop 或 PhotoImpact 的使用經驗，則不須特別再學習 GIMP。
3. 下載與安裝 Hexdump(請使用 Google 搜尋)，分析 BMP 檔案格式的**標頭** (Header) 與數位影像相關資訊，例如：大小、列數 (高)、行數 (寬) 等的資料結構與儲存方法。以下列舉 Lenna 影像的 Hexdump 結果：

```
000000   42 4d 38 04 04 00 00 00 00 00 36 04 00 00 28 00   BM8……6……(.
000010   00 00 00 02 00 00 00 02 00 00 01 00 08 00 00 00   ................
000020   00 00 00 00 00 00 12 0b 00 00 12 0b 00 00 00 00   ................
000030   00 00 00 00 00 00 00 00 00 00 01 01 01 00 02 02   ................
000040   02 00 03 03 03 00 04 04 04 00 05 05 05 00 06 06   ................
```

4. 根據數位影像處理技術應用，例如：車牌辨識等，探討與研究相關的理論背景與演算法。
5. 根據您自己的專業領域，探討數位影像處理技術應用的可能性。例如：醫學工程與醫學影像處理、土木工程與遙測影像處理、機械工程與智慧機器人、生物科技與顯微鏡影像等。

習題

數位影像處理－ Python 程式實作

班級：________

學號：________

姓名：________

CH2 Python 程式設計

觀念複習

1. 試說明 Python 程式語言的特性。

2. 試列舉 Python 的軟體套件，並說明其功能。

3. 試說明 OpenCV 程式庫的特性。

4. 試列舉 OpenCV 的模組，並說明其功能。

（請沿虛線撕下）

專案實作

1. 試設計 Python 程式，計算下列函數值。原則上，請您先推測函數值，再使用 Python 程式驗證之：

   (a) $\ln e^2$

   (b) $\log_2(1024)$

   (c) $\sin(\pi / 6)$

   (d) $\cos(\pi)$

   (e) $\sin^{-1}(1)$

   (f) $\cos^{-1}(1/2)$

2. 試從網路下載 BMP、JPEG、GIF、PNG、TIFF 等影像檔案格式的數位影像，參考 Python 程式範例進行下列工作：

   (a) 讀取數位影像

   (b) 顯示數位影像

   (c) 顯示影像資訊

3. 試使用數位相機或智慧型手機拍攝並取得數位影像，參考 Python 程式範例進行下列工作：

   (a) 讀取數位影像

   (b) 顯示數位影像

   (c) 顯示影像資訊

4. 試從網路下載具有透明通道 (Alpha 通道) 的數位影像，例如：PNG 檔案，參考 Python 程式範例讀取該影像，並顯示影像資訊。

5. 試讀取 Lenna 灰階影像或 Baboon 色彩影像，參考 Python 程式範例顯示像素資訊。

6. 試讀取 RGB_Chart 色彩影像，參考 Python 程式範例顯示像素資訊。觀察與說明您的發現。

7. 試設計 Python 程式，產生一張漸層的灰階影像，影像大小為 512 × 100，灰階自左而右分別為 0 ～ 255，並儲存數位影像檔案。

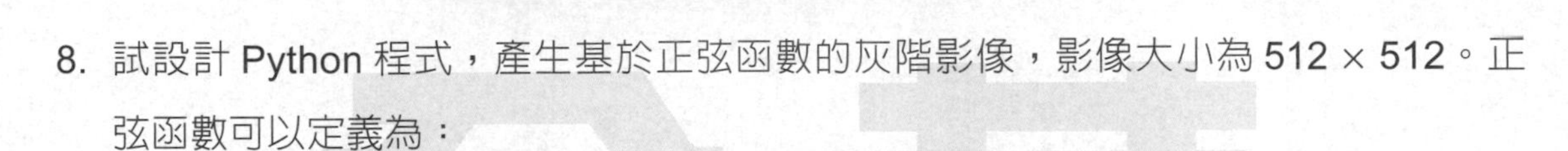

8. 試設計 Python 程式，產生基於正弦函數的灰階影像，影像大小為 512 × 512。正弦函數可以定義為：

$$f(x, y) = A\sin(2\pi xT / M)$$

其中，A 稱為**振幅** (Amplitude)，T 稱為**週期** (Period)。假設 A = 100，T = 10，可得下列數位影像。請進一步修改輸入參數產生不同週期，或修改正弦函數產生不同方向的灰階影像，並儲存數位影像檔案。

9. 試設計 Python 程式，產生西洋棋盤的灰階影像，影像大小為 512 × 512，灰階值僅包含 0 或 255，稱為二值影像 (Binary Image)，並儲存數位影像檔案。典型的 8 × 8 西洋棋盤如下：

10. 試設計 Python 程式，在 Baboon 數位影像中，任意擷取至少 10 張 100 × 100 的 ROI，並儲存數位影像檔。在此，請使用亂數產生器，且 ROI 不能超出原始影像的範圍，ROI 的名稱依序為 ROI01.bmp、ROI02.bmp 等。

習題

數位影像處理－Python 程式實作

班級：＿＿＿＿＿＿＿＿
學號：＿＿＿＿＿＿＿＿
姓名：＿＿＿＿＿＿＿＿

CH3 數位影像基礎

觀念複習

1. 電磁波頻譜 (Electromagnetic Spectrum) 包含伽瑪射線、X 射線、紫外線、可見光、紅外線、微波與無線電波。試回答下列問題：

   (a) 何者的頻率最高？

   (b) 何者的波長最長？

   (c) 何者的能量最強？

2. 試根據下圖，列出人類眼睛中各組織的名稱，並說明其功能。

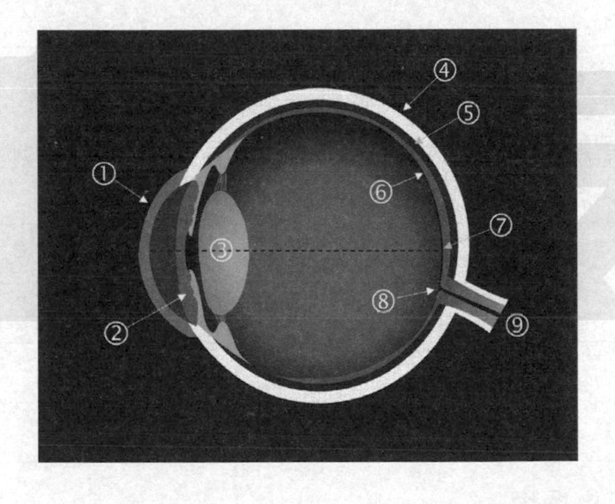

（請沿虛線撕下）

3. 試根據下圖，列出相機內部元件的名稱，並說明其與人類眼睛組織的對應關係。

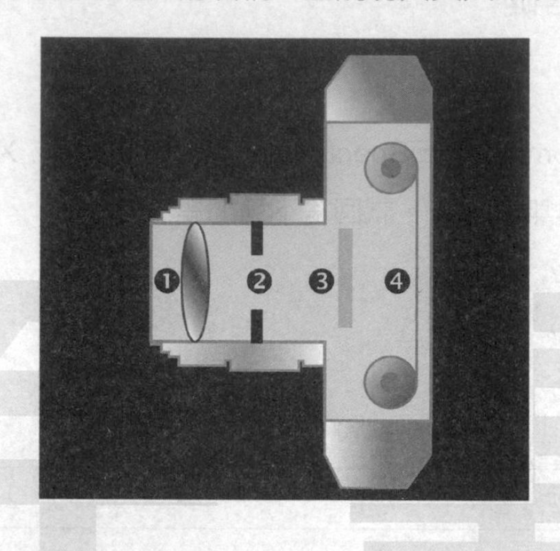

4. 試定義影像形成模型 (Image Formation Model)。

5. 試說明影像的數位化過程。

6. 試解釋 Nyquist-Shannon 取樣定理。

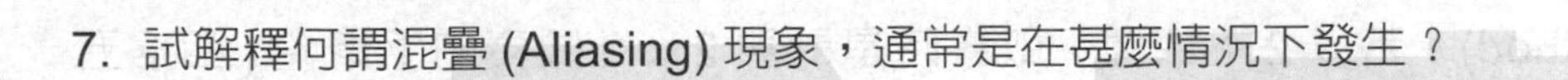

7. 試解釋何謂混疊 (Aliasing) 現象，通常是在甚麼情況下發生？

8. 試解釋何謂假輪廓 (False Contouring) 現象，通常是在甚麼情況下發生？

專案實作

1. 試設計 Python 程式範例，產生下列局部打光的數位影像：

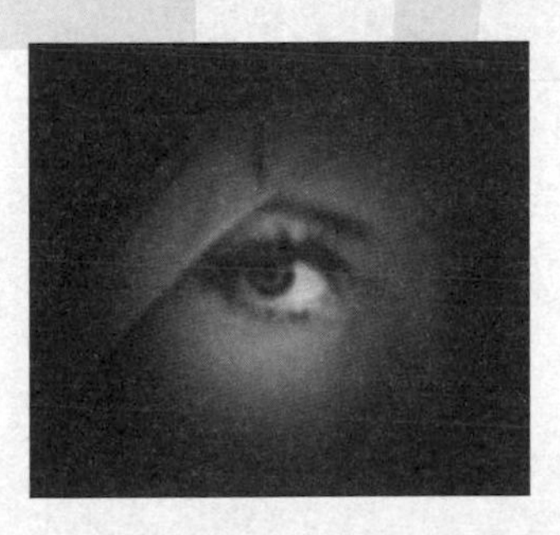

2. 試設計 Python 程式，產生橢圓形的打光函數，對數位影像進行打光，並產生輸出的數位影像。

(請沿虛線撕下)

3. 試設計 Python 程式，採用色彩影像，輸出在不同的通道中量化的色彩影像。
4. 選取一張灰階影像 (自網路下載或自行拍攝)，參考取樣與量化的 Python 程式範例，同時選取不同的取樣率與位元數，顯示並儲存數位影像。
5. 本章介紹的下取樣技術，稱為**抽取法** (Decimation)。若以 2 下取樣，取樣時是以 2 × 2 像素為單位，抽取左上角像素的灰階值。另一種下取樣技術，稱為**平均法** (Average Method)。若以 2 下取樣，取樣時是計算 2 × 2 像素的平均值 (四捨五入)。試設計 Python 程式，實現平均法的下取樣技術，並產生 Barbara 影像以 2 或以 4 下取樣的結果。請觀察與比較使用兩種方法所產生的混疊現象。
6. 試設計 Python 程式，實現上取樣技術。最簡單的上取樣技術，稱為**零階維持** (Zero-Order Hold)。若以 2 上取樣，即是複製像素值成 2 × 2 像素值，構成放大的數位影像。

習題

數位影像處理－ Python 程式實作

班級：＿＿＿＿＿＿＿＿

學號：＿＿＿＿＿＿＿＿

姓名：＿＿＿＿＿＿＿＿

CH4 幾何轉換

觀念複習

1. 試定義幾何轉換？幾何轉換可以分成那幾種？

2. 試定義空間轉換？空間轉換的方法有那兩種？

3. 試列舉數位影像的內插法。

（請沿虛線撕下）

4. 假設我們想將 3 × 3 的灰階影像 (左圖)，放大為 5 × 5 的灰階影像 (右圖)：

10	20	30
40	50	60
70	80	90

		A		
			B	

在此採用反向映射 (Inverse Mapping) 方法，像素內插法則分別採用：(a) 最近鄰內插法；或 (b) 雙線性內插法，試計算像素 A 與像素 B 的灰階值。

5. 已知影像旋轉的空間轉換函數可以定義為：

$x' = x\cos\theta - y\sin\theta$

$y' = x\sin\theta + y\cos\theta$

試求反轉換函數。

6. 延續上題，假設將旋轉中心移至影像中心，定義為 (x_0, y_0)，試求空間轉換函數與其反轉換函數。

7. 試說明相機的幾何失真 (Geometric Distortion) 現象有那些？通常是甚麼原因所造成？

____

____

____

____

專案實作

1. 試設計 Python 程式進行影像旋轉，容許任意角度的輸入值，且旋轉後的影像不會被裁切。範例如下 (旋轉 30°)：

2. 試設計 Python 程式，進行透視轉換範例的逆過程。換言之，選取一張數位影像，置入並取代藝廊中某一張圖畫。範例如下：

(請沿虛線撕下)

3. 試參考鏡頭失真模型，設計 Python 程式模擬相機的幾何失真現象，包含：

   (a) 桶狀失真 (Barrel Distortion)

   (b) 枕形失真 (Pincushion Distortion)

   程式設計應採用函式，且允許參數輸入，例如：鏡頭失真係數 k_1 等。

4. 試列印一張方格圖，並使用智慧型手機的內建相機在近距離拍攝照片，觀察是否有相機幾何失真現象。

班級：＿＿＿＿＿＿＿＿

學號：＿＿＿＿＿＿＿＿

姓名：＿＿＿＿＿＿＿＿

CH5　影像增強

觀念複習

1. 試定義影像增強。

2. 伽瑪矯正的公式可以定義為：

$$s = c \cdot r^{\gamma}$$

其中，r 為輸入強度，s 為輸出強度，c 為常數。試回答下列問題：

(a) 若 γ = 0.5，計算常數 c。

(b) 給定灰階影像，求強度 r =100 在伽瑪矯正後的輸出強度。

（請沿虛線撕下）

3. 給定下列 7×7 的數位影像，灰階介於 0 ～ 7 之間，試回答下列問題：

0	0	1	1	1	3	3
0	1	1	1	3	3	3
1	1	1	3	3	3	6
1	1	3	3	3	6	6
1	3	3	3	6	6	6
3	3	3	6	6	7	7
3	3	6	6	6	7	7

(a) 求直方圖，並以圖形表示之。

(b) 求機率密度函數 PDF，並以圖形表示之。

(c) 求累積密度函數 CDF，並以圖形表示之。

(d) 若使用直方圖等化技術，列出灰階 0 ～ 7 對應的輸出值。

4. 給定數位訊號為：

$$x = \{1, 2, 3, 1, 1, 1, 1\}, n = 0, 1, \dots, 6$$

脈衝響應 (或濾波器) 為：

$$h = \{1, 2, 2, -1, 1\}, n = 0, 1, 2, 3, 4$$

假設輸入與輸出的樣本數相同，求卷積運算的結果。

5. 假設數位影像與濾波器的大小均為 3 × 3(如下圖)，試求二維卷積運算的結果。

$f(x, y)$

1	2	3
1	2	3
1	2	3

$h(x, y)$

1	1	1
1	2	1
1	1	1

$g(x, y)$

6. 給定下列 7 × 7 的數位影像，灰階介於 0 ～ 7 之間，試回答下列問題：

1	1	1	3	3
1	1	3	3	3
1	3	3	3	6
3	3	3	6	6
3	3	6	6	7

(a) 使用 Sobel 濾波器，求影像梯度的大小：$M(x, y) \approx |g_x| + |g_y|$

(b) 使用 Sobel 濾波器，求影像梯度的方向：$\theta = \tan^{-1}(g_y / g_x)$

（請沿虛線撕下）

7. 試判斷下列濾波器是否為線性 (Linear)？

(a) 平均濾波

(b) 高斯濾波

(c) 中值濾波

(d) 雙邊濾波

專案實作

1. 選取您喜歡的數位影像，試套用下列強度轉換技術，並輸出結果：

(a) 影像負片

(b) 伽瑪矯正

(c) Beta 矯正

2. 在極度背光的情況下，拍攝物件與擷取數位影像，思考可以使用何種影像增強技術進行修正？試設計 Python 程式，實現極度背光的影像增強。

3. 試設計 Python 程式，實現下列梯度運算子的影像梯度函式：

(a) Roberts

(b) Prewitt

(c) Sobel

(d) Robinson

(e) Kirsch

接著，選取輸入的數位影像，例如：Osaka.bmp，產生輸出的數位影像。試比較不同梯度運算子所產生的結果。

4. 影像梯度可以定義為：

$$\nabla f = \begin{bmatrix} g_x \\ g_y \end{bmatrix} = \begin{bmatrix} \dfrac{\partial f}{\partial x} \\ \dfrac{\partial f}{\partial y} \end{bmatrix}$$

試設計 Python 程式，採用高斯濾波器求影像梯度。演算法的步驟如下：

(a) 根據高斯函數的定義：

$$G(x) = e^{-\frac{x^2}{2\sigma^2}}$$

推導一階導函數，σ 為標準差。

(b) 選定標準差 σ (例如：σ = 1.0)，濾波器大小為 $[-3\sigma, 3\sigma]$，設計高斯一階導函數的濾波器。

(c) 分別在 x 與 y 方向對高斯一階導函數濾波器進行卷積運算，即可得 g_x 與 g_y。數學定義為：

$$g_x = \frac{\partial f}{\partial x} = f * G'(x), \quad g_y = \frac{\partial f}{\partial y} = f * G'(y)$$

(d) 分別取絕對值後輸出數位影像 $|g_x|$ 與 $|g_y|$。

(e) 計算影像梯度大小 $M(x,y) \approx |g_x| + |g_y|$，並輸出數位影像。

請與 Sobel 濾波器的影像梯度比較，並說明其間的差異。

5. 試設計 Python 程式求影像梯度方向的數位影像，演算法的步驟如下：

(a) 選取輸入的數位影像，例如：Osaka.bmp 等。

(b) 使用 Sobel 濾波器求影像梯度，並根據下列公式計算方向：

$$\theta = \tan^{-1}\left(\frac{g_y}{g_x}\right)$$

(c) 將角度 θ 正規化於 0 ～ 255 之間。

(d) 顯示與儲存輸出的數位影像。

（請沿虛線撕下）

6. 選取自行拍攝女友（男友）的數位影像，使用雙邊濾波器幫她（他）進行美膚效果，調整參數並輸出數位影像[1]。

1 當然，若您目前沒有女友（男友），筆者建議可以暫時先跳過這個習題，先設法給自己找一個。

習題

數位影像處理－Python 程式實作

班級：____________

學號：____________

姓名：____________

CH6 頻率域影像處理

觀念複習

1. 試解釋數位影像與其在頻率域的關係。

2. 給定下列的離散序列：

$$x = \{1, 1, 4, 2\}, n = 0, 1, 2, 3$$

(a) 求離散傅立葉轉換的結果。

(b) 求傅立葉頻譜（頻率頻譜），並以圖形表示之。

3. 試定義下列專業術語：

(a) 頻率域頻譜

(b) 相位頻譜

（請沿虛線撕下）

4. 試說明頻率域濾波 (Filtering in the Frequency Domain) 的處理步驟。

5. 試列舉典型的頻率域濾波器。

6. 試解釋何謂漣漪效應 (Ripple Effect)？在甚麼情況下會發生？

專案實作

1. 根據正弦函數產生的數位影像如下：

(a) 試設計 Python 程式求頻率頻譜與相位頻譜。

(b) 延續上題，解釋數位影像與其在頻率頻譜的關係。

2. 數位影像的離散傅立葉轉換 (2D) 可以表示成 (複數指數型態)：

$$F(u,v) = |F(u,v)| e^{j\phi(u,v)}$$

其中，$|F(u,v)|$ 為大小 (Magnitude)，$\phi(u,v)$ 為相位角 (Phase Angle)。給定兩張數位影像，分別為 Lenna 與 Block 影像如下：

(a) 試設計 Python 程式，使用 Lenna 影像的大小 (Magnitude)，同時使用 Block 影像的相位角 (Phase Angle)，進行頻率域的重組 (Reconstruction)，並產生輸出的數位影像。

(b) 將兩張數位影像對調，進行重組，並產生輸出的數位影像。

(c) 比較上述 (a) 與 (b) 的結果，探討並說明您的發現。

3. 試使用 Barbara 數位影像，進行下列的頻率域濾波 (假設截止頻率為 $D0$ = 50)：

(a) 理想濾波器

(b) 高斯濾波器

(c) 巴特沃斯濾波器

4. 試從網路下載紋理 (Texture) 影像，包含：規則性、不規則性與隨機性等數位影像，進行下列專案實作：

(a) 設計 Python 程式求頻率頻譜與相位頻譜。

(b) 歸納與解釋各種紋理與其頻率域之間的關係。

(c) 試設計 Python 程式進行頻率域的統計分析，藉以對不同的紋理進行分類。

(請沿虛線撕下)

習題

數位影像處理－ Python 程式實作

班級：____________

學號：____________

姓名：____________

CH7 影像還原

觀念複習

1. 試定義影像還原。

2. 試定義影像失真模型。

3. 試列舉典型的雜訊模型。

4. 試說明產生週期性雜訊的處理步驟。

（請沿虛線撕下）

5. 試說明影像雜訊的分析方法。

6. 試說明如何濾除雜訊，例如：均勻雜訊、高斯雜訊等。

7. 試說明如何濾除週期性雜訊。

8. 試解釋反濾波 (Inverse Filtering) 的技術挑戰。

9. 試說明與比較反濾波與維納濾波的影像還原效能。

專案實作

1. 採用本章提供的範例影像 Pattern.bmp，進行下列實作：

   (a) 產生 100 張雜訊影像，雜訊模型為高斯模型，標準差均設為 $\sigma = 30$ 。

   (b) 根據這些影像求平均影像 (Average Image)，並輸出結果。

   (c) 計算平均影像中雜訊的標準差。

   (d) 試探討與說明您的發現。

2. 選取一張數位影像，在影像中加入週期性雜訊。同時，調整輸入的參數，例如：頻率 freq 等，並產生數位影像。

3. 給定加入週期性雜訊的數位影像，試設計 Python 程式，自動搜尋週期性雜訊的主要頻率，並進行影像還原。換言之，使用者不須輸入任何參數，Python 程式可以自動完成影像還原工作。

4. OpenCV 提供 Python 範例程式，進行反卷積 (Deconvolution) 運算，程式名稱為 deconvolution.py，主要是模擬運動模糊化 (Motion Blur) 的影像還原，請自行實際體驗。

5. OpenCV 提供 Python 範例程式，可以用來進行影像補繪 (Image Inpainting)，，程式名稱為 inpaint.py，請自行實際體驗。

6. 若您對於影像補繪技術有興趣，可以參考基於範例的影像補繪 (Examplar-based Inpainting) 技術，容許填補的局部區域較大，但是計算量也相對比較大。試設計 Python 程式，實現這個影像補繪技術。

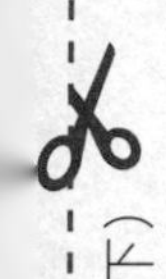

（請沿虛線撕下）

習題

數位影像處理－Python 程式實作

班級：

學號：

姓名：

CH8 色彩影像處理

觀念複習

1. 試解釋**色彩理論**。

2. 已知哆啦 A 夢身體的顏色是青色 (Cyan)，鈴鐺是黃色 (Yellow)，若使用紅色光照射時，請問哆啦 A 夢的身體與鈴鐺，會呈現甚麼顏色？

3. 已知某色彩影像僅包含一種顏色，以 RGB 色彩空間定義，則 (R, G, B)=(0.2, 0.8, 0.1)。請問若使用雷射印表機重複列印這張數位影像，則 CMYK 的碳粉匣中，何者消耗最快？

（請沿虛線撕下）

4. 已知 HSI 的數值如下，試判斷是屬於何種顏色？

(a) H, S, I = 60°, 0.8, 0.7

(b) H, S, I = 120°, 0.8, 0.8

(c) H, S, I = 240°, 0.8, 0.6

5. 若使用 HSI 色彩空間定義膚色，則適合的 H、S、I 數值範圍為何？

6. 試說明色彩影像的直方圖等化應如何進行，才不會造成色彩失真現象？

7. 試說明色彩影像的影像濾波，應如何進行？

專案實作

1. 選取一張色彩影像 (自網路下載或自行拍攝)，試設計 Python 程式顯示下列色彩模型：

   (a) RGB 模型

   (b) CMY 模型

   (c) HSI 模型

   (d) HSV 模型

   (e) YCrCb 模型

2. 選取一張灰階影像 (自網路下載或自行拍攝)，試設計 Python 程式進行虛擬色彩轉換，實現至少五種色彩表 (Color Map)，顯示輸出的數位影像，並存成數位影像檔。

3. 選取一張色彩影像 (自網路下載或自行拍攝)，試設計 Python 程式進行下列色彩影像處理：

   (a) 色彩矯正

   (b) 直方圖等化

   (c) 高斯濾波

4. 選取一張色彩影像 (自網路下載或自行拍攝)，試設計 Python 程式進行下列 HSI 色彩影像處理，並顯示數位影像結果：

   (a) 將色調旋轉 180°

   (b) 將飽和度調整為原來的 50%

   (c) 將強度調整為原來的 50%

   (d) 將飽和度和強度均調整為 100%

5. 選取一張包含人臉的色彩影像 (自網路下載或自行拍攝)，試設計 Python 程式把影像中的臉部或膚色區域變成綠色，稱為「臉都綠了」專案。在此，您可以假設膚色為不飽和的紅色。

（請沿虛線撕下）

6. 給定下列兩張數位影像，分別為 Baboon 與 Jenny 影像，試設計 Python 程式，進行下列數位影像處理步驟：

(a) 將這兩張數位影像均轉換為 HSV 色彩模型。

(b) 取 Baboon 的 Hue 通道，同時取 Jenny 的 Saturation 通道與 Value 通道，進行重組。

(c) 將重組的結果轉換為 RGB 色彩模型，並顯示輸出的數位影像。

7. 選取兩張色彩影像，包含以藍幕 (或綠幕) 的前景物件影像與背景影像 (自網路下載或自行拍攝)，試設計 Python 程式，實現自動的色度鍵控 (Chroma Keying) 技術。

8. 若您使用過 PhotoShop 影像處理軟體，想必體驗過 PhotoShop 的混和模式 (Blending Mode)，例如：Normal、Dissolve、Color Burn、Color Dodge、Overlay 等功能。試探討這些混合模式的演算法，並設計 Python 程式實現這些混合模式。

習題

數位影像處理－ Python 程式實作

班級：＿＿＿＿＿＿

學號：＿＿＿＿＿＿

姓名：＿＿＿＿＿＿

CH9 影像分割

觀念複習

1. 試定義影像分割。

2. 試說明 Canny 提出的最佳化邊緣偵測演算法，須具備那些目標？

3. 試說明 Canny 邊緣偵測演算法的步驟。

4. 試定義霍夫轉換。

5. 給定一張 501 × 501 的數位影像，假設在影像中共有 4 個邊緣點，座標分別為 (0, 0)、(500, 0)、(0, 500) 與 (250, 250)，試決定其霍夫域 (Hough Domain)，並用圖形表示。

6. 試說明全域閥值化與適應性閥值化之間的差異，並解釋適應性閥值化的優點為何？

7. 試說明分水嶺影像分割的原理與方法。

8. 試說明 GrabCut 影像分割的原理與方法。

專案實作

1. 試設計 Python 程式，採用以下的梯度運算子，藉以實現邊緣偵測。您可以直接使用 Osaka.bmp，並顯示輸出的數位影像：

   (a) Roberts

   (b) Prewitt

   (c) Sobel

   (d) Robinson

   (e) Kirsch

2. 選取數位影像 (自網路下載或自行拍攝)，試設計 Python 程式實現直線偵測與圓形偵測。

3. 選取數位影像 (自網路下載或自行拍攝)，其中包含單一或多個物件，試設計 Python 程式實現數位影像的全域閥值化或適應性閥值化，並顯示輸出的數位影像。

4. 選取色彩影像 (自網路下載或自行拍攝)，其中包含單一的物件，試使用分水嶺影像分割或 GrabCut 影像分割，進行影像物件去背的工作。

5. 試延伸本書的直線偵測範例，設計 Python 程式並實現車道偵測 (Lane Detection) 演算法，可以自動過濾非車道線，並顯示車道偵測結果 (如下圖)。

(請沿虛線撕下)

習題

數位影像處理－Python 程式實作

班級：＿＿＿＿＿＿＿＿

學號：＿＿＿＿＿＿＿＿

姓名：＿＿＿＿＿＿＿＿

CH10 二值影像處理

觀念複習

1. 試定義二值影像。

2. 試定義相鄰性、路徑與相連性。

3. 試解釋 8-4 空間與 4-8 空間的差異。

（請沿虛線撕下）

4. 給定二值影像 (如圖)，試回答下列問題：

	q	1		
		p		
		1	1	
				r

(a) p&q 是否為 4- 相鄰，p&q 是否為 8- 相鄰？

(b) p&q 是否為 4- 相連，p&q 是否為 8- 相連？

(c) p&r 是否為 4- 相鄰，p&r 是否為 8- 相鄰？

(d) p&r 是否為 4- 相連，p&r 是否為 8- 相連？

5. 試列舉典型的形態學影像處理。

6. 試說明補洞演算法的原理與方法。

7. 試說明骨架化演算法的目的。

____

____

____

____

專案實作

1. 選取二值影像，其中包含一個單一的物件，試設計 Python 程式進行下列形態學影像處理：

   (a) 侵蝕

   (b) 膨脹

   (c) 斷開

   (d) 閉合

2. 選取二值影像，其中包含一個單一的物件，試設計 Python 程式進行下列的二值影像處理，顯示並比較產生的結果影像：

   (a) 細線化

   (b) 骨架化

3. 選取二值影像，試設計 Python 程式實現下列的距離轉換，同時採用不同的距離公式，顯示並比較產生的結果影像。

（請沿虛線撕下）

習題

數位影像處理－ Python 程式實作

班級：________________

學號：________________

姓名：________________

CH11 小波與正交轉換

觀念複習

1. 試說明傅立葉轉換與小波轉換的差異。

2. 假設給定下列的離散序列，共有 8 個樣本：

$$\{10, 12, 8, 6, 5, 3, 14, 4\}$$

若採用簡易的小波，求下列小波轉換：

(a) Discrete Wavelet Transform at 1-Scale

(b) Discrete Wavelet Transform at 2-Scale

(c) Discrete Wavelet Transform at 3-Scale

3. 根據線性代數，試回答下列問題：

(a) 矩陣須滿足甚麼條件，才可稱為 Orthogonal?

(b) 矩陣須滿足甚麼條件，才可稱為 Orthonormal?

（請沿虛線撕下）

4. 試定義縮放函數 (父小波) 與小波函數 (母小波)。

5. 試列舉幾種典型的小波。

6. 試列舉小波轉換的數位影像處理應用。

專案實作

1. 選取一張數位影像，影像大小為 512 × 512 像素，試設計 Python 程式，根據下列小波產生 1-Scale 的離散小波轉換，顯示輸出的數位影像結果。
   (a) Haar 小波
   (b) Daubechies 小波 (4-Tap)
   (c) Daubechies 小波 (8-Tap)
2. 選取一張數位影像，影像大小為 512 × 512 像素，試設計 Python 程式，根據下列小波取 1-Scale 的離散小波轉換：
   (a) Haar 小波
   (b) Daubechies 小波 (4-Tap)
   (c) Daubechies 小波 (8-Tap)

   接著，取 LL 區域，並使用反 (逆) 轉換成輸出的數位影像，分別計算 PSNR 值，試比較與說明您的發現。
3. 離散小波轉換在影像傳輸過程，具有相當不錯的可擴展性 (Scalability)。換言之，在頻寬有限的情況下，我們可以在傳送端先進行離散小波轉換，並根據以下漸進式的順序進行影像傳輸：

   $$LL \rightarrow LH \rightarrow HL \rightarrow HH$$

   接收端也是採用漸進式的方式重建數位影像，因此依序產生四張數位影像。
   (a) 試設計 Python 程式，模擬上述的影像傳輸過程，並顯示接收端重建數位影像的結果。
   (b) 採用不同的小波，重複上述步驟，並觀察其間的差異。
4. 試設計 Python 程式，產生下列基底影像，影像大小為 16 × 16：
   (a) 離散傅立葉轉換 (Discrete Fourier Transform, DFT)
   (b) 離散餘弦轉換 (Discrete Cosine Transform, DCT)
   (c) 沃爾什 - 阿達瑪轉換 (Walsh-Haramard Transform, WHT)

習題

數位影像處理－ Python 程式實作

班級：

學號：

姓名：

CH12 影像壓縮

觀念複習

1. 試定義影像壓縮。

2. 試列舉典型的資料壓縮應用。

3. 試說明資料壓縮可以分成那兩大類？

4. 試定義熵 (Entropy)。資訊理論中，熵 (Entropy) 代表的意義是甚麼？

（請沿虛線撕下）

5. 試說明夏農源編碼定理 (Shannon's Source Coding Theorem)。

6. 試列舉典型的熵編碼技術。

7. 假設某數位影像共有 5 個灰階，其機率分佈如下表：

強度 (灰階)	50	100	150	200	250
機率	0.1	0.15	0.2	0.25	0.3

試回答下列問題：

(a) 求數位影像的熵 (Entropy)。

(b) 採用霍夫曼編碼技術對數位影像進行編碼，試決定霍夫曼碼。

(c) 計算壓縮比，並與熵比較，說明您的結果。

8. 延續上題，若改用算術編碼技術對數位影像進行編碼，則下列像素序列的編碼結果為何？

[50, 50, 100, 200, 150]

9. 試說明影像壓縮系統的系統方塊圖。

10. 試說明區塊轉換編碼技術的系統方塊圖。

（請沿虛線撕下）

專案實作

1. 根據 Lenna 影像，擷取 2 個 8 × 8 的 ROI，其中 1 個 ROI 以平坦 (低頻) 區域為主，另外的 ROI 則以細節 (高頻) 區域為主。試設計 Python 程式，使用 JPEG 壓縮技術，產生編 (解) 碼後的結果 (但保留所有的轉換係數)。分別計算這 2 個 ROI 的 MSE 值與 PSNR 值，比較與說明您的發現。
2. 選取一張數位影像 (自網路下載或自行拍攝)，試設計 Python 程式進行 JPEG 影像壓縮，採用閥值編碼技術，並設定 10%、20% 與 30% 的壓縮比，分別計算 PSNR 值，比較與說明您的發現。
3. 試設計 Python 程式，實現算術編碼技術。

習題

數位影像處理－Python 程式實作

班級：________________

學號：________________

姓名：________________

CH13 特徵擷取

觀念複習

1. 試說明特徵擷取的目的。

2. 試定義特徵向量。

3. 試說明連通元標記的目的。

4. 試定義影像物件的輪廓。

（請沿虛線撕下）

5. 試列舉典型的形狀特徵 (或形狀描述子)。

6. 試列舉典型的輪廓特徵 (或輪廓描述子)。

7. 試定義凸包 (Convex Hull)。

8. 試定義角點 (Corners)。

9. 試列舉典型的角點偵測 (Corner Detection) 技術。

10. 試列舉典型的關鍵點偵測 (Keypoint Detection) 技術。

專案實作

1. 試設計 Python 程式，進行下列數位影像處理：
   (a) 輸入水母的數位影像 Jellyfish.bmp
   (b) 採用影像分割技術，例如：Otsu 全域閥值化，取得二值影像
   (c) 採用連通元標記進行物件的標籤化
   (d) 根據面積取出前 5 個最大的物件，並顯示結果影像
   (e) 根據緊密度取出前 5 個最緊密的物件，並顯示結果影像
   (f) 根據圓度量取出前 5 個最圓的物件，並顯示結果影像
2. 選取數位影像 (自網路下載或自行拍攝)，試設計 Python 程式實現角點偵測，包含：Harris 角點偵測與 Shi-Tomasi 角點偵測，並顯示結果影像。
3. 選取數位影像 (自網路下載或自行拍攝)，試設計 Python 程式實現關鍵點偵測，包含：SIFT、SURF、ORB 等，並顯示結果影像。
4. SIFT、SURF 或 ORB 等特徵，皆可用來進行物件的特徵比對 (Feature Matching)，目的是數位影像中物件的自動辨識，試設計 Python 程式實現這個目的。
5. 選取數位影像 (自網路下載或自行拍攝)，其中包含膚色區域，試設計 Python 程式，實現膚色偵測，並顯示結果影像。
6. 延續上題，試設計 Python 程式，可以由使用者選取膚色 ROI，並採用適應性膚色偵測，用來擷取膚色區域，並顯示結果影像。

（請沿虛線撕下）

7. 試設計 Python 程式，進行自動手勢辨識的軟體系統開發專案：

   (a) 蒐集與建立手勢影像資料庫，包含 1、2、……5 等五種手勢

   (b) 採用影像分割技術，取得二值影像

   (c) 進行特徵擷取

   (d) 實現自動手勢辨識

8. 試設計 Python 程式，進行自動臉部辨識的軟體系統開發專案：

   (a) 蒐集與建立臉部影像資料庫

   (b) 參考特徵臉 (Eigenface) 技術，擷取平均臉與特徵臉

   (c) 實現自動臉部辨識

習題

數位影像處理－Python 程式實作

班級：＿＿＿＿＿＿
學號：＿＿＿＿＿＿
姓名：＿＿＿＿＿＿

CH14 影像特效

觀念複習

1. 試說明數位影像特效處理的類型。

2. 試列舉典型的幾何特效。

3. 試列舉典型的像素特效。

4. 試解釋計算攝影學。

（請沿虛線撕下）

習題

數位影像處理－Python 程式實作

班級：＿＿＿＿＿＿＿＿
學號：＿＿＿＿＿＿＿＿
姓名：＿＿＿＿＿＿＿＿

專案實作

1. 選取數位影像 (自網路下載或自行拍攝)，試設計 Python 程式實現下列幾何特效：
   (a) 放射狀像素化　(b) 漣漪特效　(c) 魚眼特效　(d) 捻轉特效
2. 選取數位影像 (自網路下載或自行拍攝)，試設計 Python 程式實現下列像素特效：
   (a) 模糊特效　(b) 運動模糊　(c) 放射狀模糊
3. 選取數位影像 (自網路下載或自行拍攝)，試設計 Python 程式實現下列非真實感繪製：
   (a) 邊緣保留濾波器　(b) 細節增強　(c) 鉛筆素描　(d) 風格化
4. 試設計 Python 程式，實現下列的隨機磁磚特效 (Random-Tile Effect)：
   (a) 將數位影像分成正方形磁磚 (Tile)，磁磚的大小可自訂
   (b) 對每塊磁磚進行任意位移，但位移量不超過磁磚大小的一半

5. 沃羅諾伊圖 (Voronoi Diagram) 可以定義為：「平面上許多點，各自歸類於其最接近的點」。試設計 Python 程式，實現沃羅諾伊特效 (Voronoi Effect)，處理步驟如下：
   (a) 於數位影像中產生亂數點，亂數點的個數可自行設定，例如：1%
   (b) 根據沃羅諾伊圖 (Voronoi Diagram)，對每個像素搜尋最接近的亂數點
   (c) 每個像素的色彩值採用最接近亂數點的色彩值取代
6. 邀請您發揮創意，思考與創造有趣的影像特效，進而建構相關演算法，並設計 Python 程式實現您的創意。

習題

數位影像處理－ Python 程式實作

班級：

學號：

姓名：

CH15 深度學習

觀念複習

1. 試說明深度學習技術。

2. 試說明與比較傳統與現代電腦視覺技術。

3. 試列舉具有代表性的深度學習框架。

4. 試定義與說明神經元的數學模型。

（請沿虛線撕下）

5. 試列舉典型的激勵函數。

6. 試說明 Softmax 函數的目的為何？

7. 試列舉典型的優化器。

專案實作

1. 試根據鳶尾花資料集 (Iris Dataset)[2]，設計人工神經網路架構，並使用 Python 程式進行實作，分別展示訓練集與測試集的分類效能。
2. 試根據 MNIST 資料集，設計卷積神經網路架構，並使用 Python 程式進行實作，分別展示訓練集與測試集的分類效能，並與人工神經網路的分類效能進行比較。
3. 試根據 CIFAR-10 資料集，進行下列研究：
   (a) 採用資料擴充 (Data Augmentation) 技術，重新訓練卷積神經網路，分別展示訓練集與測試集的分類效能。
   (b) 重新設計卷積神經網路架構，例如：加深網路層、加寬網路層、加入丟棄 (Dropout) 等，使用 Python 程式進行實作，並與本書介紹的卷積神經網路的進行效能比較。
4. 試根據 CIFAR-100 資料集，設計卷積神經網路架構，並使用 Python 程式進行實作，分別展示訓練集與測試集的分類效能。
5. 選取數位影像 (自網路下載或自行拍攝)，試使用 VGGNet、GoogLeNet 等，實現物件的自動辨識。接著，調查與搜尋其他深度神經網路架構，例如：ResNet、Yolo 等，用來進行數位影像物件的自動辨識。
6. 瀏覽 Kaggle 網站，選取您感興趣的數位影像資料集，設計卷積神經網路，並使用 Python 程式進行實作。
7. 以電腦視覺領域為主，調查與搜尋事先已訓練好 (Pre-Trained) 的深度網路模型與其想要解決的問題，並設計 Python 程式進行實作，實現物件的自動辨識。
8. 若您擁有的電腦，配備較強大的 GPU 計算能力，則可挑戰資料量較大的數位影像資料集，例如：Coco、ImageNet 等，試設計卷積神經網路，並使用 Python 程式進行實作，分別展示訓練集與測試集的分類效能。

（請沿虛線撕下）

2 鳶尾花資料集 (Iris Dataset) 在機器學習領域中，是相當著名的資料集，適合機器學習初學者進行實驗。

9. 調查相關的深度學習技術，例如：遞歸神經網路 (Recurrent Neural Network, RNN)、生成對抗網路 (Generative Adversarial Network, GAN) 等，並進行 Python 程式實作。

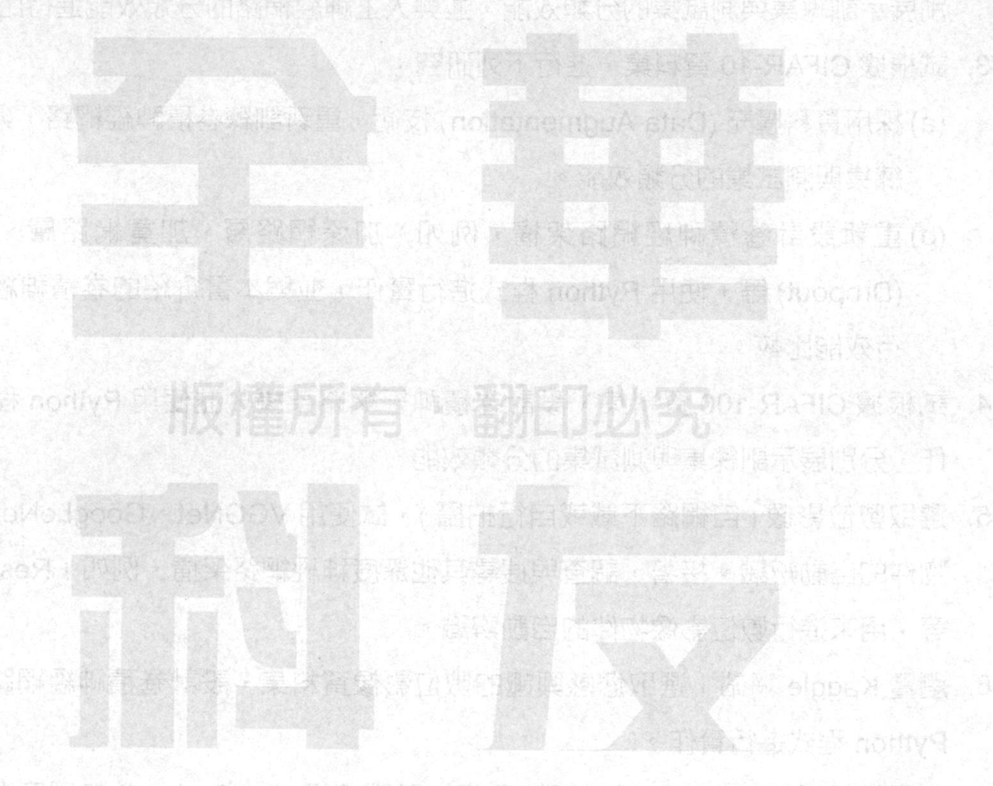

（請由此線剪下）

讀者回函卡

掃 QRcode 線上填寫 ▶▶▶

姓名：＿＿＿＿＿＿　生日：西元＿＿＿年＿＿＿月＿＿＿日　性別：□男 □女

電話：（　）＿＿＿＿＿＿　手機：＿＿＿＿＿＿

e-mail：（必填）＿＿＿＿＿＿

註：數字零，請用 Φ 表示，數字 1 與英文 L 請另註明並書寫端正，謝謝。

通訊處：□□□□□＿＿＿＿＿＿

學歷：□高中．職　□專科　□大學　□碩士　□博士

職業：□工程師　□教師　□學生　□軍．公　□其他

學校／公司：＿＿＿＿＿＿　科系／部門：＿＿＿＿＿＿

· 需求書類：

□ A. 電子 □ B. 電機 □ C. 資訊 □ D. 機械 □ E. 汽車 □ F. 工管 □ G. 土木 □ H. 化工 □ I. 設計

□ J. 商管 □ K. 日文 □ L. 美容 □ M. 休閒 □ N. 餐飲 □ O. 其他

· 本次購買圖書為：＿＿＿＿＿＿　書號：＿＿＿＿＿＿

· 您對本書的評價：

封面設計：□非常滿意　□滿意　□尚可　□需改善，請說明＿＿＿＿＿＿

內容表達：□非常滿意　□滿意　□尚可　□需改善，請說明＿＿＿＿＿＿

版面編排：□非常滿意　□滿意　□尚可　□需改善，請說明＿＿＿＿＿＿

印刷品質：□非常滿意　□滿意　□尚可　□需改善，請說明＿＿＿＿＿＿

書籍定價：□非常滿意　□滿意　□尚可　□需改善，請說明＿＿＿＿＿＿

整體評價：請說明＿＿＿＿＿＿

· 您在何處購買本書？

□書局　□網路書店　□書展　□團購　□其他＿＿＿＿＿＿

· 您購買本書的原因？（可複選）

□個人需要　□公司採購　□親友推薦　□老師指定用書　□其他＿＿＿＿＿＿

· 您希望全華以何種方式提供出版訊息及特惠活動？

□電子報　□ DM　□廣告（媒體名稱＿＿＿＿＿＿）

· 您是否上過全華網路書店？（www.opentech.com.tw）

□是　□否　您的建議＿＿＿＿＿＿

· 您希望全華出版哪方面書籍？＿＿＿＿＿＿

· 您希望全華加強哪些服務？＿＿＿＿＿＿

感謝您提供寶貴意見，全華將秉持服務的熱忱，出版更多好書，以饗讀者。

填寫日期：　/　/

2020.09 修訂

親愛的讀者：

感謝您對全華圖書的支持與愛護，雖然我們很慎重的處理每一本書，但恐仍有疏漏之處，若您發現本書有任何錯誤，請填寫於勘誤表內寄回，我們將於再版時修正，您的批評與指教是我們進步的原動力，謝謝！

全華圖書　敬上

勘誤表

書號		書名	作者
頁數	行數	錯誤或不當之詞句	建議修改之詞句

我有話要說：（其它之批評與建議，如封面、編排、內容、印刷品質等．．．）